U0156339

捷径思考

解决复杂问题的聪明策略

THINKING BETTER

The Art of the Shortcut

[英] 马库斯·杜·索托伊 著
（Marcus du Sautoy）
闫佳 译

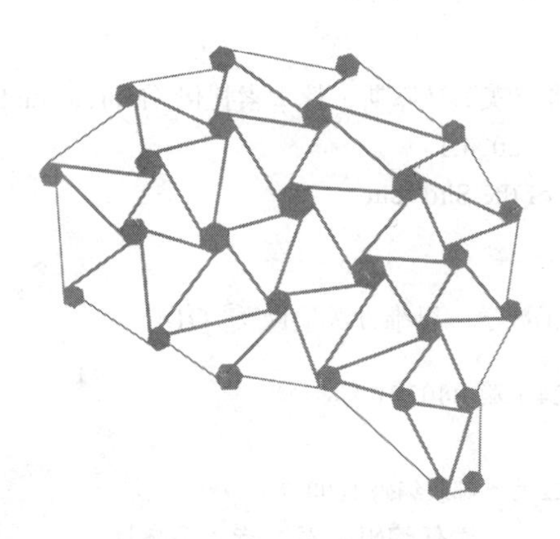

机械工业出版社
CHINA MACHINE PRESS

Marcus du Sautoy.Thinking Better:The Art of the Shortcut.
Copyright © Marcus du Sautoy 2021.
Simplified Chinese Translation Copyright © 2024 by China Machine Press.
This edition arranged with HarperCollins Publishers through BIG APPLE AGENCY. This edition is authorized for sale in the Chinese mainland (excluding Hong Kong SAR, Macao SAR and Taiwan).
No part of this book may be reproduced or transmitted in any form or by any means, electronic or mechanical, including photocopying, recording or any information storage and retrieval system, without permission, in writing, from the publisher.
All rights reserved.
本书中文简体字版由 HarperCollins Publishers 通过 BIG APPLE AGENCY 授权机械工业出版社仅在中国大陆地区（不包括香港、澳门特别行政区及台湾地区）独家出版发行。未经出版者书面许可，不得以任何方式抄袭、复制或节录本书中的任何部分。
北京市版权局著作权合同登记　图字：01-2023-1824 号。

图书在版编目（CIP）数据

捷径思考：解决复杂问题的聪明策略 /（英）马库斯·杜·索托伊（Marcus du Sautoy）著；闫佳译 . —北京：机械工业出版社，2024.1
书名原文：Thinking Better: The Art of the Shortcut
ISBN 978-7-111-75093-2

Ⅰ. ①捷…　Ⅱ. ①马…　②闫…　Ⅲ. ①数学－思维方法　Ⅳ. ① O1-0

中国国家版本馆 CIP 数据核字（2024）第 040201 号

机械工业出版社（北京市百万庄大街 22 号　邮政编码 100037）
策划编辑：秦　诗　　　责任编辑：秦　诗　岳晓月
责任校对：张婉茹　丁梦卓　闫　焱　　　责任印制：郜　敏
三河市国英印务有限公司印刷
2024 年 5 月第 1 版第 1 次印刷
170mm × 230mm · 17.75 印张 · 1 插页 · 226 千字
标准书号：ISBN 978-7-111-75093-2
定价：79.00 元

电话服务
客服电话：010-88361066
010-88379833
010-68326294

网络服务
机　工　官　网：www.cmpbook.com
机　工　官　博：weibo.com/cmp1952
金　书　网：www.golden-book.com
机工教育服务网：www.cmpedu.com

封底无防伪标均为盗版

PREFACE 译 者 序

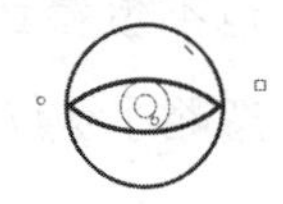

数学思维是进入人工智能时代的利器

我的初中在当时所谓的“实验班”，实验什么呢？现在想来，也许是数学的教学理念吧。老师从不按照教材讲课，而是要求大家提前自学概念，自己把课后的习题做完。到上课的时候，问大家有没有不懂的地方，然后讲解习题的解法。大家的数学学得很好，我们在初中就基本学完了普通高中数学要教的内容，而且绝大部分同学日后都升入了很不错的理工科大学。

等人到中年，我和初中同学再聚首的时候，不少人都说，当时的“强迫”自学开启了我们班大多数人探求学习方法的道路，那时候同学们一起讨论着做题的经历，也让学习数学变成了一件快乐的事。我们的数学基本功打得特别扎实，更是拜这三年的自学所赐，哪怕后来上了大学，数学思维也明显好于其他同学。

不过，由于我的物理和化学成绩一般，到了高中一分班就毫不迟疑地去了文科。我的数学并不算差，至少高考数学成绩还行。日后工作中翻译经济学科类的书籍，发现里面浅显的微积分知识，我居然一看也清楚明白。

翻译这本书，揭开了我埋藏已久的对数学的回忆。我想，很多读者在数学方面都有类似的遭遇，被应试数学折磨得鼻青脸肿，读完书以后就再也不想看到任何的方程、算式、几何图形。而且，更重要的是，应试数学忽略了数学里最重要的东西，那就是数学思维。

用数学思维思考问题的能力，是已经开启的人工智能时代的利器。数学思维的核心是逻辑思维，它可以帮助我们更好地分析问题，找到问题的本质，从而更好地解决问题。同时，数学思维还可以培养我们的创造性思维和发散性思维。

我的经历或许还可以说明另一件事的重要性：那就是，学习应该是有趣的，学习数学更应该是有趣的。这本关于数学的书，能从更有趣的方向，帮你重新认识数学，把你从翻滚的题海带入用逻辑翱翔的天空。

闫佳

CONTENTS 目　录

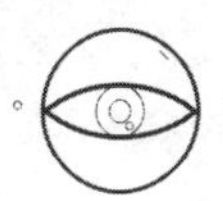

启 程

你要做出一个选择。这里有两条路。一条是抬头就能见到的漫漫长路，全无风景。这条路会让你一直走下去，耗尽你所有的精力，但它能恪尽本分把你带到目的地。另一条路，你已经敏锐地察觉到它偏离了主干道，似乎会让你与目标偏离。然而，你瞅到了写有“捷径”二字的路标。看来这是一条更快捷的越野路线，可以让你消耗最少的能量更快地到达目的地，你甚至有机会在路上看到迷人的风景。但在这条路上前进，你必须保持头脑清醒。这两条路要怎么选，全看你了。本书会把你指向第二条路。这是一条捷径，但你必须更好地思考，才能驾驭这条非正统的路线，到达你想要去的地方。

正是因为这条捷径的诱惑，让我想成为一名数学家。青少年时代，我相当懒惰，总是想寻找最高效的路径到达目的地。倒不是说我喜欢投机取巧，我只是想用最少的精力来实现目标。12 岁时，数学老师告诉我，我们在学校学习的这门课程其实就是对捷径的赞美，我连忙竖起了耳朵。老师讲了一个简单的故事，把我们带回了 1786 年汉诺威附近的布伦瑞克镇，那儿有个名叫卡尔·弗里德里希·高斯（Carl Friedrich Gauss）的 9 岁男孩。布伦瑞克镇是个小地方，当地学校只有一名老师，叫赫尔·巴特纳（Herr Büttner），他要在同一间教室里给镇上的 100 个孩子上课。

我自己的老师贝尔森先生，是个不苟言笑的苏格兰人，对课堂纪律的要求很严格，但听上去他跟巴特纳先生比起来就是个“软柿子”。高斯的老师会跳上长凳，挥舞着拐杖，在闹哄哄的教室里维持纪律。后来我曾在一次数学朝圣之旅中参观过那间教室，它看上去死气沉沉，天花板低矮，光线昏暗，地板凹凸不平，感觉就像一座中世纪的监狱，不过巴特纳的专制好像跟这环境挺搭调的。

故事里是这么说的：在一堂数学课上，巴特纳决定给全班学生布置一项相当枯燥的任务，好让他们自己忙活，这样他就可以趁机打个盹了。“同学们……我要你们在石板上从 1 加到 100，”巴特纳指示说，“等你们算完，就把石板带到教室前面，放到我桌上。”

老师的话音未落，高斯就站起身，把石板放到了他桌上，用低沉的德语宣布：“好了，算完了。”巴特纳看着这个男孩，对他无礼的行为大吃一惊。巴特纳手中的教鞭在抖动，但他决定等到所有的学生都上交石板检查后再好好责骂小高斯。好不容易，全班同学都做完了，写满粉笔字和算式的石板在巴特纳的桌子上高高地堆成一座小塔。老师从最后上交的、放在顶上的石板开始检查。大多数孩子都算错了，计算过程太长，他们免不了出错。

终于，巴特纳检查到了高斯的石板。他已经准备好要冲着这个不服管教的小子大发雷霆。等他翻开石板，却看到了正确的答案：5 050。没有多余的计算。巴特纳惊呆了。这小男孩是怎么这么快算出答案的？

据说，这名早熟的小学生发现了一条捷径，帮他免除了大量计算的苦差事。他意识到，如果你把数字一头一尾两两相加：

$$1 + 100$$

$$2 + 99$$

$$3 + 98$$

…

答案总是 101。这样的数字对共有 50 组。那么，解法就出来了：

$$50 \times 101 = 5\ 050$$

我还记得，这个故事狠狠地震撼了我。看到高斯如何运用洞察力，从乏味可怕的劳动密集型工作中找到了捷径，我大受启发。

虽说高斯在教室里找到捷径的故事，很可能只是个传说而非事实，但它完美地抓住了一个关键点：很多人都以为数学是一门冗长乏味的计算科目，其实不然。数学是一种策略思维。

"亲爱的同学们，这就是数学，"我的老师宣布，"数学是一门思考捷径的艺术。"

哇，12 岁的我想……老师，再多给我讲讲！

走得更快更远

人类总是使用捷径，我们必须这么做，因为能用来做决定的时间很短，人类处理复杂问题的心智能力也有限。为解决复杂挑战，我们找到的第一种策略叫启发法：我们有意或无意地忽略进入大脑的部分信息，从而让问题变得不那么复杂。

麻烦的是，人类采用的大多数启发法都会带来错误的判断、有偏差的决定，通常并不适用。我们兴许根据经验知道了一件事，而后我们会试图以我们知道的这件事作为标杆，通过比较来推断其他所有的问题。我们通过本地知识来判断全球的情况。当我们的居住环境仅限于稀树草原（早期人类在非洲的栖身之地）这小小区域时，这么做没问题，但随着人类的领地不断扩大，启发法不再能帮助我们很好地理解超出本地知识范围的事情怎样运作。从那时起，我们便开始研究更好的捷径。这些工具，就是我们今天所说的数学。

要寻找好的捷径，你必须具备一种能摆脱所处困境的能力。如果你置身的是地理环境，那么，通常你只能依靠眼睛所见的周边事物。虽然每一步都像是把你朝着正确的方向指引，但结果可能会让你绕了一条远路，或是让你彻底误入歧途。这就是为什么人类发展出了一种更好的思维方式：基于有可能找到一条出人意料的路径的认知，让自己从手头任务的细节中跳脱出来，从而更高效、更快捷地达到目标。

高斯面对老师布置的挑战，正是这样做的。其他的学生埋头在一个数字又一个数字之间跋涉，每遇到一个新数字就加起来，高斯却从整体上审视了这个问题，弄清楚了该怎样巧妙地利用这段旅程的起点和终点。

数学完全着眼于这种有别于常规的高层次思维能力，在它的帮助下，我们从之前只看得到蜿蜒曲折小路的地方看到了整体结构。我们从地面风景中跳脱出来，置身于高处俯视，看见了这片土地的真实面貌。以这样的方式映射问题，捷径就会浮现出来。而一旦我们运用这对从高处俯视的“意识之眼”，无须实际接触就能在脑海中洞穿整体结构，这种抽象思维的能力便释放了人类文明数个世纪以来的非凡进步。

通往更佳思维的旅程，始于5 000年前的尼罗河和幼发拉底河流域。人类想要找到更聪明的方法在河边建造繁盛的城邦。修建一座金字塔需要多少块石头？要养活一座城市，需要在多大面积的土地上种植农作物？河面高度发生怎样的变化，预示着洪水即将来临？那些拥有工具找到捷径解决这些挑战的人，将在新兴社会中崭露头角。由于数学成功地充当了这些文明快速发展的捷径，数学这门学科也就顺理成章地成为那些希望走得更远更快的人的有力工具。

新数学的发现，一次又一次地改变了人类文明。文艺复兴时期及之后的数学大爆发，给我们带来了微积分等工具，为科学家提供了通往高效工程解决方案的非凡捷径。今天，数学是所有计算机算法的幕后功臣，这些算法帮助我们穿越数字丛林，有效缩短了我们到达目的地的最佳路线，让我们通过互联网搜索找到最合适的网站，甚至帮我们遇见人生旅途中最好的伴侣。

然而，有趣的是，最早利用数学的力量来寻找解决挑战最佳方法的并不是人类。早在人类出现之前，大自然就已经利用数学捷径来解决问题了。许多物理定律都以大自然总在寻找捷径为基础。光沿着能最快到达目的地的路径传播，哪怕这涉及绕过太阳等庞大物体的曲面。肥皂膜创造出消耗能量最少的形状——气泡形成球形，因为这种对称形状表面积最小，因此所需能量最少。蜜蜂建造六边形蜂巢，是因为六边形形成的空间最大，所用蜂蜡最少。我们的身体会使用最节能的步行方式，从 A 点前往 B 点。

和人类一样，大自然也喜欢偷懒，希望找到低能耗的解决方案。18 世纪数学家皮埃尔·路易·莫佩尔蒂[㊀]（Pierre Louis Maupertuis）写道："大自然的一切都奉行节俭原则。"它非常善于发掘捷径，而捷径必然遵循数学原理。通常，靠着观察大自然怎样解决问题，人类就能发现一些捷径。

接下来的旅程

在本书中，我想与你们分享像高斯这样的数学家几个世纪以来开发出来的捷径库。每一章都将介绍一条有着独特的不同捷径，但它们都有着相同的目的，那就是把你从一个必须埋头苦干才能解出一道题的人，转变成一个能够抢在别人之前在石板上写出答案的人。

我选中高斯作为我们旅程的同伴。他在课堂上的成功，让他走上了日后的职业生涯，所以我把他看作"捷径王子"。实际上，他一生中取得的大量突破，串联起许多不同的捷径，我将在本书中逐一介绍。

本书讲述了数学家多年来积累的捷径故事，对所有想要把时间从烦琐

㊀ 最小作用量原理创立者。——译者注

事务中省下来去做更有趣事情的人来说，我希望本书能充当一个工具箱。很多时候，这些捷径可以移植到其他领域，解决乍一看并无数学性质的问题。然而，数学是一种思维模式，用于在复杂的世界中导航，找到通往彼岸的道路。

这就是教育课程中值得把数学作为核心学科的原因，不是因为大众必须知道怎么求解二次方程。坦率地说，哪有什么人必须知道这些呢！解决这类问题的基本技能是理解代数和算法的力量。

我将从数学家开发出的最强大捷径之一——模式，开启这段思考的旅程。模式往往属于最好的捷径。一看到模式，你就找到了将数据继续推进的捷径。这种识别潜在规则的能力，是数学建模的基础。

很多时候，捷径的作用在于理解一种基本原则，该原则将一连串看似无关的问题联系在一起。高斯捷径的美妙之处在于，哪怕老师为了增加难度，让你从 1 加到 1 000 或 1 000 000，这条捷径仍然有效。尽管把数字逐一相加会越来越费时，但高斯的诀窍不受影响：从 1 加到 1 000 000，只需再次将数字首尾相加，得到 1 000 001，又因为有 50 万对这样的数字，将两者相乘，就得到了答案。一如隧道是翻山的捷径：哪怕山变得再高，这条路也不受到影响。

创造和改变语言的力量，其实也是一条非常有效的捷径。代数帮我们认识到一系列不同问题背后的基本原理。坐标语言将几何图形转化为数字，经常能揭示出几何环境中不可见的捷径。创造语言，是帮助人们理解的神奇工具。我记得，我曾与一种极为复杂的设置角力，它需要许多条件才能确定下来。我的博士生导师说“给它起个名字吧”，我茅塞顿开，它真的让我找到了思考的捷径。

每当我提到“走捷径”（shortcut）的概念，人们总是认为我试图作弊。“cut”这个词听起来就像是在投机取巧，所以有必要从一开始就对“走捷径”和“投机取巧”做一番区分。我要寻找的是通往正确答案的巧妙路径，我对找出一些拙劣的近似答案不感兴趣。我想要彻底地理解，同时无须付出不必要的努力。

也就是说，有些捷径确实是要发现足以解决手头问题的“近似值”。从某种意义上说，语言本身就是一种捷径。例如，“椅子”这个词就是一条捷径，它指代我们可以坐的各种各样的东西。但为每一种不同的椅子想出一个不同的名词，是没有什么效率的。语言从低维层面巧妙地表述了我们周围的世界，它让我们得以有效地与他人交流，为我们穿越自己置身其中的多维世界提供便利。没有这条捷径，无法再用一个词来指代同属一类的多件事物，我们就会淹没在噪声中。

在数学方面，我还将揭示：为什么删除冗余信息往往是发现捷径的关键。拓扑学是没有度量的几何学。如果你搭乘伦敦地铁，一张显示车站连接方式的说明图会比一张标明准确地理位置的地图更有助于你在城市中找到路。图表也可以是一种强大的捷径。同样地，出色的图表会抛弃任何与手头问题无关的东西。不过，我要说明，好的捷径和危险的投机取巧之间往往只有一线之隔。

微积分是人类在寻找捷径方面做出的一项伟大发明。许多工程师依靠这一数学魔术为工程挑战发现最佳解决方案。概率和统计是了解庞大数据集的捷径。数学通常还能帮你在复杂的几何结构或错综复杂的网络中找到最高效的路径。爱上数学时，我意识到一件让我目瞪口呆的事情，那就是数学甚至有能力找出通往无限的捷径——从无尽之路的一端到另一端的捷径。

本书每一章的开头，都是一道谜题，而非名言警句。这些谜题基本上是要你做出选择：是艰苦地长途跋涉，还是找出捷径。每道谜题都有一种利用了所在章节核心捷径的解法。这些谜题很值得你动动脑筋，因为通常情况下，你花的时间越多，等最终揭开捷径真面目时也就越欣赏它。

在我自己的旅途中，我也发现捷径分为不同的种类。因此，我想要强调，面对你即将开始的旅程，你可以采取多种方法，而通过捷径，你能更快抵达目的地。有些捷径就在地形上等着你去利用，只不过，你可能需要路标来指明正确的方向，或是地图给你指示道路。有些捷径原本并不存在，需要付出大量的努力去开辟：挖隧道需要好多年的时间，可一旦挖出来，其他人就可以跟随你到达另一边。有的捷径需要你完全逃离所处的空间：虫洞就能从宇宙的一边进入另一边。只要你能走出当前世界的限制，就能从其他维度看出两件事比你想象中的要接近得多。有些捷径可以加快速度，有些捷径可以缩短需要走的距离，减少消耗的能量。总会存在某个方向，值得你花费时间寻找捷径。

但我也意识到，选择捷径也有错失重点的时候。兴许你应该慢慢来；兴许旅程本身才是关键；兴许你想通过消耗能量来减肥；兴许你就是想在大自然中散步一整天，而不是马上抄捷径回家；兴许你就是想读一本小说，而不是扫一眼维基百科上的概要。但即便如此，哪怕你决定不理会捷径，知道捷径的存在，仍然是件好事。

在某种程度上，捷径关系到我们与时间的关系。你想花时间做什么？有时候，及时地体验一些事情很重要，而找到一条剥夺了你当下感受的捷径是没有价值的。聆听一段音乐不需要捷径。但在别的情况下，生命太短暂了，短得来不及到达你想要去的目的地。一部电影可以把人的一生浓缩成 90 分钟，你并不想目睹电影人物的一举一动。搭乘飞机去世界的另一端，是走路前往那里的捷径，这意味着你可以更快地开始度假。如果能进一步缩短飞行时间，想必大多数人都会这么做。但有些时候，人们想要体验到达目的地的缓慢过程。比如，朝圣之路憎恨捷径。又如，我从不看电影预告片，因为它们把电影剪辑得太短了。不过，拥有捷径选项，仍然有其价值。

文学作品中的捷径，无一例外总会通往灾难。如果小红帽没有偏离小路到树林里寻找捷径，她绝不会遇到大灰狼。在约翰·班扬（John

Bunyan）的《天路历程》（*The Pilgrim's Progress*）里，走捷径绕过“艰难山”的人会迷路并死亡。在《指环王》中，皮平警告说“捷径耽搁的时间更多”，虽然佛罗多反驳说“客栈才会耽搁更长时间”。《辛普森一家》里的霍默·辛普森，在前往痒痒地（Itchy and Scratchy Land）的路上兜了个倒霉的大圈子之后发誓，“我们永远别提什么捷径了”。电影《哈拉上路》（*Road Trip*）很好地总结了走捷径的内在风险：“当然难啦，它的名字叫捷径啊。如果简单且好走，那就成了路。”本书希望从这些文学俗套里挽救捷径概念。捷径不是通往灾难的路，而是通往自由的路。

人与机器的对决

激发我撰写本书赞美捷径艺术的原因之一是，我越来越感觉到，人类即将为一个不需要为捷径烦恼的新物种所取代。

在我们如今生活的世界，计算机在一个下午能做的计算比我一辈子能做的还要多。计算机可以在我阅读一本小说的时间里分析全世界的文学作品。它们能够分析一局国际象棋的繁多变数，而我只能在脑子里推演几步棋路。计算机探索覆盖全球的等高线和路径，速度比我走到街角的商店还快。

今天的计算机能想出高斯所用的捷径吗？当它可以用眨眼的 $1/n$ 的时间就把从 1 到 100 加起来时，干吗要费这个心呢？

人类还有什么指望能跟上这位硅邻居[⊖]非凡的速度和近乎无限的存储空间呢？在 2013 年的电影《她》(*Her*) 中，计算机向它的人类主人宣称，人类互动的节奏太慢了，它更愿意跟其他与自己思考速度相当的操作系统相处。计算机看待人类，就像我们看待一座慢慢出现或遭到侵蚀的山一样。

⊖ 这里指计算机。芯片是现代计算机最核心的部件之一，它是一种用硅材料制成的薄片。——译者注

但或许有什么东西赋予了人类优势。我们的大脑无法同时进行数百万次计算的局限性，我们的身体相较于机械机器人力量所存在的不足，这些都会迫使人类停下来思考，是否有办法免去计算机或机器人认为微不足道的所有步骤。

面对一座看似无法逾越的高山，人类会去寻找捷径。除了尝试翻过山顶，有能从旁边绕过去的路吗？通常，这是一条通往真正创新性解决问题的捷径。当计算机奋力耕耘、展示数字肌肉时，人类却因为发现了避免所有艰苦工作的巧妙捷径，悄悄走到了终点。

懒惰的人们请注意。我认为，懒惰是我们对抗机器冲击的救星。人类的懒惰是寻找出色做事新方法的重要一环。我经常看着某样东西想：这太复杂了，我还是退后一步，找条捷径吧。我们知道计算机会说："哎呀，我有这些工具，我们可以继续深入到这个问题之中。"但因为它不会累，也不会偷懒，也许它会错过懒惰为我们带来的东西。由于不具备冲击事物深处的能力，我们被迫寻找巧妙的方法来解决它们。

创新和进步源于懒惰和逃避苦力活，这样的故事很多。科学发现往往来自无所事事的头脑。据说，德国化学家奥古斯特·凯库勒（August Kekulé）因为睡觉时梦见一条蛇吞下了自己的尾巴，而后才想出了苯的环状结构。伟大的印度数学家斯里尼瓦瑟·拉马努金（Srinivasa Ramanujan）经常谈到家族女神纳玛姬莉（Namagiri）在他的梦里写方程。他写道："我全神贯注。那只手写了很多椭圆积分，它们深深地印在我的脑海里。一醒来，我就把它们写了出来。"新的发明往往出自不乐意做苦工的人之手。杰克·韦尔奇在通用电气担任董事长兼首席执行官的时候，每天花一个小时"望向窗外"。

懒惰并不意味着你什么都不做，这一点非常重要。寻找捷径往往需要艰难地行进，这有点自相矛盾。奇怪的是，尽管寻找捷径的动机可能来自逃避工作的欲望，但它经常会导致激烈的、爆炸性的深度思考，不仅是为了免于无聊的工作，也是为了应对懒惰带来的无聊。懒惰和无聊之间只有一条微妙的界限，前者往往是寻找捷径的催化剂，还可能在之后要你投入大量的劳动。奥斯卡·王尔德（Oscar Wilde）写道："什么都不做，是这个世界上最难的事，不仅困难，而且需要智慧。"

什么都不做往往是精神上取得巨大进步的前兆。2012年，《心理科学展望》（*Perspectives on Psychological Science*）杂志发表了一篇论文，题为《休息不是无所事事》（*Rest Is Not Idleness*），揭示了我们的神经处理信息的默认模式对认知能力的重要性。如果我们的注意力过度聚焦于外部世界，这种模式往往会受到抑制。近年来正念兴起，提倡让头脑摆脱侵入性的想法，让它静止，借此通往觉醒。通常，这意味着你更喜欢玩而不是工作。玩耍不是枯燥机械的苦力世界，而是鼓励创造力和新想法的地方。这就是为什么在初创公司和数学系的办公室里，除了办公桌和计算机，往往还摆着台球桌和棋盘。

社会不赞许懒惰，或许是希望借机控制、约束不愿循规蹈矩的人。懒惰者受到怀疑的真正原因是，懒惰暗示这个人不打算按游戏规则行事。高斯的老师认为，高斯找到捷径，免去了繁杂的苦功夫，是对自己权威的威胁。

人们并非总对懒惰避之不及。塞缪尔·约翰逊[一]（Samuel Johnson）雄辩地为懒惰辩护道："懒惰者不仅逃避了往往没有结果的劳动，而且有时比那些不屑偷懒的人更成功。"阿加莎·克里斯蒂[二]（Agatha Christie）在自传中承认，"发明直接来自无所事事，兴许也来自懒惰，想让自己省掉麻烦。"贝比·鲁斯（Babe Ruth）是有史以来最了不起的棒球全垒打者之一，他之所以想把球打出球场，显然是因为他讨厌在垒间跑动。

㊀ 塞缪尔·约翰逊，常被称为"约翰逊博士"（Dr. Johnson），是英国文学史上重要的诗人、散文家、传记家和健谈家，编纂的《英文字典》对英语发展做出了重大贡献。——译者注

㊁ 阿加莎·克里斯蒂是英国著名的推理小说作家，三大推理文学宗师之一，被誉为"推理小说女王"。——译者注

当工作成为一种主动的选择

我无意暗示所有的工作都不好。事实上，许多人都从所做工作中获得了巨大的价值，它定义了他们的身份，赋予了他们目标。但工作的性质很重要。一般来说，不应是单调乏味的工作。亚里士多德区分了两种不同类型的工作：实践（praxis），即出于自己想做而做的活动；生产（poiesis），即旨在生产有用东西的活动。对于第二种工作，我们很乐意寻找捷径，但如果愉悦本身就是来自从事某项工作，那么追求捷径似乎就没有什么意义了。大多数工作似乎都属于第二类。然而，毫无疑问，人们都向往从事第一种工作，而这正是捷径要带你去的地方。捷径的目的不是要消除工作，而是希望引导你走上一条有意义的工作之路。

新一轮技术革命运动追求工作的完全自动化，其最终目标是，借助人工智能和机器人技术的进步，把繁重的工作从人类手中移走，交给机器完成，让人类有时间沉浸在有意义的工作中。工作变成了奢侈品。在未来，承担工作是因为工作本身有其乐趣，它不再是达成目的的手段。而为了引导我们走向这样的未来，应该把培养良好捷径意识添加到所需的技术清单中。卡尔·马克思的共产主义目标是，消除闲暇和劳动之间的区别。他认为，在共产主义社会的高级阶段，劳动不再仅仅是谋生的手段，更成为生活的首要需求。我们创造的捷径，有望把我们从马克思所说的“必然王国”带到“自由王国”。

但是，有没有某些地方是你无法摆脱辛苦劳动的呢？懒惰的人怎么可能学会乐器、写小说、攀登珠穆朗玛峰？哪怕在这些情况下，我也会说明，将投入到办公桌前或训练中的时间与好的捷径相结合，可以让你投入的时间价值最大化。本书中穿插了我与其他从业者的对话，探讨他们的职业是否有捷径可走，还是说只能像作家马尔科姆·格拉德威尔（Malcolm Gladwell）所说的那样，为了达到一流水平，必须练习 10 000 个小时。

我很好奇，其他行业的从业者会不会使用捷径，这些捷径又能否与我在数学中学到的捷径产生共鸣；又或者，有没有一些我并未意识到的新捷径，可以在我自己的工作中激发出新的思考模式。但对那些没有捷径可走的挑战，我同样着迷。在人类活动的某些领域，是什么原因限制了捷径的力量？事实一再证明，限制因素来自人的身体。频繁地改变、训练或推动身体做新的事情需要花时间大量重复，而且没有捷径可以加快此类身体转变。在我带领大家领略数学家们发现不同捷径的旅程中，每一章都穿插了一段小插曲，让大家去探索其他人类活动领域的捷径（也可能没有捷径）。

高斯在课堂上成功地利用巧妙的捷径，将数字从 1 加到 100，这激发了他施展自己数学天赋的渴望。他的老师赫尔·巴特纳无法胜任培养这位崭露头角的年轻数学家的任务，但巴特纳有一名助手，17 岁的约翰·马丁·巴特尔斯（Johann Martin Bartels），他同样对数学充满热情。虽然雇用巴特尔斯的主要目的是给学生们削剪鹅毛笔，帮助他们进行第一次写作尝试，但巴特尔斯非常乐意与年轻的高斯分享自己的数学课本。他们一起探索数学领域，享受代数和分析带来的通往目的地的捷径。

巴特尔斯很快意识到，高斯需要一个更具挑战性的环境来检验其技能。他设法让高斯见到了布伦瑞克公爵。公爵对年轻的高斯大为欣赏，同意成为高斯的赞助人，资助他在当地大学和哥廷根大学接受教育。正是在哥廷根大学，高斯开始学习数学家几个世纪以来发展出来的一些伟大捷径，很快他就以这些捷径为跳板，为数学做出了令人振奋的贡献。

本书是我自 2000 年以来探索思考捷径的指南。我花了数十年，学习如何在这些秘密的隧道或隐藏的通路中穿行于数学国度，这一国度的版图，历史上数学家花了几千年才探索出来。但在本书中，我尝试提炼出一些巧妙的策略，解决我们日常生活中遇到的复杂问题。它将是你探索捷径艺术的捷径。

01

CHAPTER 1

第一章 模式捷径

你家里有一段10级台阶的楼梯。你可以一步上一级台阶，也可以一步上两级台阶。例如，你可以一级一级地走10步上到楼梯顶，也可以一步上两级台阶走5步。你还可以采用一步一级台阶与一步两级台阶的组合方式。上到楼梯顶，一共存在多少种可能的组合呢？你可以多花些时间，跑上跑下楼梯，尝试找出所有的组合。但我们的小高斯会怎么做呢？

想知道做完全相同的工作却多拿15%薪水的捷径吗？想知道把一笔小投资变成一笔大储蓄的捷径吗？想知道预见未来几个月股价走势的捷径吗？你是否会觉得自己有时在一遍又一遍地重新发明轮子，但却隐隐察觉有什么东西能把你造出来的所有这些不同的轮子连接起来？有没有什么捷径可以帮到记忆力糟糕的你呢？

我将深入其中，向读者分享人类发现的最强大的一种捷径，那就是辨识模式的力量。人类大脑从混乱的环境中洞穿模式的能力，为人类提供了最了不起的捷径：在未来尚未变成现在的时候，就提前预知未来。如果你能从描述过去和现在的数据中发现一种模式，那么通过进一步扩展该模式，你便有望预见未来，无须等待。在我看来，模式的力量是数学的核心，也是它最有效的捷径。

有了模式，我们就能看出，尽管数字可能不同，但它们如何增长的规律可能是相同的。洞穿模式下的规律，意味着我不必每次遇到一组新数据都重复做同样的工作。这就是模式带给我的帮助。

经济学里充满了带有模式的数据，如果正确理解，这些模式可以引导我们走向繁荣的未来。尽管我将要解释，正如世界在2008年金融危机中所目睹的那一幕，有些模式可能具有误导性。感染病毒人数的模式，意味着我们可以了解一场大规模疫情的轨迹，并及时出手干预，以免造成太多人死亡。宇宙的模式，让我们能够理解我们的过去与未来。通过观察描述恒星远离我们的数据，我们揭示了一种模式，说明宇宙始于大爆炸，而将终结于所谓“宇宙热寂”[⊖]的寒冷未来。

正是这种从天文数据中嗅出规律的能力，让年轻有为的高斯成为“捷径大师”，登上世界舞台。

⊖ 科学家所理解的热寂，其实就是宇宙继续加速膨胀，最终导致整个宇宙接近绝对零度的场景。这时候，所有的恒星都已经熄灭，整个宇宙暗淡无光，宇宙中再也没有能量流动，换句话说，没有任何可以维持运动或生命的能量存在。——译者注

行星模式

1801 年元旦，有人探测到第八颗行星在火星和木星之间围绕太阳运行。它被命名为谷神星，人人都认为，它的发现将成为 19 世纪初科学发展的伟大预兆。

但几个星期后，兴奋就变成了绝望，那颗小行星（实际上只是一颗很小的小行星）一接近太阳就消失了，泯灭在一大堆恒星中。天文学家不知道它去了哪里。

很快有消息传来，一名来自布伦瑞克的 24 岁男子宣布，他知道从哪里可以找到这颗失踪的行星。他告诉天文学家应该把望远镜对准哪里。看，就像施了魔法一般，谷神星又出现了。这名年轻人不是别人，正是我的英雄——卡尔·弗里德里希·高斯。

自从 9 岁在课堂上取得成功之后，高斯在数学上取得了数不清的神奇突破，包括发现了一种只用一把直尺和一支圆规就绘制出 17 边形的方法。自从古希腊人开始寻找绘制几何图形的巧妙方法以来，这项挑战已存在了 2 000 年之久。高斯对这一成就大感自豪，于是开始写数学日记。此后几年里，他的日记里记满了关于数字和几何的惊人发现。这颗新行星的数据让高斯着迷。有没有办法从谷神星消失在太阳背后之前的数字中找到一些基本规律，从而揭示出谷神星的位置？最终他解开了这一奥秘。

当然，他的天文预测壮举并不是魔法，而是数学。天文学家发现谷神星是出于偶然。高斯则利用数学，分析得出了描述小行星位置的数字背后蕴含的模式，从而知道它接下来会做什么。当然，他并不是第一个发现宇宙动态模式的人。自从人类认识到未来和过去彼此关联，天文学家就一直在用这条在不断变化的夜空里导航的捷径，来预测和规划未来。

季节的变化模式意味着农民可以计划何时种植作物。每个季节都有特定的恒星布局相匹配。动物迁徙和交配的行为模式，让早期人类能够在最合适的时机狩猎，以最少的精力获得最大的收获。预测日食的能力，让预言者的地位提升，成为部落中的重要成员。1503 年，克里斯托弗·哥伦布（Christopher Columbus）的船在牙买加搁浅，后来靠着“月食即将发生”的知识，让自己和船员从当地居民手里逃脱。当地人对他预言月亮消失的能力大感敬畏，默许了他的获释要求。

下一个数字是什么

你可能在学校里碰到过这样的题目：给你一串数字，要求你判断该数列的下一个数字是什么。这类题目完美地体现了寻找模式的挑战。我以前很喜欢老师写在黑板上的挑战。我用来寻找模式的时间越长，找到捷径后的收获就越多。最好的捷径往往需要很长时间才能发现，它们需要你做点工作。可一旦揭示出其中的模式，它们就会成为你观察世界的武器库的一部分，并且可以反复利用。

为了启动你的模式捷径神经元，这里有几道题目。这个数列的下一个数字是什么？

1，3，6，10，15，21，⋯

不太难。你说不定看出来了，每次都按顺序加一个数而已。下一个数字是 28，即 21 + 7。这样的数字叫作三角形数，因为它们代表了构建一个等边三角形所需石子的数量，每次都要加上新的一行。但有没有什么捷径可以让你找到这个数列里的第 100 个数字，而无须遍历前面的 99 个数字呢？这就像老师让高斯把从 1 到 100 的数字加起来时，他所面临的挑战。高斯找到了一条聪明的捷径，把数字成对相加得到答案。更一般地说，如果你想要知道第 n 个三角形数，高斯的诀窍可转化为如下公式：

$$\frac{1}{2}\times n\times(n+1)$$

在巴特纳先生的课堂上，高斯第一次接触到三角形数之后，就一直对它着迷。1796 年 7 月 10 日，他在数学日记中用希腊语激动地宣称：“我发现了！”接着是如下公式：

$$\text{num} = \Delta + \Delta + \Delta$$

高斯发现了一个相当不寻常的事实：每个数字都可以写成 3 个三角形数之和。例如，1 796=10+561+1 225。这种观察能够带来有力的捷径，因为与其证明某概念对所有数字都成立，不如证明对三角形数成立。接着，利用高斯的发现（每个数字都是 3 个三角形数之和），便可推广到所有数字上。

这里还有另一个挑战。以下数列的下一个数字是什么？

1，2，4，8，16，…

不怎么复杂。下一个数是 32。这个数列每次都加倍，这叫作指数增长。很多事物的增长都受它所控，理解这种模式的演变很重要。举个例子，这个数列一开始看起来并不起眼。印度国王同意按国际象棋发明者的要求支付费用，他最初肯定也是这么想的。发明者要求在棋盘的第一个方格里放一粒米粒，随后每一棋格里的米粒数增加一倍。第一行看上去没什么大不了的，总共只有 $1+2+4+8+16+32+64+128=255$ 粒米，勉强够做一块寿司的。

但随着国王的仆人们把越来越多的大米放到棋盘上，粮仓很快就空了。达到一半时，大约需要 28 万公斤大米。这还是棋盘上容易的那一半。国王总共需要多少粒米来给发明者支付报酬？这很像巴特纳先生布置给可怜的学生们的一道题。有一种辛苦的做法：把所有 64 个不同的数字加起来。谁愿意做这样费力的事情？高斯是如何应对这种挑战的呢？

进行这种运算，有一条巧妙的捷径。但乍一看，我似乎是在平白给自己找麻烦。捷径似乎爱在开头的时候朝着与目的地相反的方向走。首先，我要给总的米粒数起个名字：X。这是我们在数学里最喜欢的名字之一，它本身就是数学家武器库里的一条强大捷径，我将在第三章加以解释。

首先，我把要计算的量翻倍：

$$2X=2\times(1+2+4+8+16+\cdots+2^{62}+2^{63})$$

问题似乎变得更难了。但请坚持一会儿，我们把它乘出来：

$$2X=2+4+8+16+32+\cdots+2^{63}+2^{64}$$

现在，聪明的地方来了。我要把X从这里拿掉。看起来，我们又回到了原点：$2X-X=X$，这有什么用呢？当我把$2X$和X替换成我得到的和时，神奇的事情发生了：

$$2X-X=(2+4+8+16+32+\cdots+2^{63}+2^{64})-(1+2+4+8+16+\cdots+2^{62}+2^{63})$$

大多数项都消掉了！只有第一部分的2^{64}和第二部分的1没有消掉。那么，我只剩下：

$$X=2X-X=2^{64}-1$$

这样，我就不必进行大量的计算，只需要算这一项即可知道国王要给象棋发明者的米粒数：

18 446 744 073 709 551 615

这比我们地球过去1 000年的大米产量还要多。这里的信息是，有时你可以用辛勤工作来抵消辛勤工作，从而得到更容易分析的结果。

一如国王所得到的教训，翻倍起初看上去并不起眼，之后会迅速攀升。这就是指数增长的力量。靠贷款偿还债务的人一定也吃过它的苦头。一家公司提供1 000英镑[⊖]的贷款，月息5%，乍看起来，这笔钱能救你的命。一个月后你只欠1 050英镑。问题是，这笔钱每个月都要乘以1.05，两年后你已经欠了3 225英镑。到第5年，债务将达到18 679英镑。这对贷款人很棒，对借款人就不太妙了。

事实上，人们通常都难以意识到，这种指数增长模式意味着它有可能是通向贫穷的捷径。小额贷款公司成功地利用了人们不擅长解读此种模式的弱点，诱导脆弱的投资者签订乍看起来颇有诱惑力的合同。我们必须了

⊖ 1英镑≈9元人民币。

解倍增的危险，知道它将把我们带往何方，以免迷失无助，无路可退。

在 2020 年暴发的新冠疫情中，我们都见识到了指数增长的可怕速度，只可惜为时已晚，全球为此付出了沉重代价。感染人数平均每 3 天翻一倍，医疗系统不堪重负。

计算狂是一种很严重的疾病。发明家尼古拉·特斯拉（Nikola Tesla）也患有这种综合征，他对电的研究为我们带来了交流电。他痴迷于能被 3 整除的数字：他坚持每天用 18 条干净的毛巾，并数自己的步数，确保它们能被 3 整除。对计算狂最有名的虚构描述，或许要数儿童木偶剧《布偶》（*Muppets*）中的"冯·数数伯爵"（Count von Count）㊀，这位数数伯爵帮助几代观众在数学道路上迈出了第一步。

城市模式

这里是一个稍微有些挑战性的数列，你能找出其中的规律吗？

179，430，1 033，2 478，5 949，…

玄机在于将每一个数除以它前面的数，由此可见，乘数是 2.4。还是指数增长，但有趣的地方在于这些数字实际上代表了什么。

它们是人口规模为 25 万、50 万、100 万、200 万、400 万的城市所颁发的专利数量。原来，当城市人口翻倍的时候，它不会像你预期的那样，专利数量也翻倍。大城市似乎创造力更强。人口翻倍似乎让创造力额外增加了 40%！其实，不只有专利数量揭示了这种增长模式。

里约热内卢、伦敦和广州之间尽管存在巨大的文化差异，但有一种数学模式将从巴西到中国的世界各地的城市连接了起来。我们经常用能突出当地个性的地理、历史和特征来描述纽约或东京这样的城市。但这些事实

㊀ Count von Count，这里的 Count 是一词双关，前一个 Count 是指"伯爵"，后一个 Count 是指计算，数数。——译者注

只是细节，是有趣的轶事，解释不了太多东西。相反，透过数学家的眼睛来观察城市，一种超越政治和地理界限的普遍特征便开始显现。这种数学视角揭示了城市的吸引力……还证明了城市越大越好。

数学揭示，城市中每种资源的增长，都可以用一个该资源所特有的神奇数字来理解。一座城市的人口翻倍时，相应的社会和经济因素的规模并不是简单地增加一倍，而是翻一倍多一点。值得注意的是，对于许多资源来说，这里的“多一点”指的是15%左右。例如，如果你对比一座人口100万的城市与一座人口200万的城市，你会发现，较大的城市并不仅仅是拥有数量翻倍的餐馆、音乐厅、图书馆和学校，而是翻倍的基础上再多15%。

就连工资也受这种比例的影响。假设两名员工在规模不同的城市做同样的工作：居住在人口200万的城市的员工，其平均工资将比居住在人口100万的城市的员工高出15%。如果城市人口规模再翻一番，达到400万，工资就会再增加15%。城市越大，你做同样的工作得到的工资会越多。

识别这样的模式，有可能是企业从投入中获得最大收益的关键。城市的规模和形态各异。理解形态无关紧要，但规模很重要，这意味着一家公司只需要搬到一座是原来两倍大的城市即可获得更多回报。

这种普遍存在的奇怪比例，不是经济学家或社会科学家发现的，而是一位理论物理学家发现的，他将通常用于寻找宇宙基本定律的数学分析应用到了这个领域。杰弗里·韦斯特（Geoffrey West）出生于英国，在剑桥大学学习物理学后，前往斯坦福大学做研究，探索基本粒子的性质。到圣达菲研究所担任所长，促成了他在城市增长方面的发现。该研究所的专长是为不同学科的人寻找融合和讨论创意的方法。很多时候，解开你自己研究领域谜题的捷径，是绕道去研究其他人的看似不相关的领域。

正是因为圣达菲研究所不断涌现出数学、物理和生物学的融合，让韦斯特开始思考，遍布全球的城市是否存在普遍特性，这就如同电子或光子无论置身宇宙的哪个位置，都存在一些普遍特性。

我们可以相信数学是宇宙基本定律的核心，数学可以解释重力或电。此外，城市似乎是一群难以理解的人的聚合，人们各自有不同的动机和欲望，为自己的生活忙碌着。但当我们试图理解周围的世界时，我们发现，数学密码不仅控制着世界及其中一切的代码，也控制着我们自己。就连控制着数百万杂乱个体的力量，也存在一种模式。

韦斯特率团队收集了全球数千座城市的数据。他们收集了各种数据，从法兰克福的电线总量，到爱达荷州博伊西的大学毕业生人数。他们记录了加油站、个人收入、流感暴发、他杀、咖啡店，甚至行人行走速度的统计数据。不过，并不是所有信息都来自网上。为了破解中国省级城市的大量年鉴数据，韦斯特努力学习中文。他们着手分析这些数字后，隐藏的密码逐渐显现出来。如果一座城市的人口是另一座较小城市的两倍，那么，无论这两座城市位于世界的哪个位置，社会和经济因素都会在翻倍的基础上，额外增加神奇数字 15%。

如今，全世界超过 50% 的人口居住在城市。韦斯特的比例因子揭示的指数增长额外量，很可能是城市吸引力如此强的关键。一旦人口聚集到一起，你的所得似乎比投入更多，这说不定就是人们搬到大城市的原因。因为如果一个人搬到一座两倍大的城市，突然之间，他们会得到 15% 的额外收益。

基础设施也受到这种规模扩张的影响，但方向相反。当一个城市的规模扩大一倍时，你会发现你节省了基础设施，而不是所需要东西的两倍。铜线、柏油路和污水管道的人均成本下降了 15%。与普遍看法相反，这意味着你所居住的城市越大，你的个人碳足迹就越小。

遗憾的是，数学比例计算得到的并不总是正收益。犯罪、疾病和交通的数量，也按照同一因子上涨。例如，假设你知道一座 500 万人口城市的艾滋病病例数量，那么要估计一座 1 000 万人口城市的艾滋病病例的数量，你不光要将前一个数字翻倍，还要额外加上 15%。又是 15% 这个神奇的数字。

这种跨城市存在的普遍比例，有什么解释吗？这里有什么普遍适用的定律吗？例如牛顿的万有引力定律，适用于从苹果到行星再到黑洞的一切。

为什么一座城市取决于人口规模而非物理尺度，理解这一点的关键在于：构成一座城市的不是它的建筑和道路，而是居住其中的人。城市是一座舞台，人们在这座舞台上演绎着文明的故事。城市是有价值的，因为它们是促进人类互动的网络。

这意味着，我们在对城市建模的时候，不应该根据它是建设在岛屿上、山谷里还是沙漠上，而应该根据城市居民之间的互动网络。城市居民互动产生的网络质量，似乎有着韦斯特发现的比例缩放的普遍特点。这就是数学的力量：看到位于复杂环境核心的简单结构。

这里不妨举一个极端的例子，来理解为什么大城市会导致超线性增长。假设随着城市的发展，每个人都与其他人有接触。如果城里的人口为 N，这 N 个人可以进行多少次不同的握手（这是衡量居民连接性的最高指标）？让人们按从 1 到 N 的顺序排队，1 号居民和队伍里的所有人握手，总计 $N-1$ 次。现在轮到 2 号居民握手。由于他已经握了 1 号居民的手，所以最终握手次数是 $N-2$。以此递推，每个居民的握手次数减少一次。那么总计握手次数是从 1 到 $N-1$ 的总和。这又是高斯做过的计算！他的捷径给出了计算这一数字的公式：

$$\frac{1}{2}\times(N-1)\times N$$

如果将 N 翻倍，这一连接性的数量会发生什么样的变化？握手次数不是翻倍，而是变成了原来的 2 的平方倍，也就是 4 倍。握手次数与居民人数的平方成正比。

这个例子很好地说明为什么数学可以让我们免于重复发明轮子。虽然我问的是一个关于网络连接性的完全不同的问题，但我发现，有了分析三角形数的工具，我就可以知道这个数字会怎样增长。角色可能会一次又一次地改变，但剧本始终不变。理解了剧本，你就拥有了一条捷径，能理解插入剧本的任何角色的行为。本例中，居民连接性的数量与居民数量呈平方增长。

当然，城市里的居民不可能认识其他每一个居民。保守一点地说，他们只认识本地社区的居民。但这是线性扩展，总体规模并不重要。

人们在城市里的连接性，看起来介乎于上述两个极端之间。居民不仅在本地社区认识所有的人，还认识分布在城市更远地方的一些人。这样一来，随着人口翻倍，远程连接应该就是导致连接性额外增长 15% 的因素。我将在本书后面解释，这种网络出现在许多不同的场景中，它是创建捷径的一种极为有效的铺垫。

误导性模式

尽管模式有着难以置信的强大力量，但我们使用时仍然应该保持谨慎。你选择了一条出发的路，以为知道它通往何方，但有时，这条路可能会偏离到一个出人意料的奇怪方向。就拿我之前挑战过你的那个数列来说吧：

$$1, 2, 4, 8, 16, \cdots$$

如果我告诉你，数列中下一个数字是 31，而不是 32，那会怎么样？

如果我在一个圆的圆周上加点，然后用线把所有的点连接起来，这个圆最多可以分出多少个区域？如果圆周上只有一个点，那就无法连线，只有一个区域。如果我添加一个点，将这两个点连接起来，圆被分成了两个区域。现在再加上第三个点。画出所有将点连接起来的直线，得出一个三角形，这个三角形周围有三个扇区：那么总共得到 4 个区域。

如果我继续这么做，一种模式似乎浮现出来（见图 1-1）。以下是我在圆周上新增一点时划分出的区域数量：

1，2，4，8，16，…

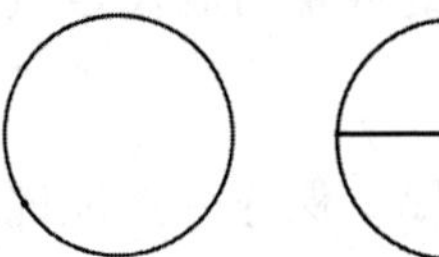
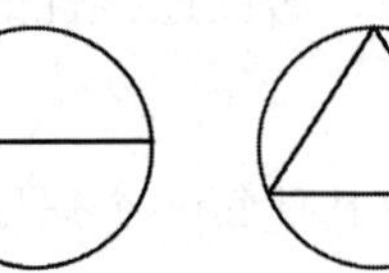
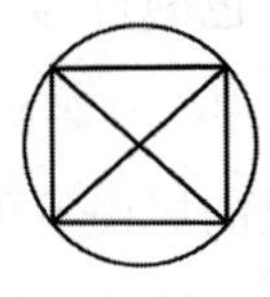
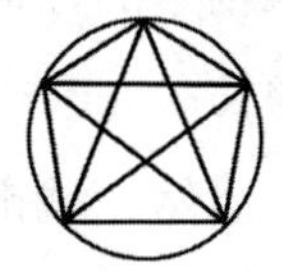

图 1-1 前 5 个圆的分区数量

到了这一点，人们很容易以为，新增一个点会让分区数量翻倍。麻烦的是，我在圆周上加到第 6 个点，模式就失效了。不管你怎么努力，这些线切分出的最大区域数都是 31（见图 1-2）。不是 32！

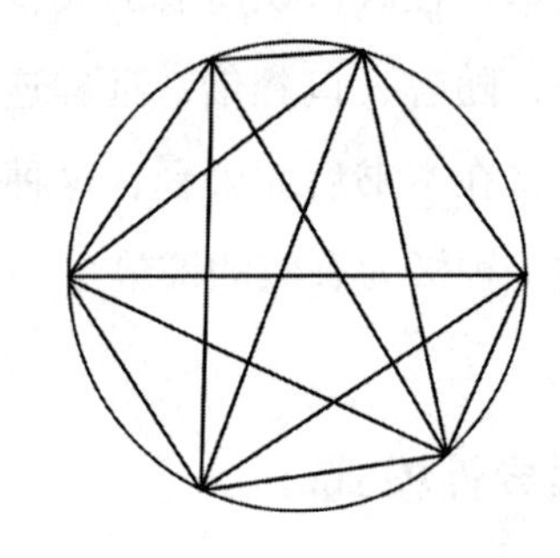

图 1-2 第 6 个圆的分区数量

有一个公式可以告诉你分区数量，但比单纯的翻倍要复杂一些。如果圆周上有 N 个点，将这些点连接起来所得的最大分区数量是：

$$1/24\times(N^4-6N^3+23N^2-18N+24)$$

这里的信息是，必须了解你的数据在描述什么，而不是仅仅依赖于数字。如果不结合对数据来源的深入理解，数据科学是危险的。

这里还有一个关于这一捷径的警告。下面这个数列的下一个数字是什么？

2，8，16，24，32，…

这里有很多 2 的幂，但 24 就不太一样了。如果你能确定该数列的下一个数字是 47，我建议你下个星期六去买张彩票。这一数列是 2007 年 9

月 26 日英国国家彩票的中奖号码。人类太热衷于寻找模式了，甚至经常在根本不该期待存在模式的地方寻找模式。彩票是随机的，没有模式，没有秘密公式。成为百万富翁没有捷径可走。话虽是这么说，但我会在第八章解释，哪怕是随机的事物也有模式，我们可以利用它们作为潜在的捷径。与随机性相关的捷径是：后退一步，从长计议。

存储捷径

鉴于互联网上每秒都在产生海量的数据，各企业都在寻找存储这些数据的巧妙方式。从数据中找到模式，实际上提供了一种压缩信息的方法，这样就不需要太多的空间来存储它。这是 JPEG 或 MP3 等技术背后的关键。

以一张只由黑白像素构成的图片为例。在任何一张此类图片中，都可能在某处有一大片白色像素。与其记下这里的每个像素都为白色，占用大量空间来存储图片中的数据，其实你可以选一条捷径。你可以记录白色像素区域的边界位置，再加入用白色填充该区域的指令。这样，为填充该区域要写的代码，比记录这个区域每个像素均为白色所写的代码要少得多。

你从像素中识别的任何此类模式，都可以用来编写代码以记录图片，其所占存储空间比逐个保存像素数据所占的空间小得多。以棋盘为例。这一图像有一种可供编写代码的极为明显的模式，即在整个棋盘上重复白一黑 32 次。棋盘再大，代码数量也不会变大。

我相信，模式也是人类存储数据的关键。我必须承认，我的记性很糟糕。我想，这是数学吸引我的原因之一。数学一直是我的武器，用以对抗我对名字、日期和随机信息的差记性。就历史而言，我不知道伊丽莎白女王一世是哪一天去世的，如果你告诉我是 1603 年，10 分钟后我就忘了个精光；就法语而言，我总是很难记住不规则动词 aller 的所有不同形式；在化学上，我记不住是钾还是钠的火焰是紫色的。但在数学方面，我可以从根据我在这门学科中发现的模式和逻辑中重建一切。识别模式取代了对好记性的需要。

我怀疑这是我们存储记忆的一种方式。记忆取决于我们的大脑识别模式和结构的能力，借此保留一个扼要的程序，从中再生记忆。这里有一个小小的挑战。请仔细看下面 6×6 网格中包含波浪线的方格（见图 1-3），然后合上书。你能凭记忆再现它吗？关键是，不要试图单独记住图像中 36 个方格的每一个，而是找到一种模式，来帮你生成图像。

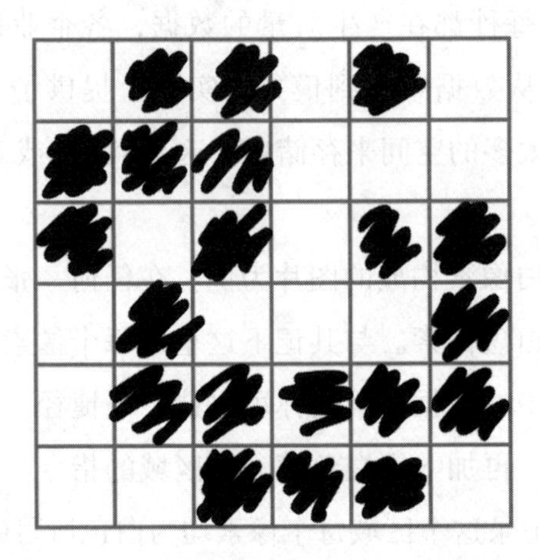

图 1-3　你能记住这些画有波浪线的方格的位置吗

尽管画有波浪线的方格，在比例上与标准 6×6 黑白棋盘里的黑色方格大致相同，但由于缺乏明显的模式，记住前者的位置要困难得多。抛一枚硬币，如果硬币正面朝上，就在方格里涂上波浪线。从数学上讲，硬币产生正反面交替出现的棋盘图案的概率，和产生随机排列的图案的概率相同。然而，标准棋盘一黑一白的模式，让它更容易被记住。

识别出图中的模式，你就可以写下再现该图的“配方”。在数学中，这个配方就是所谓的算法。记住图像所需的算法计算量的大小，是衡量图像中所包含的随机性的有力指标。棋盘图案很有序，生成它的算法计算量就小。靠投掷硬币产生的棋盘图案，需要的算法计算量可能不比分别记录每个方格里是什么内容更小。

你会发现，一张图像中有明显模式的照片，其 JPEG 比原始图像小得多，而当你尝试使用 JPEG 算法压缩像素分布的图像时，它无法变小，因为没有模式的帮助。

从人类到机器，任何需要记忆事情的人或物，都在运用大脑独特的数学功能。记忆需要从我们试图存储的数据中找出模式、联系、关联和逻辑。模式是提高记忆力的捷径。

爬楼梯

让我们回到本章开始时我提出的问题。如果你采用一步一级或一步两级的组合方式，有多少种方法可以爬上 10 级台阶的楼梯？这道题有几种解法。一是随机写下不同的可能性。显然，这种不系统的方法将不可避免地漏掉一些选项，而且记录所有的选项也要花时间。有更好的策略吗？

一种稍微系统化的解法是：让我们从一步一级开始。爬上 10 级台阶只有一种方法：1111111111。接下来，我允许一步迈两级台阶。这意味着总共要 9 步：8 步一级，一步两级。你还可以选择在任意位置一步迈过两级台阶。有 9 个不同的地方可以这么做。

这看起来是一个有希望的策略。接下来，我可以考虑 2 步两级与 6 步一级的组合，这样一共要 8 步。但我要计算这 8 步中有哪些位置可以一步迈两级台阶。第一次一步两级我可以放在任意位置，第二次一步两级，可以放在剩下的 7 个空位。乍看有 8×7 种不同的可能性。但我需要小心，因为我数了两次。我可能选择在位置 1 一步两级，在位置 2 又一步两级；或者反过来，先在位置 2 一步两级，接着在位置 1 一步两级。但这两次所得的结果是一样的。所以总的可能性是 $8 \times 7/2 = 28$。实际上，这个数字有一个数学上的名称，叫作“8 选 2”。可表示为：

$$\binom{8}{2}$$

更一般地说，从 N+1 个数字中选择 2 个数的方法，由公式 1/2N(N+1）给出，这与高斯针对三角形数提出的公式相同。我们发明的那个轮子又出现了！有一种方法可以将从 N+1 中选择 2 个数的问题转变为计算三角形数的挑战。我将在第三章中解释，为什么将一个问题转变为另一个问题，往往也是解决问题的捷径。

这些用于计算选项的工具，被称为二项式系数，其实是高斯和助教巴特尔斯在学校一起研读代数课本时探究的一些公式。

回到解决这道难题上。接下来我要计算如何从 7 个位置中选 3 个来一步迈两级台阶。虽然这看似是一种穷尽种种可能性的系统性方法，但它需要我们想出公式，把越来越多次数的一步两级放到爬楼梯的过程中。现在看来，这条路走起来很难也很慢，感觉不像条捷径。

利用我在这一章向大家介绍的内容，这里有一种更好的方法。对这样的谜题，我发现，从级数少的台阶着手，看看是否存在模式，会是一种有效策略。

以下是 1 级、2 级、3 级、4 级和 5 级台阶各自存在的可能性，可以用手快速计算出来。

1 级台阶：1（一步只迈一级台阶）

2 级台阶：11，2（一步只迈一级台阶，用两步完成；或者，一步迈两级台阶，一步就完成；下同）

3 级台阶：111，12，21

4 级台阶：1111，112，121，211，22

5 级台阶：11111，1112，1121，1211，2111，122，212，221

所以，可能性的数量是 1，2，3，5，8，…现在你可能已经看出了模式。

把前两个数相加就得到下一个数。你甚至可能知道这些数字有个名字——斐波那契数列！它得名于公元12世纪的数学家斐波那契，他发现，这样的数列是自然界万物生长的关键。花朵上的花瓣、松果、贝壳、兔子的种群，这些数字似乎都遵循相同的模式。

斐波那契发现，大自然使用一种简单的算法让万物生长。将前两个数相加得到下一个数的规则，是大自然构建复杂结构（如贝壳、松果或花朵等）的捷径（见图1-4）。每一种生物都只使用它最后构建的两件东西作为下一步行动的原料。

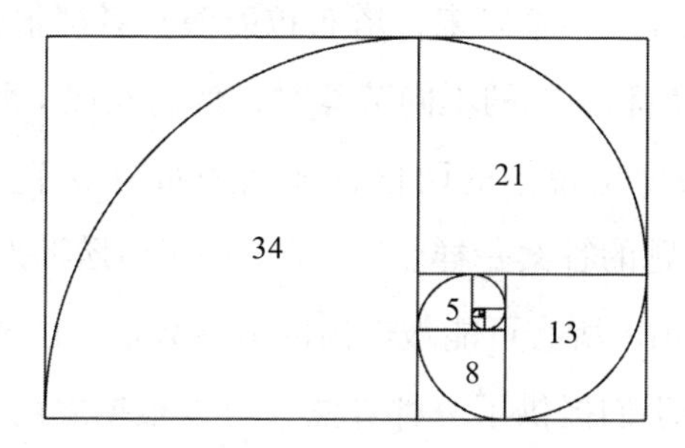

图1-4 如何使用斐波那契数列来推进螺旋

利用模式来进化结构，是大自然的一条关键捷径。以大自然制造病毒的方式为例。病毒以非常对称的结构出现，这是因为，利用对称构建结构，算法非常简单。如果病毒呈对称的小方块状，复制分子的DNA只需要复制若干份相同的蛋白质，就可以构成小方块的面；接着，同样的规律可以运用到整个病毒上，构建其结构。没有例外指示，只有一种模式，意味着构建病毒快速而有效，并可能让病毒极为致命。

但是，仅根据这少量的数据，我们真的能确定斐波那契数列的规律就是解开爬楼梯谜题的钥匙吗？

实际上，这个规律准确地解释了如何算出6级台阶上的所有可能性。将4级台阶上的所有可能性，在末尾加个2，再将5级台阶上所有可能性，末尾加个1，这就得出了到第6级台阶的所有方法。它就是这一数列中前两个数字的组合。

6级台阶：11112，1122，1212，2112，222，111111，11121，11211，12111，21111，1221，2121，2211

这道谜题的答案是计算数列中的第10个数，即89。

1，2，3，5，8，13，21，34，55，89

共有89种不同的上楼梯法。这一模式，是知道有多少种上到楼梯最高处的捷径，哪怕有100或1 000级台阶。这一模式有助于破解同类难题。

尽管这些数字以斐波那契的名字命名，但第一个发现它们的人并不是他，而是印度的乐师。一直以来，塔布拉鼓演奏者都很喜欢展示不同节奏的敲击。在探索长拍和短拍的不同节奏时，他们发现了斐波那契数列。

如果长拍的长度是短拍的两倍，那么塔布拉鼓手能演奏出的节奏数量，就和爬楼梯一题的答案一样。“一步迈一级台阶”对应短拍，“一步迈两级台阶”对应长拍。所有可能敲击出的节奏数量，由斐波那契定律给出。这一定律甚至为鼓手们提供了一种算法，可以根据之前较短的节奏构建新节奏。

相同的模式可以解释如此不同的事情，真是让人感到兴奋。在斐波那契看来，这是大自然生长的方式。在印度塔布拉鼓手看来，这种模式产生了节奏。这种模式也解释了一步迈一级台阶和一步迈两级台阶相组合，有多少种方法可爬完一段楼梯。一些金融行业的分析师甚至认为，这些数字可以用来预测一只正在下跌的股票什么时候会最终触底反弹。这种金融分析模式存在一定争议，当然也不是普遍成立的，但它让一些投资者做出了正确的判断。捷径的强大，就来自这种揭示不同表象背后的基础结构的力量。一种模式可以解决许多看起来非常不同的挑战。每当碰到新问题，不妨检查一下，它是不是一个乔装打扮的旧问题，很可能你就会知道答案。

连接捷径

我忍不住要给这个故事加上一个小尾巴，因为它把前面的辛苦工作都派上了用场。我最初计算爬到楼梯顶的路线数量的策略，让我想到了如何从 7 个物体中选 3 个的问题。数学家其实已经找到了一种巧妙的方法，缩短所有这些选择的计算。这就是所谓的帕斯卡三角形（见图 1-5，和斐波那契一样，帕斯卡也并非发现这一规律的第一人，最早发现它的是中国古代学者）。

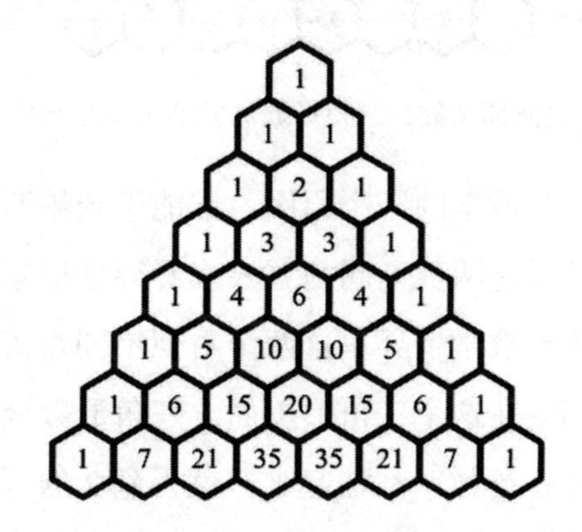

图 1-5　帕斯卡三角形

这种三角形有一条类似于斐波那契数列的规律，只不过你是通过将上层中的两个数字相加来构建下面各层中的数字。图 1-5 中的格子很容易运用这一规律创建起来，但重要的是，它包含了我所追求的所有选择数。假设我经营一家比萨店，想以提供的比萨种类多为卖点。如果我想知道从 7 种不同的浇头中选择 3 种浇头的方法有多少，只要看第（7+1）行的第（3+1）个数字就知道了：35。利用这条捷径，我知道店里可以做 35 种不同的比萨。一般来说，从 n 样东西里选择 m 样，取第（n+1）行的第（m+1）个数字即可。但因为这些选择数是解决爬台阶问题的一种方法，这意味着斐波那契数实际上隐藏在帕斯卡三角形中。将三角形对角线上的数字相加，斐波那契数列就会出现（见图 1-6）。

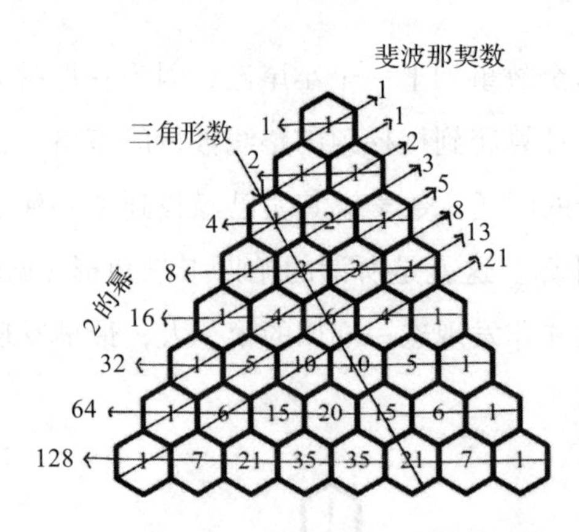

图 1-6 斐波那契数、三角形数和帕斯卡三角形内 2 的幂

这种联系是我喜欢数学的一个原因。谁能想到帕斯卡三角形里藏着斐波那契数列？然而，通过两种不同的方式来看待这道题，我找到了一条秘密隧道——一条连接着数学世界里这两个看似不同角落的捷径！而且，三角形数和 2 的幂也都藏在这个三角形里面。三角形数分布在贯穿三角形的一条斜线上，而把每一行数字都加起来，就得到 2 的幂。数学里满是这类奇怪的隧道，我们可以利用它们，把一样东西变成另一样东西。

在数据中寻找模式，不仅仅限于求解爬楼梯这样的小问题。它是预测宇宙演化方式的关键，正如高斯在预测谷神星轨迹中的发现；它对于理解气候变化至关重要；它能赋予企业应对未来不确定性的优势；它甚至能为我们提供一些关系到人类历史演进的线索。如今是一个数据丰富得令人难以置信的时代，互联网上每天产生 1EB（2^{60} 字节）的数据。有待探索的数据太多了，可一旦看出模式，你就有了一条在这个庞大数字世界中导航的捷径。

模式捷径事关识别底层规律或算法，这些规律或算法是生成你想要理解的数据的关键。这类捷径会一直为你工作，哪怕问题的规模看似超出了控制范围。要爬的台阶可能越来越多，但捷径仍能帮你找到答案。

模式不仅仅适用于数字。生活的许多领域都存在模式，我们可以利用这些模式，将知识从一个领域转移到另一个领域。例如，理解音乐的模式是掌握一种乐器的关键部分。对国际大提琴演奏家娜塔莉·克莱因（Natalie Clein）来说，音乐中的模式可以帮助她不看曲谱就能预测乐曲的走向。

稍后，我将获得机会，和心理治疗师苏茜·奥巴赫（Susie Orbach）谈谈治疗中的捷径。事实证明，她利用了人类行为中的大量模式。她可以从过去患者的病史中发现模式，以帮助到诊所来的新病人。但人比数字更复杂，也更具特色，必须谨慎对待奥巴赫揭示的这些模式。如果世界变成数字世界后，这个数字世界能做的越来越多，数字就发挥了最佳作用。我们的数字足迹正日复一日地将人类行为变成数字。找到数字的模式，你就有了一条预测人类接下来会做些什么的捷径。

捷径的捷径

发现模式，还是引领你走向未来的一条神奇捷径。在股票价格中找出规律，你可能会获得投资优势。每当你碰到数字时，不妨都检查一下数据里是否有什么隐藏的模式。不只数字有模式，人也有模式。辨别出网球比赛里对手遵循的发球模式，你就能在下一次接球时做好准备。了解人们的饮食习惯模式，你的餐厅就可以既满足顾客需求，又减少食物浪费。从人类迈出走出大草原的第一步开始，挖掘出模式就成为人类最基本的一条捷径。

中途小憩：音乐

几年前，我决定学习演奏大提琴。但我花的时间超过了预期，所以我急切地想挖掘出任何可能有所帮助的巧妙捷径。如果说数学是规律的科学，那么音乐就是规律的艺术。利用这些模式，会不会是个关键呢？

大提琴不是我学的第一种乐器。就在贝尔森先生分享小高斯的故事那一年，我们学校里的音乐老师问全班同学，有没有人想学乐器。我还有另外两个孩子举起了手。快下课时，老师把我们带进了乐器储藏室。除了三把叠在一起的小号，再没有其他的了。于是，我们三个人就开始吹小号了。

我并不后悔这个选择。小号是一种非常灵活的乐器。我最开始是在本地乐队里一试身手，在郡[㊀]里的管弦乐队里也演奏过，甚至还试着玩过一点爵士乐。但当我静静地坐在乐队里数着休止小节，等待下一次小号演奏期间，我会盯着前面的大提琴，它似乎一直在演奏。必须承认，我有点嫉妒。

现在我已经成年了，我决定用教母在遗嘱中留给我的一点钱买一把大提琴。剩下的钱，我都用来学琴。但我有点担心，我早就成年了，还能不能学会一种新乐器。年纪小的时候，虽然学习乐器花的时间多，但并未给我造成困扰。我当时还在上学，未来学习的日子还长。可等到成年之后，未来等着我们的日子变少了，人也因此变得越来越没有耐心。我希望现在就有能力演奏大提琴，而不是等到 7 年后。学习乐器有捷径可走吗？

马尔科姆·格拉德威尔在《异类》一书中普及了这样一个理论：想在任何领域成为专家，都需要至少 10 000 小时的练习。虽说原始研究团队表示，这是对其工作的误解，但该书有争议地提出，这样的练习量可能足以让你在自己的领域获得国际认可。但要是我想登上舞台演奏巴赫的大提琴组曲，难道就没有办法缩短 10 000 小时的练习吗？每天练习 1 小时，意味着要练习 27 年之久！

㊀ 英国的郡相当于中国的省。——译者注

我决定向娜塔莉·克莱因寻求建议，一直以来，她都是我最喜欢的一位大提琴演奏家。1994年，克莱因演奏埃尔加的《大提琴协奏曲》，成为著名的BBC（英国广播公司）年度青年音乐家大赛最年轻的获奖者之一，首次受到国际关注。她成名的轨迹是怎样的？

克莱因6岁时便开始拉大提琴，但几年后才认真着手练。她告诉我说："到十四五岁的时候，我试着每天练四五个小时，还有些人练得更多。有些16岁的孩子每天都练习8小时。俄罗斯或远东等地的同行，比我们更早进入这种纪律严明的艰苦训练模式。"

克莱因解释说，高度的纪律性对掌握一种乐器所要达到的肌肉记忆和控制能力是必要的："学习乐器当然有个最低投入的时间要求，青少年时期少不了每天要练三四个小时，因为如果不这样，你的身体就无法掌握运动机制。"以亚沙·海菲兹（Jascha Heifetz）为例。海菲兹是有史以来最伟大的小提琴家之一。他有个著名的习惯，在一生中的大部分时光，他每天早晨都练习音阶，光是音阶就总计练过数千小时。

在这一点上，大提琴手和运动员很相似。不长时间地训练身体，你不可能跑完马拉松或者赢得一场百米赛跑。调整身体和意识，让它能够快速演奏某一乐段，这方面需要残酷的重复。通过练习，我自己也知道，只有一遍又一遍地重复一个乐段，让身体无须调动大脑就差不多知道该怎么做，我才能演奏特定的乐曲。

但克莱因热心地强调，光靠努力还不够。她说："关键在于重复做正确的事情。"她说，"坚持10 000小时当然很好，但一定要把这10 000小时用对地方，你不能只是做。我告诉学生，你们必须让身体、思想和灵魂都参与到这10 000小时里。"

勤奋练习看起来不像是捷径，但它的确是。我们有多少次在做某件事时，因为用错了方法、没有最大限度地付出努力，或是误解了投入这么多时间的意义，而浪费了时间呢？

在思考什么是有效练习时，你经常会听到人们提及“心流”。心流是匈牙利心理学家米哈里·契克森米哈赖（Mihaly Csikszentmihalyi）1990年提出的一个术语，用来描述我们完全沉浸在一项任务中的心理状态。他写道：“我们生命中最好的瞬间并非那些被动的、作为接受者的、完全放松的时刻，而通常发生在一个人身心潜力完全得以发挥施展，通过自觉自愿的努力，完成一个困难但有价值的目标时。”心流存在于极端技能和极大挑战的交汇点。如果你不具备这样的技能，又尝试了一些挑战性太强的事情，你最终会陷入焦虑的状态。而如果某件事相对于你的技能来说太过简单，你很可能会感到无聊。但如果你既具备技能，又碰到了合适的挑战，你就可以进入心流状态，“臻于化境”。我们都想达到那样的状态，很多人也曾写过实现心流的指南：冥想、心流音乐、膳食补剂、心流触发因素、咖啡因等。

但克莱因对这些速效对策持怀疑态度。她说：“实现心流没有捷径。你必须学习规律，这样你才能跳出规律，而正是在跳出规律的那个瞬间，你会发现这种解放以某种方式将你带入心流状态。严格的自律能让你灵感迸发。”

虽然成为乐手所需的身体训练没有捷径可走，但我认为演奏者花大量时间练习音阶和琶音，是因为这些东西为他们的演奏提供了捷径。如果你在纸上看到一种对应一段音阶或琶音的音符模式，你不需要读出每个音符。相反，你可以迅速切入你花了很多个小时学习的捷径。

如果说没有捷径能达到高水平演奏的身体精细运动的技能，但学习一首新乐曲兴许是有捷径的。克莱因向我介绍了音乐分析师海因里希·申克（Henrich Schenker）的工作。事有凑巧，我以前曾在不同场合遇到过申克。计算机科学家利用申克的研究成果，试图让人工智能创作出令人信服的音乐。申克分析的目的是找出一段音乐背后的深层结构，他称作“原始结构”（Ursatz），它有点像一串数字背后的模式。人工智能音乐的生成试图逆转这一过程，从原始结构入手，接着对它加以充实，进而制作音乐。但在克莱因看来，这种分析提供了一种极为高效的方法来驾驭她正在学习的音乐作品。

“他喜欢简化、简化、简化到最简单的公式，以理解一首作品。”她说，“可以说，这是理解一首音乐作品结构的捷径，它着眼于宏观而非微观。”

事实证明，模式是乐手驾驭复杂音乐的工具之一。我想知道，这是不是记住一段音乐的有效捷径呢？识别一串数字的基本结构，可以让我不必再依赖重复来记住某种东西。对于克莱因来说，记住一首协奏曲来自一遍又一遍地练习，直到它变成肌肉记忆。但在其他人看来，模式可能起着更大的作用。克莱恩告诉我：“我有个朋友叫瓦迪姆·霍洛登科（Vadym Kholodenko），很有些天才。我见过他下午刚看了一首之前听过一两次的曲子的乐谱，晚上他便在音乐会上演奏了这段音乐，比其他练了 3 个月的人演奏得还好得多。他能看出大势，而且很有信心自己做得到，其他差距就这么被填补上了。他绝对看到了宏观，他肯定相信宏观比微观更重要。”

我的大提琴老师还教了我另一条学习新曲子的有趣捷径。由于可以在不同的弦上演奏同一个音符，通常有多种方式可在大提琴上弹奏一段乐曲。通常，第一种也是最明显的一种弹奏方法效率最低，最终你的手指不得不在琴弦上大跨度地跳来跳去。但如果你进行更多的策略性思考，便可找到其他方法来演奏这一乐段，而这意味着你不必疯狂地把手上下挪动。琢磨怎样弹奏一段乐曲，变得和解一道谜题一样：为了能够轻松演奏，把手指放在琴弦上最高效的方法是什么？

克莱因对此表示赞同：“很有创意。我想没人教过我，但我自己觉得，大量使用拇指对我来说是个好主意，这对我真的很有帮助。从伟大的大提琴家丹尼尔·沙弗兰（Daniil Shafran）开始，好多大提琴家都这么做。我还以为是我琢磨出来的呢，但并不是。它完全与解决问题有关。问题越棘手，解决方案就越有创意。”

尽管驾驭音乐可以借助这些有用的方法，克莱因却坚持认为自己的工作没有捷径："要成为一名优秀的专业大提琴手，尤其是那种必须演奏独奏作品，并因自己的技艺来到聚光灯下、备受关注的人，这是没有捷径的。这也是我热爱它的原因。众所周知，西班牙大提琴家帕布罗·卡萨尔斯（Pablo Casals）一辈子都在练习，在他95岁时，有人问他：'大师，你为什么一直练习？'他回答说：'因为我觉得自己最终会变得更好，我一直在进步。'我想，这就是你坚持下去的动力。你将付出大量艰苦的努力，而且还将继续付出大量艰苦的努力。你必须喜欢这项工作，才能坚持一辈子。你永远抵达不了顶峰。"

对于许多专家来说，这就是为什么捷径并不是他们真正在乎的事情。克莱因告诉我："短期而言，捷径的概念很有吸引力，但长远来看，并非如此。如果真的有很多捷径，或许我们也就不会这么沉迷于这项挑战了。"

我明白，实现目标的愿望和实现目标的难易程度之间存在一种此消彼长的关系。要是太容易，就会失去满足感。而且，我也不想做不用动脑筋的苦差事。对于我来说，最能带给我满足感的捷径恰恰是那些让我卡在困境里，经过一段时间思考后才出现的捷径。当你看到巧妙的方法时会释放出肾上腺素，那种豁然开朗的感觉会令人上瘾。在完善自己数学成绩的旅程中，我已深得其中精妙。但说到大提琴，虽然利用模式能有所帮助，但我意识到，没有捷径能让我跳过辛苦的练习。

02

CHAPTER 2

第二章 计算捷径

你是个杂货小贩，希望用一架天平能称从 1 公斤到 40 公斤的所有重量。为做到这一点，你最少需要多少枚砝码？它们的值各是多少？

找到正确的速记法来捕捉概念，是加速思考的有力工具。我习以为常地用 7 个符号来表达 100 万的概念：1 000 000。但捆绑在这 7 个符号里的是一段令人着迷的历史：捷径怎样帮助人们高效地在数字和运算中导航。纵观古今，在商业、建筑业或银行业，如果你知道一些更快、更高效的方法，抢在竞争对手之前算出答案，你就能获得优势。在这一章，我想向你分享一些我们发现的处理数字和计算的巧妙方法。有趣的是，哪怕不涉及数字，这些捷径仍然可以被视为有力的策略。

人们往往以为，我是个研究型数学家，肯定要做小数点后很多位的长除法。那么到了今天，计算器肯定已经让我失业了吧？这种把数学家看成超级计算器的误解寻常可见。但这并不意味着，我的工作不包含计算。许多巧妙的数学原理都是从寻找巧妙算术方法的挑战着手的，比如高斯年少时使用的捷径。人类在尝试更有效地进行计算时发现了很多捷径，其中藏着一段历史。就连我们今天使用的计算器，也借助了数学家多年来想出的一些巧妙捷径来编程。

我们喜欢把计算机想成是万能的，能做任何事情，其实计算机也有局限性。以高斯从 1 加到 100 的挑战为例。毫无疑问，计算机能毫不费力地算出。但总会出现大得哪怕计算机都无法处理的数字。如果你让计算机把所有这类数字加起来，它也只能逐渐陷入瘫痪状态。整体上，计算机仍然依赖人类想出来的捷径，当通过计算机代码实现后，它将进一步加快计算速度。在本章中，我将揭示虚数这一看似深奥的数学概念令人啧啧称奇的运用，它为计算机提供了一条完成一系列任务的重要捷径，包括让飞机迅速降落，而不至于在中途坠毁。

计数的捷径

我们书写数字的方式，可以决定计算是简单还是复杂易出错。意识到用好的符号表达复杂设想是通往更好思考的捷径，这是人类进步的一个重要时刻。从历史上看，每一种文明似乎都意识到，书写和记录口头语言，是保存、交流和处理新思想的有力方式。而每一种新的语言文字的发展，通常都伴随着一种如何记录数字概念的新的巧妙方法。正是那些发现了数字书写更佳方式的文明，才发现自己获得了一条捷径，可以更快、更有效地计算和控制数据。

数学家最早发现的一条捷径是位值系统的力量。如果你在数绵羊或在数日子，你要做的第一件事大概就是为每头羊或每一天做个记号。这似乎是第一批人类计数的方式。考古发现过一些 4 万年前的骨头，边缘有刻痕，据信是人类最初尝试计数的痕迹。

这已经是一个让人印象深刻的瞬间了，数字的抽象概念开始出现。考古学家不知道这些刻痕到底数的是什么，但有一种理解是，这些数字和绵羊的头数、天数或被数的任何东西，存在某种相通之处。问题是，要区分骨头上的刻痕到底是 17 道还是 18 道，有可能相当棘手，你必须重新数一遍。几乎每一种文化到了某个时刻，都会有个聪明人突发奇想，想要为所有刻痕创造一种更容易读取的速记法。

几年前，我住在危地马拉，从钞票上发现了一系列奇怪的点和线，它们激起了我的兴趣。我问邻居，这是不是藏在当地货币里的某种神奇的摩斯密码[㊀]。她解释说，这确实是密码，指的是每张钞票所代表的数字。在玛雅文化中，点和线是数字表示方式的缩写。玛雅人认识到，超过 4 道刻痕，人类的大脑就很难区分了。因此，他们不是在纸上记下越来越多的点，而是一旦到了第 5 个点，就在前 4 个点上画一条线，如同囚犯每过一天就划掉一天，倒数自己获释的日子。这样一条横线就成了数字 5 的缩写。

㊀ 又称摩尔斯电码。——译者注

但万一你想数更多数目呢？古埃及人发明了一系列令人难忘的象形文字来表示 10 的幂。他们用脚绊（用来限制牛的行动的装置）表示数字 10，一卷绳子表示数字 100，一束睡莲表示数字 1 000，弯曲的手指表示数字 1 万，青蛙表示数字 10 万，最后用一个人跪在地上，双臂举在空中，就像刚中了彩票一样，来表示 100 万。

这是一种巧妙的速记。埃及抄写员只需要在纸莎草纸上简单地画出跪着的人的形象来表示 100 万，无须在骨头上画出 100 万道刻痕。这种高效记录大量数据的能力是埃及崛起并成为强大文明古国的一个因素，它可以向其公民征税，并有效地修建城市。

但埃及的计数系统仍存在一些相当低效的地方。如果抄写员想要记录 9 999 999 这个数字，需要使用 63 个象形符号。再加一个数字，就得有人再想出一张小图来表示 1 000 万。反过来看看我们的现代数字系统，可以用 7 个符号来记录 99 999 999 这样的大数字；区区 10 个不同的符号（0，1，2，…，9），能让我们想走多远就走多远。这里的关键在于位值系统。这条了不起的捷径，曾有 3 种不同的文化在不同的历史时期分别构思出来过。

最先想出这条捷径的是可与埃及人一较高下的巴比伦人。有趣的是，与埃及人或今天的做法不一样，他们的文化不以 10 的幂为单位，而是用 60 的幂。他们用不同的数字代表从 1 到 59，之后才认为需要重新组合。他们只用两种符号来书写从 1 到 59 的数字：𒁹代表 1，𒌋代表 10。但这意味着数字 59 要用 14 个符号来表示。

乍一看，这似乎远远不够高效。但他们选择的 60，内嵌了一条极为不同的捷径。那就是，这个数字的可整除性高。60 可以用很多不同的方式来划分，比如 2 × 30、3 × 20、4 × 15、5 × 12 或 6 × 10，这样，使用这一数字系统的商人就有了很多不同的方法来划分其商品。60 的可整除性高，也是如今我们用它来计时的原因。1 小时是 60 分钟、1 分钟是 60 秒的概念，就起源于古巴比伦。

然而，巴比伦人真正的突破来自数到59之后。一种选择是创造新的符号，就像埃及人一样。但巴比伦人想出了一个不同的主意：一个符号的意思，会根据它相对于其他符号的位置而改变。在我们的现代系统中，数字111有一个重复了3次的符号，这种速记的精妙之处在于，从右往左读，第一个1代表1，第二个1代表10，第三个1代表100。每在左边增加一个数，数值就增加10倍。

然而，对巴比伦人来说，因为他们的基数是60而不是10，所以每当向左移动，数值就会增加60的倍数。111在巴比伦语中相当于$1\times60^2+1\times60+1=3\ 661$。这是一条格外强大的捷径。使用𒁹和𒌋这两个符号，可以表示任意大的数字。但它不能代表每一个数字，这就需要引入一个新符号。如果你想记下3 601这个数字怎么办？这意味着表示一个不是60整倍数的数字。

这需要一个表示无的符号。在巴比伦楔形文字中，如果没有60的某次幂，就用两道小刻痕表示：𒑱。

玛雅人也发现了书写大数字的这条捷径。他们已经有了代表5的符号：一条横线。3条线表示15；3条线和4个点表示19。但接下来，玛雅人认为这么做太杂乱了。所以数字的下一位置表示20的幂。所以111在玛雅语中代表$1\times20^2+1\times20+1=421$。他们也意识到，在某些位置不需要记录任何东西，便使用贝壳符号来表示。

玛雅人是了不起的天文学家，他们对时间进行了大量的记录。这种有效的数字系统利用了符号的位置，让玛雅人无须一长串符号，就能探讨天文数字。

但巴比伦和玛雅的系统中仍然缺了一样东西：代表“无”的符号。第三种发明位值系统的文明，迈出了这革命性的一步：那就是印度人。

我们今天使用的数字，通常统称为阿拉伯数字，但这是个错误。至少，这不是故事的全貌。阿拉伯人学会了印度抄写员使用的系统，把它带到了欧洲。这种数字应该被称为印度－阿拉伯数字。印度数字使用从1到9的符号，当你向左移动一个数字，该数字会增加10倍。它还有指代“无”的符号：0。

欧洲人最初看到这一设想，感到无法理解。如果没有可以计数的东西，为什么还需要符号指代它呢？但对于印度人来说，“无”是一个非常重要的哲学概念，所以很乐意给它命名或编号。

那时，欧洲人仍然使用罗马数字和算盘来进行计算。但使用算盘需要技巧和专业知识，所以计算不是普通人能接触到的东西。计算让当权者得以维持权力。用算盘进行计算，不会留下记录，而是直接显示结果。这一系统很容易遭当权者滥用。

这就是为什么当权者试图禁止从东方传入的数字。它们给了普通人接触计算的机会，以及记录计算的能力。引入这条在数字中导航的捷径，很可能和印刷术的发明同样重要。它把数字带到了大众面前。

数学黑魔法

今天，计算机和计算器是我们计算的捷径。但50岁以上的人，大概记得学校里还教过另一种简化复杂计算的辅助工具：对数表。几个世纪以来，这是所有商人、航海家、银行家或工程师的首选捷径。较之试图直接进行计算的竞争对手，这种工具为人们带来了不可抵挡的优势。

对数的力量，是苏格兰数学家约翰·纳皮尔（John Napier）揭开的。我很想真正见见纳皮尔，不仅因为他想出了这条聪明的计算捷径，还因为他听起来就像个疯狂人物。纳皮尔出生于1550年，深深沉迷于神学和神秘学。他会拎着一只关在小笼子里的黑蜘蛛在庄园里走来走去。邻居们认为他跟魔鬼有勾结。有一天，邻居家的鸽子吃了纳皮尔的谷子，纳皮尔威胁说要把鸽子抓起来，邻居认为他不可能抓住这些鸽子，就决定看他的笑话。第二天早上，邻居大吃一惊，他看到鸽子一动不动地待在田里，纳皮尔则来回走动，把它们一一装进麻袋。难道鸽子中了魔法？原来，纳皮尔用白兰地泡豌豆，让它们醉了。

当地人认为纳皮尔是个巫师，纳皮尔不置可否，还巧妙地利用了人们的这种看法。为了抓出帮工里的一个小偷，他告诉他们，自己的黑公鸡能认出罪犯。帮工们必须一个接一个地进入房间，抚摸这只鸡。纳皮尔称，如果小偷碰它，黑公鸡就会大叫。等所有帮工都去摸过公鸡后，纳皮尔要他们把手举起来。所有人手上都沾有煤灰，只有一个人例外。煤灰是纳皮尔涂在公鸡身上的，他知道，只有小偷才不敢去摸公鸡。

除了神学研究之外，纳皮尔对数学也很着迷。但他对数字的兴趣不过是一种爱好，他哀叹自己没有足够的时间进行计算，因为他要推进神学研究。但后来他想出了一个聪明的策略，绕开了他试图费力跋涉的漫长计算。

他在自己出版的关于捷径的书里写道：

> 亲爱的数学学生们，没有什么比大数的乘法、除法、平方和立方的运算更麻烦的了，也没有什么比这更妨碍计算器的了。除了要花很长时间做这些烦琐之事，大多数情况下还会出现很多滑稽的错误。于是，我开始思考，有什么现成又确定的方法可以消除这些障碍。

纳皮尔发现了一种方法，可以把两个大数相乘的复杂工作，变成两个数相加的简单得多的工作。以下哪道题手工算得更快？

$$379\,472 \times 565\,331$$

还是

$$5.579\,179+5.752\,303$$

这一神奇转变的关键是对数函数。函数就像一台小小的数学机器，以一个数作为输入，根据函数的内部规则对该数进行操作，输出一个新的数。对数函数中，取一个数字，然后以 10 为底数，可得到原始数字的指数。例如，如果我输入 100，对数函数输出数字 2，因为 10 的 2 次方等于 100；如果我把 100 万输入对数函数，结果是 6，因为 10 的 6 次方是 100 万。

如果输入的数字不是明显的 10 的幂，对数函数就有点棘手了。例如，要得到 379 472 这个数字，我需要取 10 的 5.579 179 次方；要得到 565 331，我需要取 10 的 5.752 303 次方。因此，与许多捷径一样，必须提前完成大量工作才能实现捷径。纳皮尔花了很多时间准备表格，以便查找一个数字的对数，可只要表格准备好了，捷径自然就出现了。

如果你有了 10 的两个幂，如 10^a 和 10^b，你想把它们乘起来，答案非常简单，是 10^{a+b}，即把幂相加。这就意味着，我不必完成 379 472 × 565 331 的繁重计算，而是可以把对数加起来，5.579 179 + 5.752 303 = 11.331 482，再用纳皮尔准备的表格，计算出 $10^{11.331\,482}$。

使用计算表来加快运算速度的设想并不新奇。事实上，古巴比伦人的一些楔形文字板似乎也运用了类似的办法。他们利用另一条公式计算大数乘法。如果我有两个大数 A 和 B，代数关系

$$A \times B = 1/4 \times \{(A+B)^2 - (A-B)^2\}$$

把问题变成了平方数的减法。虽然这套代数符号直到公元 9 世纪才出现，但巴比伦人已经懂得正方形和乘积之间的这种关系，这为他们带来了计算 A 与 B 之积的捷径。而且，他们也不必计算平方，只需要到先前由抄写员计算好的平方表里查一下就可以了。

纳皮尔在《奇妙的对数表之说明》（*A Description of the Wonderful Table of Logarithms*）一书中介绍了自己构思的捷径。随着此书思想的传播，它勾起了读者的好奇心。亨利 · 布里格斯（Henry Briggs）是第一位在牛津大学新学院（我的教授职位也来自这里）担任萨维尔几何学教授的数学家。他深深地折服于纳皮尔对数的力量，花了 4 天时间专程前往苏格兰拜访纳皮尔。他写道：“我从来没有见过比这更让我高兴、更让我惊叹

的书。”

几个世纪以来，这些表格为科学家和数学家提供了进行复杂计算的捷径。200 年后，伟大的法国数学家、天文学家皮埃尔－西蒙·拉普拉斯（Pierre-Simon Laplace）宣称，对数“通过缩短劳动时间，不仅相当于使天文学家的寿命延长了一倍，还让他免于出现与冗长计算密不可分的失误，减少了他对此事的厌恶。”

这里，拉普拉斯抓住了一条良好捷径的本质：它为思想带来了自由，让人可以把精力投入到更有趣的追求当中。但直到机器的出现，才真正把科学家从乏味运算中解放出来。

机械计算器

17 世纪伟大的数学家戈特弗里德·莱布尼茨（Gottfried Leibniz）是最早意识到机器的力量是计算捷径的人之一。他说：“优秀的人不值得像奴隶一般在计算的劳动中浪费数个小时，如果使用机器，可以把此类劳动安全地交给其他任何人。”

莱布尼茨碰到一台计步器之后，萌生了最终要制造计算机器的想法：“我看到一种仪器，它可以让人不假思索地计算出步数，我当即想到，所有的算术都可以通过类似的设备来实现。”

计步器利用了一个十分简单的设想：一个有 10 颗齿的齿轮咔哒咔哒转完一圈，就可以连接到另一个齿轮，后者转动一颗齿，代表 10 步。也就是把位值系统应用到了齿轮里。莱布尼茨的计算机器被称为“步进计算器”，能够进行加法、乘法和偶数除法运算。但事实证明，在物理上实现他的设想是个挑战，“除非工匠能像我想的那样制造这台设备”，他写道。

莱布尼茨带着木制原型到伦敦，向皇家学会的会员们演示。素以脾气暴躁著称的罗伯特·胡克（Robert Hooke）对此无动于衷，把机器拆成零件后，他宣称自己可以制造出一种更简单、更高效的装置。莱布尼茨并没有被吓住，最终设法聘请到一位巧手钟表匠制造出一台机器，这台机器可以实现他承诺的计算捷径。

莱布尼茨还有个更宏大的愿景。他不仅想把算术机械化，还想把所有的思想机械化。他想把哲学论证简化成一种可以在机器上执行的数学语言。他设想有一天，如果两位哲学家在某个观点上存在分歧，只需求助于机器，就能判断谁是谁非。

我在拜访莱布尼茨的家乡汉诺威时有幸看到了他的一台机器，很漂亮，拥有它实在是我们走运。这台原始机有好些年都搁置在高斯所在的哥廷根大学的一座阁楼里，直到1879年，工人们在修理屋顶漏水时，才发现它藏在角落里。

以莱布尼茨的机器为开端，最终为我们带来了今天的计算器和计算机。但这并不是说计算机的能力没有限制。如今，我们往往认为计算机非常擅长快速计算，性能没有限制。1984年，《时代周刊》报道："在计算机里安装合适的软件，你想让它做什么都行。"但计算机其实是存在局限性的。有时候就连它们也需要人类程序员想出一条巧妙的捷径，以免计算机执行需要整个宇宙生命周期的计算。

计算机接入的一条最有趣的捷径是，利用一种似乎与计算的真实世界无关的新类型数字：虚数。

穿过数学的镜子

你能解出 $x^2=4$ 这个方程吗？你可能会很容易算出 $x=2$ 的答案，因为如果将2平方，就会得到4。如果你聪明的话，说不定还能想到第二个答案，$x=-2$ 也可以。这是因为，要是你把一个负数平方，结果将得到正数。也就是说，-2 的平方也是4。

这个方程很简单。但如果我要你求解下面这个方程呢？

$$x^2-5x+6=0$$

很多读者可能都会感到寒从脚下起，因为这是学生在学校里必须学习求解的二次方程，也就是带有 x 平方项的方程。实际上，古巴比伦人已经找到了一种通用算法程序，可以揭示这个问题的答案。虽然他们没有用代数语言来表达其构想，但用现代术语来说，如果你想求解一般二次方程

$$ax^2+bx+c=0$$

解答公式是

$$x=\frac{-b\pm\sqrt{b^2-4ac}}{2a}$$

那么，就 $x^2-5x+6=0$ 一题，我们将 $a=1$，$b=-5$，$c=6$ 代入方程，得到答案：$x=2$ 或 $x=3$。

正是在巴比伦时期，数学缩短艰苦工作的力量开始显现。在发现这个公式之前，每一个二次方程都需手工求解。抄写员每一次都在重造轮子，他们没有意识到，尽管数字不同，但他们每次所做的事情都是一样的。但在某个时刻，一名抄写员意识到，有一种适用于任何数字的通用算法程序。

这就是数学诞生的时刻。它是一种看出这些无限多的方程背后规律的艺术。这一模式揭示，求解二次方程本质上只需要一种劳动行为，而不是潜在无限量的工作。学会解决这类方程的算法或公式，你就有了一条解决无穷多不同方程的捷径。随着数学在巴比伦时代的诞生，我们见证了为什么数学是真正的捷径艺术。

但这条捷径能解所有的二次方程吗？

对 $x^2=-4$ 这个方程试试看？几个世纪以来，人们一直认为这个方程无解。毕竟，我们用于计数的数字具有这样的性质：一旦你对它们进行平方，其结果始终为正。巴比伦算法或公式对这个方程帮不上任何忙，你必

须对 −4 的平方根做出解释。

但在 16 世纪中期发生了一件相当奇怪的事情。1551 年，意大利数学家拉斐尔 · 邦贝利（Rafael Bombelli）正在进行一项工程，为教皇国的奇亚纳河谷沼泽排水。进展原本很顺利，直到工作突然中断。由于无事可做，邦贝利决定写一本关于代数的书。他读了自己意大利同乡吉罗拉莫 · 卡尔达诺（Gerolamo Cardano）所写的一本书，对其中出现的令人兴奋的方程新公式产生了兴趣。

巴比伦人已经想出了求解一元二次方程的公式。但像 $x^3-15x-4=0$ 这样的一元三次方程怎么解呢？几十年前，一些数学家都宣称自己找到了求解三次方程的公式。当时的数学家不愿在学术期刊上发表文章，而是喜欢在公开的数学决斗中互相争论。（我曾想象过这样一个美妙的画面：星期六下午，我前往当地广场，为本地数学家最近一轮的学术决斗加油。）有一位数学家的公式明显优于同行的所有公式。这位数学冠军的名字叫尼柯洛 · 冯塔纳（Niccolo Fontana），他的绰号“塔尔塔利亚”更广为人知。出于可以理解的原因，他不愿意泄露自己成功的奥秘，但卡尔达诺最终说服了他向自己解释公式，但条件是卡尔达诺不能将之公之于众。

卡尔达诺克制了好几年，终于还是忍不住了。1545 年，他在自己的名著《大术》（*Ars Magna*）中将这一公式公告天下。邦贝利读到卡尔达诺的书，并将这个公式应用到方程 $x^3-15x-4=0$ 时，奇怪的事情发生了。求解到某个阶段，公式要求他对 −121 取平方根。邦贝利知道如何取 121 的平方根，很简单，答案是 11。但 −121 的平方根是多少呢？

这并不是数学家第一次遇到取负数平方根这种奇怪的需求，但通常到了这时候他们会放弃。卡尔达诺也遇到了同样的问题，他放弃了自己的计算，没有这样的数字。但邦贝利保持了头脑的冷静。他继续使用卡尔达诺书里的公式，只是把这个奇怪的虚数留在了公式里。就像变魔术似的，这些数字互相抵消，他找出了答案：$x=4$。果然，当他把 4 代入方程，它解开了。

为了到达 $x=4$ 的最终目的地，邦贝利需要在虚数的世界中进行一次旅行。这就像穿过魔镜去寻找一块陌生的新大陆，那里有一条路通向另一个入口，回到正常数字的土地上，找到你想抵达的目的地。但如果不踏进这个虚数世界，就不存在通向答案的道路。他开始猜测，这不是什么把戏，也许镜子另一边的这些数字真的存在。只不过，数学家需要有勇气承认它们，进入它们的数字世界。

邦贝利的文章导致了虚数的发现。最基本的数 -1 的平方根，终于有了名字：i。i 代表“虚”(imaginary) 数，这是法国哲学家和数学家勒内·笛卡儿（René Descartes）几年后创造的一个贬义词，他对这些难以捉摸的奇怪数字毫不倾心。

然而，邦贝利已经揭示了虚数的力量。在他的书中，邦贝利对如何处理虚数做了完整的分析。如果你想解开三次方程，只要你做好准备，穿过镜子进入虚数世界，便可以走捷径得到答案。数学家们最终把它们称为复数，与我们小时候就接触到的实数形成对比。

莱布尼茨对邦贝利的坚持留下了深刻印象，称他是分析艺术的杰出大师：“因此，我们有了一位工程师——邦贝利，或许是因为复数带给了他有用的结果，他实际地应用了复数，而卡尔达诺却认为负数的平方根没用。邦贝利是第一个对复数进行处理的人……他对复数计算法则的阐述是如此透彻，令人惊叹。”

几个世纪以来，数学家们始终对这类数字持怀疑态度。如果你想要对 2 开平方，尽管它的小数点后展开是无限的，你仍然感觉可以从尺子上看到这个数，就在 1.4 到 1.5 之间。但 -1 的平方根在哪里？从尺子上看不出来。好在我的英雄高斯最终想出了一种看到虚数的方法。

在高斯之前，数学家使用的数字是沿着一条水平线移动的，负数在左，正数在右。高斯灵机一动，决定朝着一个新方向前进。新数字将朝着与页面垂直的方向排列。在高斯的图像中，数字不再是一维的，而是二维的。事实证明，这幅新图非常强大，它的几何形状反映了这些数字的代数表现方式。我将在第五章中加以解释，出色的图示可以充当解释复杂概念的神奇捷径。

高斯在证明有关这些数字的非同寻常的事实时，发现了这种示意图。取任何一个方程，不限于 x 的立方，只要是由 x 的幂构成的，无论多么复杂，总能用这些虚数来求解。你不需要编造新的数字。虚数强大到可以解出所有的方程。高斯取得的这一重大突破，如今称为代数基本定理。

高斯的示意图成为在这个陌生的虚数新世界中导航的一条神奇捷径，但奇怪的是，高斯对自己的二维图缄口不言。后来，两名业余数学家彼此独立地重新发现了它：先是一个叫卡斯帕尔・韦塞尔（Caspar Wessel）的丹麦人，接着是一个叫让・阿干特（Jean Argand）的瑞士人。今天，这幅画被称为阿干特图。荣誉很少得到公正的褒奖。

法国数学家保罗・潘勒韦（Paul Painlevé）后来在《科学分析》(*Analyse des travaux scientifiques*）一书中写道：

> 这项工作的进展，自然很快使得几何学家在其研究中进入虚值和实值的怀抱。情况似乎是这样：在实数域的两个真理之间，最简单和最短的路径通常是穿过复数域。

潘勒韦不仅是一位数学家，还担任过法国总理。他在 1917 年的第一次任期只持续了 9 个星期，但他需要应对俄国十月革命以及美国加入第一次世界大战带来的影响，还要平息法国军队的一场兵变。

就算我不曾在工作中明确地使用复数，我也经常运用它们的哲学思想。这样的捷径，有点像科幻作家喜欢创造的从宇宙的一边到达另一边的虫洞。在任何环境下，都值得探索是否有一面镜子隐藏了能把你带到目的地的地方。

我在数学研究中尝试理解所有可能构建的对称结构。奇怪的是，我发现应对这个挑战的方法是创建一个新的对象，称为黎曼泽塔函数（ζ 函数)，它起源于一个完全不同的数学领域。然而，它给我的研究带来的新视角，是我固守对称世界绝不会出现的。我将在下文的“中途小憩”中向企业家布伦特·霍伯曼（Brent Hoberman）解释，互联网的到来提供了一个奇妙的镜中世界，通过它，大量不同的商业交易省去了中间人。

有时候，帮你找到解决方案的虫洞，兴许可以直接改变你正在穿越的地形。每当我被一道数学题难住，我常爱听一段音乐，或是去练习拉大提琴——一种让我的思维游离的方式。等回到办公桌前时，我对问题的看法往往会发生奇怪的变化。音乐把我带入了一个完全不同的环境，就像准许我进入虚数世界，看看这里的道路是否像潘勒韦所说的那样，有一条离我想到达的目的地更短的路径。试试看，有哪些可选路径能帮你抵达一扇隐匿的小门，提供一种新的思考方式，这么做很值得。

今天，虚数世界是理解一系列概念的关键，如果没有镜中捷径，几乎不可能理解这些概念。量子物理学——关于微观世界的物理，只有用这些虚数编码才真正有意义。如果你用 -1 的平方根来描述电学里的交流电，对变量进行操作是最容易的。这些数字带来的另一条显眼捷径，可以从帮飞机在世界各地的机场着陆的计算机里找到。

BA107……你可以降落了

几年前，我有幸获准进入英国一座主要机场的空中交通管制塔。满屏幕都飞舞着飞机的迷你小图标，看起来就像一款疯狂的电子游戏。但我很快意识到，操作员手中掌握着成千上万人的生命。对方要我旁观时务必保持安静！不过，我有机会在一名空管人员换班后与他交谈，我非常惊讶地发现，他们用来降落飞机的系统使用虚数来加快雷达跟踪降落飞机时的计算速度。

德国物理学家海因里希·赫兹（Heinrich Hertz）首次发现金属物体可以反射无线电波。1877 年，他在实验中发现了电磁波的存在，为了纪念他的贡献，波动频率的单位就以他的姓氏命名。

但说到这一科学发现所暗含的实际可能性，却是赫兹的一名同胞意识到的。克里斯蒂安·赫尔斯姆耶（Christian Hülsmeyer）在德国和英国获得了一种电磁设备的专利，他认为这种设备在能见度受到雾的影响时可以帮助船只探测到其他船只的存在。据说，他目睹了一位母亲因海上两船相撞痛失爱子的悲恸欲绝后，发明了这种设备。

1904 年 5 月 18 日，赫尔斯姆耶在莱茵河上的一座桥上做了一个实验，展示了自己的发明。一旦有船只在 3 公里的半径内顺流而下，该设备就能发现。但这一设备是一款超前于时代的发明，部分原因在于，他没有从数学层面上来检测船只离我们有多远、在哪个方向。好些年来，这只是个会出现在儒勒·凡尔纳之类的科幻小说中的设想。它在现实世界的实施，需要再过几十年，以及一场世界大战。

雷达（radar，代表“radio detection”和“ranging”，意思是无线电探测和测距）到底是谁发明的，这是个棘手的问题。世界大战前夕，不同的国家都在秘密开发它，因为很明显，任何成功实现这一设想的国家，都将在探测来袭飞机方面获得优势。但可以肯定的是，苏格兰物理学家罗伯特·沃森－瓦特（Robert Watson-Watt）是这项技术的先驱之一。有人让他评估所谓德国基于无线电波开发出死亡电波的谣言。他很快对这个谣言不屑一顾，但这个由头让他开始探索无线电技术的潜力。他展示了如何将数学与无线电信号结合起来跟踪来袭飞机，最终使得英国建立起一套雷达站系统，用于探测从北海接近伦敦的飞机。人们普遍认为，英国皇家空军在不列颠战役中取得关键优势，瓦特发明的雷达网络功不可没。

无论是战争时期还是和平时期，如果你在追踪一架来袭飞机，速度都至关重要。这里的关键在于找到一条捷径，根据飞机反射回来的无线电波来计算其位置。此事涉及的基本计算是三角函数中的一种（我将在第四章中解释这条捷径）。在这个过程中传输和检测的波形，要用数学中的正弦和余弦加以描述。事实证明，相关计算非常难且耗时。但这正是虚数派上用场的地方。

18 世纪伟大的瑞士数学家莱昂哈德·欧拉（Leonhard Euler）发现，如果你把虚数代入指数函数（即简单地将一个数自乘为指数为 x 的幂，比如 2^x），结果会相当奇怪。它输出的是波函数组合，样子很像用于雷达的波。这种联系是许多数学家眼中“史上最优美的公式”的关键。波和指数函数之间的这种联系，产生了一个等式，它将数学史上最重要的 5 个数字联系在了一起：0，1，i（-1 的平方根），π（$=3.141\,59$）和 e（$=2.718\,28$，它恐怕是数学中仅次于 π 的第二出名的数字，第七章将对它做详细介绍）：

$$e^{i\pi}+1=0$$

以 e 为底数，i 乘以 π 为其指数，将所得结果加 1，那么，在数学上，一切将神奇地抵消，变成 0。正是虚数为指数函数和波函数之间带来了这种奇怪的联系。

因此，数学家们意识到，与其用复杂的波函数数学来计算，不如用虚数把所有东西黏合到一起，简化并加快计算。使用这些奇怪的数字，意味着计算变成了简单的指数函数，可以快速有效地算出来。哪怕到了今天，现代计算机的非凡能力触手可及，空中交通管制员仍在利用同样的捷径，通过虚数进行探测、协助飞机在世界各地的机场着陆。没有它，飞机可能在定位计算完成之前就坠毁了。

这个例子非常生动地说明了保罗·潘勒韦的论点：“在实数域的两个真理之间，最简单和最短的路径通常是穿过复数域。”

二进制和超越二进制

计算机在高效计算过程中借助的另一条捷径是，采用一种非常经济的方式书写数字。我们已经看到，十进制数字的 10 个符号并不是表示数字的唯一方式。除了十进制里的 10，我们可以选择任何数的幂来表示数字。巴比伦人以 60 为底，从 0 到 59 都各有符号。玛雅人用不同的符号表示从 0 到 19 的数字，创造了一套 20 进制的数字系统。我们选择十进制，纯粹是因为人类身体构造的一个特点：我们有 10 根手指。

巴比伦人的系统说不定也与人类解剖结构有关。我们的手指有 3 个指节。因此，你可以用右手拇指指着其余 4 指的 12 个指关节来计数。等数完 12 个指关节，便用左手的手指来记录，同时右手重新开始数指关节。考虑到左手有 5 根手指，你可以记录 5 轮 12 个指关节，这样就是 60 了！

要表示数字 29，你可以举起左手的两根手指，用右手的拇指指向第 5 个指关节（也就是第二根手指的中间指关节）。

但计算机仅限于使用一根手指。本质上，计算机的工作原理是开关打开或关闭。它们需要一套只使用两种符号的系统：0 表示关闭，1 表示打开。就算只使用这两种符号，计算机仍然可以表示每一个数字。此时，位值系统的数位不是 10 的幂，而是 2 的幂，这就是所谓的二进制数字系统。所以 11011 代表

$$1 \times 2^4 + 1 \times 2^3 + 0 \times 2^2 + 1 \times 2 + 1 = 27$$

鉴于我们已经找到了将对话、图片、音乐和书籍转换成数字的方法，这条使用二进制的捷径，便将我们周围的世界转换成了 0 和 1 的字符串。

上述二进制概念，也是解开本章开篇谜题的钥匙。从 1 公斤到 40 公斤，杂货店最少需要用多少枚砝码来测量呢？这里的奥妙不是用二进制思考，而是用三进制或 3 的幂来思考。天平称可以采用三种设置：砝码放在右边（+1），砝码放在左边（−1），或者没有砝码（0）。从三进制的角度思

考可以揭示出，杂货店只需要4枚砝码（重量），分别是1公斤、3公斤、9公斤和27公斤，就可以测量从1公斤到40公斤之间的所有可能重量。

例如，要称量一个16公斤重的麻袋，你需要把麻袋和3公斤、9公斤的砝码放在一边的托盘里，再把1公斤和27公斤的砝码放到另一边的托盘里即可平衡。这里不用0、1和2来表示，而是用符号-1、0和1。那么16表示为

$$1(-1)(-1)1$$

这代表1公斤的砝码，减一个3公斤的砝码，减一个9公斤的砝码，加一个27公斤的砝码，即 $27-9-3+1=16$。

无论是数字还是其他复杂概念，找到代表概念的最佳符号可以成为一条通往解决方法的捷径。能用三进制思考的杂货商只需要购买4种砝码即可完成任务。不理解这一捷径的竞争对手会发现，自己在不必要的砝码上浪费了资源。

捷径的捷径

寻找好的速记方法来表示复杂的概念（而不仅仅是用于记录数字），一直是一条贯穿历史的关键捷径。如果你在演讲或会议中做过笔记，兴许就已经在为反复出现的关键设想创建捷径了。但有没有一种更好的方式来记录你的想法，让它们更易于操作呢？有时，一种形式的数据可能没有启发性，可一旦改变记录方式，新的见解就会出现。对数表通常比原始数字更能透露数据暗示的信息，这就是为什么地震用对数公式表示的里氏震级来测量的原因。留意那些类似虚数的镜子，它可能会带你走出围困你的世界，带给你一个接近通往目的地的捷径的不同世界。

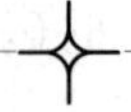

中途小憩：创业

“我曾经对手下的营销总监们说，如果你被捕了，那就算是真的成功了。可他们没有一个能做到。”

这是创业公司孵化机构“创业工厂”（Founders Factory）的创始人布伦特·霍伯曼在一次访谈中对我说的话。霍伯曼（必须指出，他还没被逮捕）将自己创办的最著名企业 lastminute.com 的成功归功于探索法律的极限。1998 年，他与玛莎·莱恩·福克斯（Martha Lane Fox）共同创办了这家网站。打破游戏规则，是霍伯曼眼中“企业家思维”的一部分，也是他成功创业的捷径。

“创业工厂”的办公室有一种奇妙的好玩感。墙上挂满乱涂乱画的白板，和世界各地数学系悬挂的白板没什么不同。这个空间是开放的，不同的初创企业可以在这里相互交流，分享创意。随处可见食物、饮料和游戏，用于激发创意。但霍伯曼认为，打破游戏规则才是“创业工厂”拟投企业通往成功的最佳捷径。

霍伯曼说：“许多企业家历来都爱先打破常规，事后再请求原谅。优步和爱彼迎的历程都是如此。它们都触犯了法律。为什么人们不能出租自己的房子？接着，社会看到这一点并说，真是这么回事，为什么不能呢？这就是它们的捷径。”

“打破定律”这一策略也让不少数学家受益颇多。数学定律指出，一个数的平方一定为正。但拉斐尔·邦贝利有胆量着手研究平方为 -1 的数。跳出游戏规则，你可以接触到一大堆有趣的新的数学内容。古希腊数学家欧几里得说三角形的内角之和是 180 度。但我们稍后会看到，数学家们提出了新的几何学，其中的三角形打破了欧几里得定律。打破定律的关键在于，打破它带来的益处值得这番折腾。

布伦特·霍伯曼向我解释说：“这差不多就是重新定义这个东西是什

么。相关规定说不定已经过时了，也可能是监管动作太慢了。有时，人们也可能会罔顾危险，重新设定自己的道德准则，并说这种权衡对社会来说是值得的。”

lastminute.com 成功的关键是，它利用了航空公司、汽车租赁公司和酒店的闲置库存，推出了比单独购买更便宜的套餐。霍伯曼最初是在学生时代冒出这个念头的，当时他想请女朋友外出度个周末。他会在最后一刻给酒店打电话，询问他们第二天晚上还有多少间客房。如果对方说还有五六间，他就知道他们不可能全都卖掉，所以他会提出以七折的价格预订。每三次能撞上一次管用。

他开始想，为什么大家没都这么做呢？“他们都太绅士了，英国人不会这么做。”他开玩笑说。他记住了学生时代的经验，并意识到这可以规模化实现。这就是 lastminute.com 的起源。但要发现成规模的闲置库存，就需要绕过法律的边界。霍伯曼承认，lastminute.com 从技术上违反了《计算机滥用法》，有可能构成犯罪。

但是，突破法律限制是许多初创企业用来超越竞争对手的捷径。Facebook 以“快速前进，打破常规”的口号而闻名。该公司首席执行官马克·扎克伯格（Mark Zuckerberg）曾说过：“不打破陈年旧历，你的速度就不够快。”理查德·布兰森（Richard Branson）将自己的商业成功归功于 20 世纪 70 年代初打法律的擦边球，只不过，就布兰森而言，这是因为他需要为早年销售唱片时犯下的税务欺诈偿还 6 万英镑。这笔罚款促使布兰森走上了更系统化的赚钱道路。“激励举措各式各样，”他写道，“但避免坐牢是我见过的最能说服人的激励方式了。”

但随着初创企业把视线转到颠覆医疗等监管严格的行业，快速行动和打破常规变得越来越困难。出于显而易见的原因，健康行业受到严格监管。要把信任构建到你的创意里，那就必须在这些监管之下工作。“不能为害”的理念比创新颠覆的欲望更重要。你总不会想在成功退出的路上

“弄伤”病人吧。

霍伯曼成功的另一个原因是，他利用了互联网在网络繁荣初期提供的奇妙捷径。互联网一次又一次地让人们省掉了中间环节。以 lastminute.com 为例，被砍掉的中间环节是旅行社。霍伯曼的另一家公司 made.com 也利用了类似的捷径。该网站的设想是让消费者不必支付昂贵的设计费，就能买到设计师设计的家具。霍伯曼的联合创始人李宁（Ning Li，音译）看中了一款价值 3 000 英镑的沙发，但他碰巧发现，自己学校的一个朋友就是生产这款沙发的工厂负责人。沙发的出厂价是 250 英镑。这件事启发了两位创始人，他们想把消费者与制造商直接联系起来，省掉加价的中间商。李宁说：“家具行业有一种精英心态，认为只有掏得起 3 000 英镑的客户，才有资格拥有做工精良的时尚沙发。但没有任何理由非得如此。”互联网让该公司得以缩短供应链。

在创建 lastminute.com 和 made.com 这样的公司时，霍伯曼还认识到另一条重要的捷径：“无知”。“如果我知道创办 lastminute.com 有多难，我绝不会去做。你不用知道太多，无知有助于你以不同的方式思考。”

霍伯曼的哲学让我想起了我最喜欢的一部歌剧中的角色。在瓦格纳的《尼伯龙根的指环》[㊀]中，年轻的齐格弗里德不知恐惧，成功地杀死了巨龙，并拿走了它守护的戒指。他最终知道了恐惧是什么，是在他第一次遇到一个女人的时候！

我相信，不知道恐惧是年轻人成功破解重大数学未解难题的原因之一。我们有许多人学会了畏惧黎曼猜想这样的数学怪兽（这是一个目前尚未解决的有关质数的重要问题），我们甚至认为尝试解决这样一个难题太疯狂。一代又一代的数学家都失败了，我又能怎么办呢？还是杀不了巨龙。

㊀ 德国音乐家瓦格纳作曲及编剧的一部大型歌剧，于 1848 年开始创作，1874 年完成，历时共 26 年。创作灵感来自北欧神话中的故事及人物，特别是冰岛家族传说。——译者注

你需要一点无知，加一点傲慢：不惧难题过去的漫长攻坚史，而是要相信自己——为什么不能由我来解开这个巨大的未解之谜呢？

霍伯曼还认为，完美主义可能是扼杀成功的另一名杀手。亚马逊一直秉承的经营哲学是：用不着建造一座闪闪发光的宫殿，而是修好基本的城堡，直接去找消费者，让消费者搬进来，告诉你需要做什么样的改进。如果你的产品已经做好了 70% 的发布准备，那就发布它，并随时纠正错误。如果你等到 99% 才发布，那就太迟了。这种哲学观当然也有局限性。举例来说，一旦其他公司开始依赖 Facebook 平台，让平台崩溃的成本就会变得更高。如果你的平台太不可靠，其他企业恐怕就会放弃使用它。扎克伯格推出了一种新的观点："在稳定的基础结构上快速行动。"他笑着说："这可能不像'快速前进，打破常规'那么朗朗上口，但是，这就是我们现在的运作方式。"

完美主义在数学方面被视为必不可少。大多数数学家相信，发表完成了 99% 的证明没有意义，因为最后的 1% 有可能是致命的。但是，或许我们数学家太沉迷于完美主义了。说不定，分享不完整的想法是值得的，不必把它们藏在心里。由于害怕分享不完整、有可能是异端的观点，牛顿，在一定程度上也包括高斯，都阻碍了进步。

改变科研界的这种风气，是 Facebook 创始人扎克伯格与妻子普莉希拉·陈医生共同发起的"陈－扎克伯格倡议"（CZI）的核心要旨。该倡议的全部意义在于促进在不同研究小组之间建立更好的网络，他们相信这可以解决今天一些因害怕分享不够完善的研究进展而受到阻碍的医学挑战。

布伦特·霍伯曼后来成为初创新企业的大投资人，但他仍然认为，在判断该支持哪些公司方面，追求完美很危险。

"我认为本能是另一条捷径。"他说，"我们投资公司时会走捷径。开上 5～10 分钟的短会，我们就有可能做出最好的决定。约翰内斯·雷克（Johannes Reck）的 GetYourGuide，现在是一家市值超过 10 亿美元的公司。我见到了他，10 分钟后我就对同事们说：‘今晚你们一定要来见他。’因为这家伙有些特别的地方。艾伦的情况也类似，alan.eu 是法国一家成功的医疗公司。我能看出那家伙是个天才。这就够了，我不需要别的了。试图引入那家公司的我的许多好朋友，都分析得过了头。”

从我们的对话中很明显看出，霍伯曼喜欢利用任何能让他功成身退的捷径。

“我认为捷径很巧妙，如果我的孩子们没有想到捷径，我会责备他们，”他说，“你经常都能看到人们办事时排队，队列有三条，可人人都排在第一队。如果你换到 3米远的第三条队，你就能节约 10 分钟，但人们大多不会这么做。人们不会去想，怎么才能排到队列前面，或是找到另一条队列，或是自己排头启动一条队列。生活就像一系列这样的决定，你应该一直努力寻找捷径。”

03

CHAPTER 3

第三章 语言捷径

我有一首喜欢在节日期间唱的歌，名叫《圣诞节的十二天》(*The Twelve Days of Christmas*)。“圣诞节的第一天，我的真爱送我：一只站在梨树上的鹧鸪。”在接下来的每一天，你都会收到前一天的礼物再加额外的一些礼物：

第一天：一只鹧鸪。

第二天：一只鹧鸪 + 两只斑鸠。

第三天：一只鹧鸪 + 两只斑鸠 + 三只法国母鸡。

以此类推。

那么，到了圣诞节的第十二天，我的真爱总共送了多少件礼物给我呢？

在从事数学工作期间，我发现，找到正确的语言讨论问题，是最强大的捷径之一。很多时候，描述问题的语言模糊，掩盖了正在发生的事情。而寻找另一种说法，将谜题翻译成一种新的习语，解决方案突然就变得清晰起来。语言的改变，可以帮助我们找出公司销售数据中被数字掩盖的奇怪关联。很多时候，生活就是一场游戏，但把它变成一场你知道如何取胜的游戏，会为你带来惊人的优势。跟在数学家身边当学徒的日子里，我得到的最激动人心的启示之一，就是发现一本将几何图形转变为数字的字典能够充当通往超空间（这是我成为职业数学家后一直在探索的多维宇宙）的捷径。

科学界出现了越来越多的概念，除非你为它找到合适的语言进行描述，否则它们似乎根本不存在。“涌现现象”（emergent phenomena）的概念，即性质从组成部分中产生，就是这样一个例子。例如，如果你着眼于水（H_2O）的单个分子，就很难理解水的湿度。尽管科学似乎暗示，你可以将一切化简到基本粒子的行为和决定其行为的方程，但这种语言通常不足以描述现象。一群鸟的迁徙，无法用构成鸟类的原子的运动方程来描述。如果你坚持使用微观经济学的语言，就很难理解宏观经济学。哪怕微观经济变化是宏观现象的原因，也不可能用个别商品本身的语言来理解利率上升对通货膨胀的影响。甚至我们关于自由意志和意识的概念，也不能通过讨论神经元和突触来真正理解。

找一种不同的语言来谈论情绪状态，可以从根本上改变你的感觉。“我很悲伤”似乎是在用一条僵硬的公式，把你与悲伤画上等号。不如换种说法，把它改为“悲伤与我同在”，突然之间，悲伤就有机会转移了。19世纪美国心理学家威廉·詹姆斯（William James）写道：“我们这一代最了不起的发现是，人类可以通过改变心态来改变自己的生活。”语言的力量不仅影响个人，它在现实的社会建构中也起着至关重要的作用。社会可以通过对事物命名，使之显形化。“民族国家”（nation state）的概念，既来自地理位置和人的集合，也来自语言的召唤。

有时，改变语言意味着，你可以把一种语言里难以琢磨但用另一种语言有可能清晰表述的想法表达出来。比如，德语名词有性别之分，人们可以用它来玩在英语里行不通的语言游戏。诗人海因里希·海涅（Heinrich Heine）写过一棵白雪皑皑的松树爱着一棵为烈日灼伤的东方棕榈树。在德语中，松树是阳性的，棕榈树是阴性的，但这种微妙的区别，翻译成英语就没有了。有时候，迷失反过来也会出现。在英语中，你可以说“他的车和她的车”，但是谷歌翻译软件将其转换成法语会变成“sa voiture et sa voiture”，因为车的性别优先于车主的性别。俄语对你想得到的每一类降雪和暴雨都有不同的描述。有些语言只有5个词来形容颜色，英语则有很多。一如我所强调的，模式对我来说是一个重要的概念，可当我尝试把这个词翻译成法语时，却发现没有一个词能抓住它在英语中所体现的诸多方面。

不同语言之间差异的重要意义，也让我的英雄高斯沉迷。在学校里，他熟练运用拉丁语，闪电般地掌握了古典文学，给老师们留下了深刻的印象。实际上，在选择修读哪一门学科以接受布伦瑞克公爵资助时，高斯差一点就没选数学，而是选了语言学，专门研究语言的历史。

我自己成为数学家的过程，也依循了类似的路线。我小时候想做个特工，我认为语言将是一项重要的技能，便于和世界各地的同行沟通。在学校，我选修了综合课程里包括的所有语言科目：法语、德语、拉丁语。我甚至开始学习BBC教的一门俄语课程。但在学习新语言方面，我不如高斯成功。各种不规则动词和奇怪的拼写把我弄蒙了，从事特工的梦想宣告破灭，我非常沮丧。

直到我的老师贝尔森先生给了我一本书，名为《数学的语言》（*The Language of Mathematics*），我才开始明白，数学同样是一种语言。我想，他肯定是看出我渴望一种没有不规则动词的语言，一切都完全符合逻辑，但他也意识到，我不可能抵挡这种语言在描述周围世界时的强大力量。从这本书中，我发现数学方程可以讲述行星在夜空中划过的故事，对称可以解释气泡、蜂巢或花朵的形状，数字是音乐和谐的关键。如果你想描述宇宙，你需要的不是德语、俄语或英语，而是数学。《数学的语言》还教会我，数学不是一种语言，而是多种语言，它非常擅长创造字典，把一种语言转换成另一种语言，从而让捷径在新的语言中显现。

数学的历史里，一直点缀着这样的辉煌时刻。

数学的语法

截至目前，在我向各位读者介绍的许多模式的解释中，隐含着一条神奇的数学捷径：代数。代数的奥妙在于从特殊到一般。它意味着我不用每次都针对不同的案例开辟一条新道路。我可以用字母 x 来表示任何数字，而不用依次考虑每个特定的数字。

让我来向你们耍个小把戏：默想一个数字，把它翻倍，加上 14，把你得到的数字除以 2，减去你最初想到的那个数，我敢保证你们现在得到的数字是 7。我曾为一部戏剧《消失的数字》（*A Disappearing Number*）充当顾问，这部戏剧是关于印度数学家斯里尼瓦瑟·拉马努金和剑桥大学数学家 G.H. 哈代（G.H.Hardy）之间的合作的。戏剧一开头，我们就要了这个把戏。它每天晚上都会引起观众的惊叹，就好像我们用魔法读懂了他们的心思，叫我不禁莞尔。我们靠的当然不是魔法，而是数学。想要理解你如何受了数学的摆布，代数的概念是关键。

代数是数字运作的基础语法。类似程序运行的代码，不管你把什么数字输入程序，代数都能运行。

代数由巴格达“智慧宫”的负责人开发，他名叫穆罕默德·本·穆萨·阿尔－花拉子密（Muhammad ibn Musa al-Khwarizmi）。创建于公元

810年的智慧宫是当时最重要的知识中心，吸引了来自世界各地的学者研究天文学、医学、化学、动物学、地理学、炼金术、占星术和数学。穆斯林学者收集并翻译了许多古代文献，卓有成效地为后代保存了它们。如果没有他们的贡献，我们可能永远无法了解古希腊、古埃及、古巴比伦和古印度的文化。智慧宫的学者并不满足于翻译别人的数学文献，他们还想创造自己的数学体系。这种对新知的渴望，推动了代数语言的产生。

你自己兴许就能发现代数模式，哪怕你并不知道自己做的是代数。我小时候学习乘法表，发现了隐藏在这些计算背后的一些奇特模式。例如，问自己 5×5 是多少，再看看 4×6。这两个答案之间有什么联系？接着再看看 6×6 和 5×7，接下来是 7×7 和 6×8。希望你能看出来，第二个答案总是比第一个少1。

对于我来说，发现这样的模式可以让学习乘法表变得更有趣一些。这些模式帮我减少了死记硬背的学习时间。但这种模式始终都成立吗？如果我取一个数的平方，它是否总是比自己一前一后的两个数相乘多1呢？

上文是我尝试用文字来描述这种模式，但诞生在公元9世纪伊拉克的全新数学语言——代数，可以更清楚地描述这种模式。设 x 为任意数。如果你求 x 的平方，它将比 $(x-1)(x+1)$ 大1。也可以写成代数公式：

$$x^2=(x-1)(x+1)+1$$

这种代数语言也使得数学家可以证明，为什么无论选择什么数字，这种模式始终成立。展开 $(x-1)(x+1)$ 得到 $x^2-x+x-1=x^2-1$。再加上1，就得到 x^2。

让 x 代表任何所选数字，这是让你得到数字7这个简单魔术把戏的关键。奥秘就是把指令转化为代数。

默想一个数字：x

翻倍：$2x$

加 14：$2x+14$

除以 2：$x+7$

减去你最初想到的数字：$x+7-x=7$

现在你得到的是数字 7。

也就是说，不管你最初想到的是什么数，它都成立。哪怕你很聪明，想到了虚数，也无所谓！这里还有我从一个数学魔术师朋友亚瑟·本杰明（Arthur Benjamin）那里学到的另一个把戏，代数是理解这个把戏何以成功的关键。投掷两枚骰子，将所得的两个数相乘，再将每枚骰子底面的数字相乘；然后用骰子 1 顶面的数字乘以骰子 2 底面的数字，再用骰子 1 的底面乘以骰子 2 的顶面；最后把你得到的 4 个数字加起来。答案永远是 49。这里，本杰明利用了一个巧妙的事实，即骰子的顶面和底面的数字加起来总是等于 7。将这一点与代数运算相结合，你始终能得到 49，也就是 7 的平方。

$$x\times y+(7-x)\times(7-y)+x\times(7-y)+(7-x)\times y=7\times 7=49$$

但代数不仅仅用来变魔术，它还引发了一波新发现的浪潮。数学家不再只掌握文字，更掌握了把文字组合到一起的语法。代数赋予了我们描述宇宙运行方式的语言。

莱布尼茨在谈到代数的力量时说："这种方法省去了思维和想象力的工作，在这两方面我们必须力求节省。有了代数，我们就可以用字母来代替数字，减轻了想象力的负担，只需花很少的努力来进行推理。"

照亮黑暗的迷宫

16 世纪的意大利科学家伽利略·伽利雷（Galileo Galilei），意识到了这种语言（数学）解码自然的力量。他曾经有一句名言："如果我们不先学会这门语言，懂得书写它的符号，就无法理解宇宙。宇宙是由数学语言所写，它的符号是三角形、圆形和其他几何图形。没有这些符号，人们就不可能理解它的只言片语；没有这些符号，人们就只能在黑暗的迷宫中摸索。”

理解物体如何落到地面，是他想要解读的宇宙故事之一。物体落到地面，还是在空中飞行，有什么规则吗？从高空坠落的物体上收集数据很难，因为物体坠落得一般都太快了。伽利略想出了一个聪明的点子来放慢实验的速度，以便收集所需数据。他没有从上往下扔东西，而是观察球是怎样滚下山的。这个速度足够慢，让他能够记录下每秒钟球滚了多远。

斜坡必须足够光滑，球才不会因为摩擦而减速。伽利略希望球尽可能接近在空中下落。等他在组装好一个光滑的表面，记录球每秒钟移动的距离时，他观察到了一个非常简单的模式。如果球滑动 1 秒前进 1 个单位的距离，那么下一秒它将前进 3 个单位的距离。再下一秒，前进 5 个单位的距离。随后的每一秒，球的速度都在增加，通过的距离也在增加，但它所通过的距离却都是奇数。

随着伽利略思考物体在一段时间内前进的总距离，物体落到地面上的奥秘就显现出来了：

1 秒后前进的总距离 =1 个单位

2 秒后前进的总距离 =1+3=4 个单位

3 秒后前进的总距离 =1+3+5=9 个单位

4 秒后前进的总距离 =1+3+5+7=16 个单位

你看出其中的模式了吗？总距离始终是一个平方数。但为什么奇数和平方数有关系呢？我们可以通过把数字转化为几何图形来找出答案（见图 3-1）。

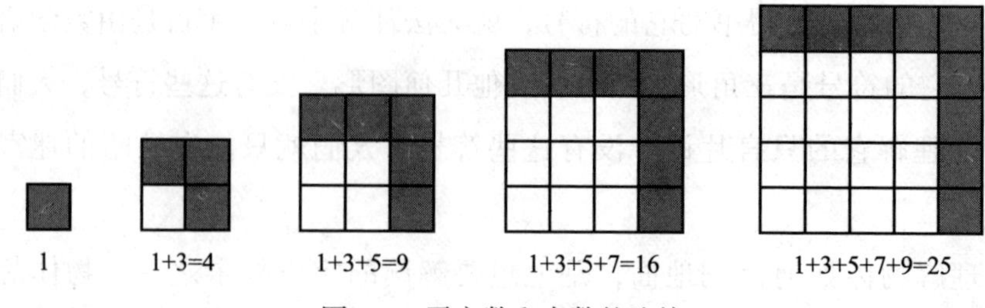

图 3-1 平方数和奇数的连接

为了让方块越来越大，我必须把序列中的下一个奇数包绕到之前的方块上。突然之间，平方数和奇数之间的联系变得明显起来。这种从几何角度而非算术角度看待事物的方法，是一条强大的捷径。

这一下，伽利略想出了一个公式来表示球落到地面上的总距离：t 秒后，总距离与 t 的平方成正比。基本的重力平方定律露出了真身。这一方程的发现，最终使我们掌握了新的能力：计算一颗从大炮中发射出来的炮弹会落在哪里，预测行星围绕太阳运行的轨道。

在圣诞节的第 N 天

使用巧妙的几何方法来揭示奇数和平方数之间的联系，也可以作为解决本章谜题的捷径。为了计算圣诞节期间我从真爱那里收到了多少件礼物，可以把鹧鸪和“十位跳跃的绅士”[⊖]加起来。但把这个问题从算术变成几何问题，是解决它的捷径。首先，不妨看看几何视角怎样有助于理解我每天收到多少件礼物。每天的礼物件数，是我们在第一章中碰到过的三角形数。我已经解释过高斯怎样通过配对来进行破解。

但还有另一种方法可以简化这项繁重的工作，那就是从几何图形的角度来看待它。把礼物摆成三角形，鹧鸪放在最顶上。计算组成一个三角形

⊖ 这是《圣诞节的十二天》这首歌里“我的真爱”在第十天送给我的礼物，按字面翻译就是“十位跳跃的绅士”，其引申意义是“十诫”。——译者注

的礼物有点棘手。但如果我把两个三角形拼到一起，那会怎么样呢？我得到一个矩形。计算矩形里的东西很简单：用底边乘以高就行了。三角形是这个数的一半。

这一几何捷径本质上仍是高斯的配对诀窍，只不过形式稍有不同。但几何视角允许我创建一个简单的公式，计算这一数列中的任何数字。如果我想要知道第 n 个三角形数，就把两份三角形的礼物拼成一个尺寸为 $n \times (n+1)$ 的矩形。现在只要除以 2 就得到三角形的礼物数量：$1/2 \times n \times (n+1)$。

但我在某天收到的礼物总数是多少呢？以下是从第一天开始的连续总数：

1，4，10，20，35，56，…

把三角形数按顺序相加，就可得到下一个数字。要得到第 7 天的礼物总数，把第 7 个三角形数和之前的数相加。第 7 个三角形数是 28，所以这个数列的第 7 个数是 $56+28=84$。有没有一条巧妙的捷径，可以让你无须按顺序添加三角形数，就能算出第 12 个数，也就是整个圣诞节期间的礼物总数呢？

窍门还是把数字变成几何图形。假设所有的礼物都装在大小相同的盒子里，那么，我就可以把收到的盒子堆叠成一个三角形的金字塔。顶部是一个盒子，里面有一只孤零零的鹧鸪，站在梨树上。往下一层有 3 个盒子：一个盒子里装着一只鹧鸪，另外两个盒子装着斑鸠。每收到一天的新礼物，我就把它们添加到金字塔的底部。现在，我把数字变成了形状，有什么办法知道金字塔里有多少个盒子呢？

关键的地方来了。一如我可以用两个三角形拼成一个矩形，也可以用 6 个同样大小的金字塔拼成一个长方体的盒子堆（见图 3-2）。（为此，你必须稍微改变一下每个金字塔里礼物的堆叠方式。）如果金字塔有 n 层，那么立方体结构的三维尺寸是 $n \times (n+1) \times (n+2)$。由于我是用 6 个金字塔组成该结构的，那么每一个金字塔里的礼物件数是：

$$1/6 \times n \times (n+1) \times (n+2)$$

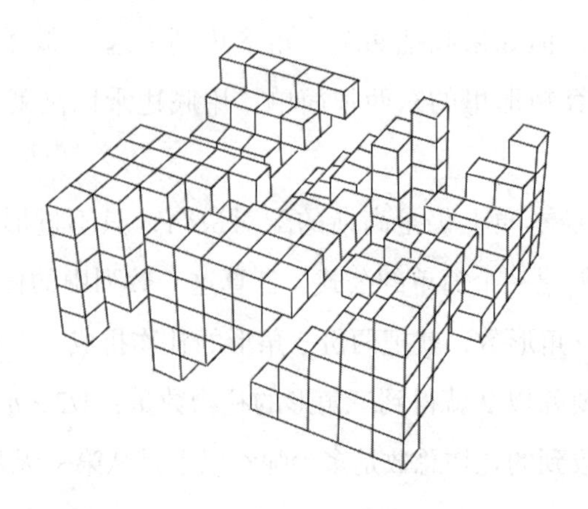

图 3-2 6 个金字塔构成长方体

那么，到了圣诞节的第 12 天，我从真爱那里收到了多少件礼物呢？把 $n=12$ 代入上述公式，得到 $1/6\times12\times13\times14=364$。也就是说，除去一天，一年里的每一天里都有礼物！

笛卡儿的字典

图片能让你看到数字所掩盖的东西，这一点我一直很喜欢。但要小心，有时眼睛也会骗人。请看图 3-3。

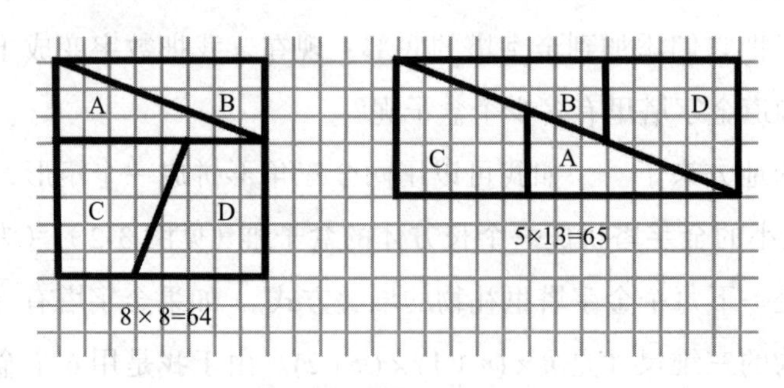

图 3-3 重新排列拼图，多出来一个方格

乍看起来，我把构成正方形的拼图块，重新排列成了一个圆满的矩

形。但且慢。正方形的面积是64，而矩形的面积是65。多出来的这一块是从哪儿来的？从这幅图中很难看出，斜着穿过矩形的对角线并不是一条真正的直线。拼图的边缘并未完全对齐，刚好留出了一个正方形单位的空间。正如笛卡儿的名言："感官给人以欺骗。"看过这个把戏之后，我感觉再也没法相信自己的眼睛了。只有当我能真正地用代数语言解释一种模式或联系时，我才感到满意。如果我用类似的鬼祟把戏来对待之前标在正方形上的奇数呢（见图3-1）？

为了揭穿这些视觉把戏，我们可以将捷径反过来，把几何图形转换为数字。数字和几何两门语言互换需要字典，笛卡儿就是提出它的数学家之一。这本字典是代数之外最伟大的一项语言学发现，它让人们发现了探索宇宙的捷径。

事实上，我们看地图或导航定位系统时，都已经非常习惯使用这本字典了。使用一张覆盖城市或国家的分层网格，意味着我可以识别地形中的任意点：两个数字将确定该点在网格中的位置。在导航定位系统使用的网格中，横轴是赤道，纵轴是穿过格林尼治的经线。

例如，如果我想参观笛卡儿出生的房子，它位于一座叫笛卡儿的小镇（这并不是一个特别的巧合，小镇是在笛卡儿去世后改成这个名字的），以下定位坐标能让我到达那里：纬度46.972 649 7，经度0.700 020 1。地球上的每个位置都可以用两个这样的数字来表示。地球的几何形状转换成了两个数字。

笛卡儿在《几何》（*La Géometrie*）一书中介绍了用坐标来描述几何图形的有力概念。这些数字如今叫作笛卡儿坐标（对提出进行这一转换的人以示纪念），不仅可以用来确定地球表面的几何位置，还可以用来确定任何图像中的几何位置。笛卡儿的字典开辟了一条进行几何和代数转换的道路。

在我想描述物体如何在空中移动的时候，这种转换的力量就显现出来了。抛出一个球，给定球与抛球者之间的距离，我便可以用两个数字来描述球离地面的高度。有一个数学方程把这两个数字结合了起来。假设 x 是球在水平方向上移动的距离。设 v 是球在竖直方向上的速度，u 是水平方向上的速度。如果 y 是离地面的高度，上述元素便可给出计算高度的公式：

$$y=(v/u)x-(g/2u^2)x^2$$

字母 g 代表引力常量，它决定了在每颗行星上，球在引力作用下被拉向地面的强度。

不管球抛得有多快多高，方程式都一样。我们只需要改变 u 和 v 的值，它们就像刻度盘，我可以转动它们来改变轨迹的形状。识别出所有球在空中飞行的这一模式，就可以预测球将要落在哪里。这个方程是一个关于 x 的二次方程。如果你是足球运动员，想知道站在哪里能让袭来的球落在自己头上，并将它顶到对方的球网里，你就需要知道如何对 x 的这个方程求解。我在第二章已经解释过，古巴比伦人在 2 000 年前就为它找到了一种算法。

但这些二次方程所描述的不仅仅是球的轨迹。如果你观察商品的价格，当供求发生变化时，通常可以用同样的方程来描述。在经济学中，一种商品会在供给与需求相等的点上定价，一旦方程描述了这些数字，就有可能找到平衡点。不能使用方程语言来描述数据的公司，就像伽利略说的那样，将在黑暗的迷宫中摸索，而它的竞争对手则尽情攫取利润。

如果你有一组数据点，寻找有可能将它们结合到一起的方程会很有用。发现了这个方程，你就拥有了一条神奇的捷径，预测接下来会发生什么事情。

这些模式如此普遍，真是不可思议。就抛球而言，是谁把球抛出、如何抛、抛到哪里都不重要，甚至把球变了，方程仍然有着相同的一般形式。

但在将方程和数据进行拟合时，务必小心。如果你取 20 世纪美国的人口数，用一个二次方程（与追踪球轨迹的那个方程接近）可以很好地拟合。但如果你用一个更复杂的方程，将 x 的幂数提升到 x^{10}，你可以得到一个精确的数字拟合。这似乎鼓励人们相信，公式越复杂，预测得越准。唯一的问题是，这个方程预测美国人口将在 2028 年 10 月中旬跌至零。或许，这个方程知道一些我们不知道的东西。

有些人认为，可以利用大数据的力量进行科学研究。但这个故事给他们敲响了警钟。数据可以暗示模式，但我们仍然需要将数据与分析思维结合起来，以了解为什么模式应该由特定的方程决定。伽利略发现了重力背后的二次方程定律，而多亏了牛顿的理论分析，才揭示出为什么使用二次方程定律是正确的。

通往超空间的捷径

把几何图形变成数字的设想，不仅让我们更有效地在三维宇宙中导航，还带来了通往人类从未见过的世界的入口。在通过捷径艺术探索数学的旅程中，我发现自己有能力对多维空间展开研究，这是令我最为激动的瞬间。我第一次读到这种语言能够制作四维立方体的那一天，至今仍深深铭记在我的脑海里。

这就解释了宇宙飞船将如何借助一条四维空间的捷径，从宇宙的一端到达另一端。它解决了宇宙有限却没有边界的难题，它甚至让人能解开三维空间中不可能解开的结。

但这本字典不仅仅能让我们在太空中旅行。将数据映射到高维世界中，隐藏的结构就会出现。绘制数据图时，你看到的是超维空间中物体的二维投影。这样的捷径可以很好地揭示这些二维投影所掩盖的微妙之处。那么，请系好安全带，我将带你们踏上超空间之旅。

要进入第四维，你得从第二维开始。假设我用笛卡儿的坐标字典来描述一个正方形：我可以说它是一种有 4 个顶点的形状，这 4 个顶点分别位于点（0, 0），（1, 0），（0, 1），（1, 1）。可以看到，平面二维世界只需要两个坐标来确定每个位置。但如果我还想包含海平面以上的高度，可以添加第三个坐标。此外，如果我想用坐标描述三维立方体，也需要第三个坐标。立方体的 8 个顶点可以用点（0, 0, 0），（1, 0, 0），（0, 1, 0），（0, 0, 1），（1, 1, 0），（1, 0, 1），（0, 1, 1），（1, 1, 1）来描述。

笛卡儿的字典，一侧是形状和几何，另一侧是数字和坐标。问题是，如果我尝试超越三维形状，视觉方面就没有选择了，因为不存在第 4 个物理维度（见图 3-4）。19 世纪伟大的德国数学家波恩哈德·黎曼（Bernhard Riemann）是高斯在哥廷根大学的学生，他发现了笛卡儿字典的另一点美妙之处：字典的另一侧仍在继续。

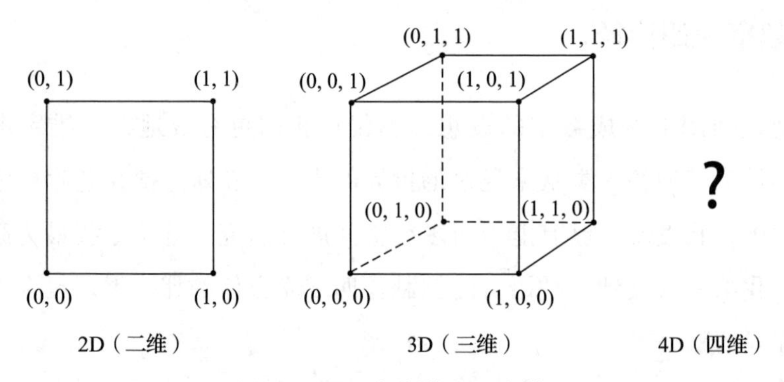

图 3-4 用坐标制作超立方体

为了描述一件四维物体，只需添加第 4 个坐标点，跟踪你在这一新方向上移动了多远。虽然我永远无法在物理上构建一个四维立方体，但我仍然可以用数字精确地描述它。它有 16 个顶点，从（0, 0, 0, 0）开始，扩展到（1, 0, 0, 0），（0, 1, 0, 0），并延伸到最远的点（1, 1, 1, 1）。这些数字是用来描述形状的代码。使用这一代码，我便可以探索该形状，无须亲眼看到它。

不止如此，你还可以进入五维、六维甚至更高维度的世界，到这些世界中搭建超立方体。例如，N 维的超立方体有 2^N 个顶点，每一个顶点都会延伸出 N 条边，每条边我会数 2 次。那么，N 维立方体有 $N \times 2^{N-1}$ 条边。

尝到了四维立方体的味道，吊起了我的胃口，让我想在这个奇特的多维宇宙中对更多形状一探究竟。在哪里“雕刻”出新的对称物体，成了我的热情所在。例如，如果你曾经参观过西班牙格拉纳达市美丽的阿尔罕布拉宫，（但愿）你会喜欢艺术家在墙上玩的美妙对称游戏。但有可能理解这些对称性吗？对于我来说，要理解那些十分形象化的东西，把对称性转换成语言是一条捷径。

19 世纪初，出现了一种名叫“群论”的理解对称性的新语言。这是一位杰出年轻人——法国革命家埃瓦里斯特·伽罗瓦（Évariste Galois）的心血结晶。遗憾的是，在他还没充分意识到自己发现的潜力之前，他不幸结束了生命。他在一场关于爱情和政治的决斗中死于枪击，年仅 20 岁。

尽管阿尔罕布拉宫的两面墙上装饰着截然不同的图案，但对称性的数学原理能够说明这两面墙有着完全相同的对称性。这就是伽罗瓦新语言的力量。

可以这样描述对称：我对一个对象所做的动作，使它看起来像我采取任何动作之前的样子。伽罗瓦的理解是，对称的本质特征是个体对称性之间的相互作用。如果你给对称命名，那么所有对称都有一种基本的语法。这种语法是打开对称世界的捷径。图将会消失，取而代之的是一种表示对称相互作用方式的代数。

有了群论，19 世纪末的数学家们便能够证明，阿尔罕布拉宫的墙上或其他任何地方，都只有 17 种不同的对称设计可以绘制。我自己的研究继续在这趟超空间之旅中探索。我试着弄明白在多维空间中贴出阿尔罕布拉宫对称图案的方法有多少种。只不过，这是一座由语言而非砖头构成的建筑。

在我们平凡的三维世界中一窥这些超现实的形状，是有可能做到的。

由丹麦建筑师约翰·奥托·冯·斯佩尔克尔森（Johan Otto von Spreckelsen）建造的拉德芳斯新凯旋门，实际上是一个四维立方体的投影：一个立方体内嵌一个立方体。萨尔瓦多·达利（Salvador Dalí）的画作《受难》(*Corpus Hypercubus*）描绘了耶稣被钉在一个四维立方体的三维网格上。

甚至有一款计算机游戏承诺让玩家体验四维宇宙中的生活。这款名为 *Miegakure*（即日语的“見え隠れ”，直译是“藏于视线之内”）的游戏出自设计师马克·腾·博什（Marc ten Bosch）的创意，10 多年来，他一直投身于这款超空间游戏的制作。当玩家在屏幕上碰到一堵阻挡他们在三维环境中前进的墙时，他们可以转向四维空间，并在这个新方向上找到平行世界里的捷径，绕过挡路的墙。游戏听起来很特别，我简直等不及想要看到它的发布。我猜，它之所以延期发布这么久，是因为开发者的思维仍然是三维的，想把四维世界与三维世界编织到一起，太过复杂。

在游戏（博弈）里取胜

我是个狂热的游戏迷，不仅钟情于疯狂的四维游戏，还喜欢在环游世界的旅行中收集游戏。让我感到惊讶的是，尽管来自世界不同地方的游戏看起来很不一样，但它们往往是形式不同的同一款游戏。这让我意识到，如果你能将众多游戏转变成另一款截然不同的游戏，玩起来就简单多了。

生活中的许多挑战，基本上都是乔装打扮的游戏（博弈）。两个竞争对手之间的潜在合作经常会变成“囚徒困境”博弈的例子。三方对抗中隐藏着“剪刀、石头、布”的游戏。如果你看过电影《美丽心灵》（*A Beautiful Mind*），可能还记得博弈论的发明者之一约翰·纳什（John Nash），把在酒吧里泡美女的挑战变成一款游戏的场景。但游戏的规则是，数学非常擅长导航。数学发现的获胜捷径之一是将游戏变成完全不同的东西，这样获胜策略就会变得更为透明。

我最喜欢的游戏例子是“抢 15”。每个玩家必须从 1 到 9 依次选择数字，目标是选出的 3 个数加起来等于 15。一旦数字被抢走，其他玩家就不能再用。你必须用 3 个数凑出 15，例如 1+9+5，选 6+9 是不行的。这是个相当困难的游戏，因为你必须记住你自己有多少种方式可以凑出 15，同时还要阻止对手比你先凑出 15 来。不妨跟朋友玩一局，看看掌握诸多可能性到底有多难。

破解这个游戏的捷径是把它变成一个完全不同而且很容易玩的游戏——“井字棋”，只不过你要在一个魔方上玩它。

2	7	6
9	5	1
4	3	8

这个魔方有个特点：每一行、每一列或每条对角线上的数字之和都为 15。如果你在这个魔方里玩“井字棋”，实际上就是在玩“抢 15”游戏。但较之记住哪些数相加能得 15，“井字棋”游戏的几何结构要简单得多。

“*Overleaf*”是另一款一旦找到正确看待方式就变得很容易玩的游戏。请看图 3-5 这张由道路连接的城市路网图。路网图里所有的直线，就是道路（所以，图里可以有 2、3 或 4 座城市）。

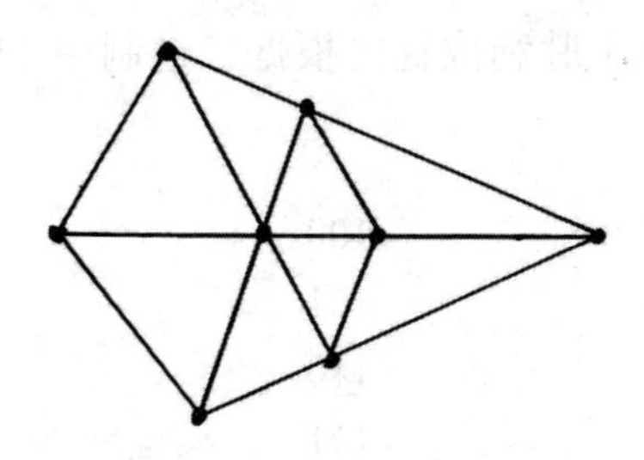

图 3-5 城市路网

你们轮流认领道路。第一个在一座城市里拥有 3 条道路的人获胜。这个游戏也很值得玩一玩，了解玩家有哪些策略可以使用。但它实际上就是变了形的“井字棋”。如果用图 3-6 中的数字标记道路，你就又一次是在魔方上玩“井字棋”了。

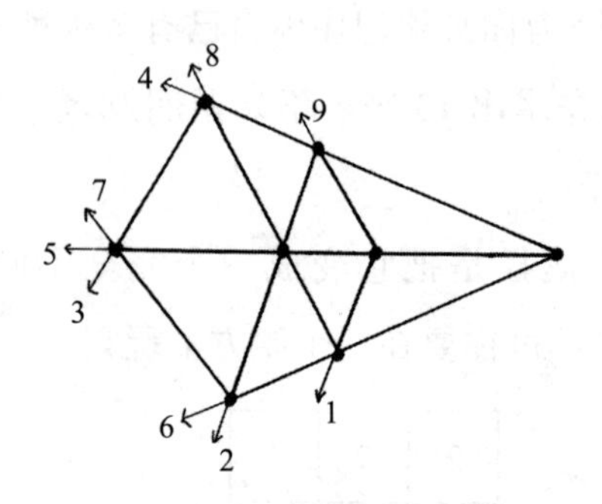

图 3-6 用数字标注出来的路网

翻译成另一种语言后变得一目了然的经典游戏还有一款叫“尼姆”（Nim）。有 3 堆豆子，玩家轮流从一堆豆子中拿走任意数量的豆子，最后一个拿豆子的人胜出。你可以从这 3 堆豆子中的任意数量开始。

例如，假设这 3 堆豆子各由 4、5 和 6 颗豆子组成。有没有能帮你赢得游戏的策略呢？诀窍是将每一堆豆子的数量转换成二进制。回想第二章，相较于十进制数用 10 的幂构建，二进制数是由 2 的幂构成的。在二进制中，100 代表 4，因为它是 2^2。同理，$5=2^2+1$，在二进制中是 101；$6=2^2+2$，二进制是 110。现在有一条把这些数字加到一起的奇怪规则，能帮助你看出自己是否处于胜利位置。根据二进制中 1+1=0 的规则，将数字按列相加。故此

$$\begin{array}{c}100\\101\\\underline{110}\\111\end{array}$$

你的策略必然是从一堆豆子里取走特定颗数的豆子，好让总数变成 000。事实证明，总是有办法做到这一点。举例来说，如果我从 5 颗豆子

的那堆里取走 3 颗豆子，还剩下 2 颗。2 的二进制是 010，此时求和，得到 000：

100
010
110
000

最重要的一点是，不管对手接下来做什么，这个总数总是会变成某个带有 1 的数。只要有 1，他们肯定就还没赢。此时你总是有策略，把总数重置为 000。到了某个点，你就会真正从桌子上拿走所有的豆子，赢得游戏。

哪怕豆子的数量或者堆数有变化，二进制数的语言仍能将这个游戏转换成你总能赢的游戏。只要你掌握二进制数即可。如果一开始的和就已经是一串 0 了，你一定要主动提出第二个取豆子。否则，就抢先采取行动，让总和为 0。

这种使用二进制数语言来跟踪游戏状态的策略，能帮助解决一大堆类似的游戏。试试玩下面这个叫“乌龟翻身”的游戏。一排乌龟随机排列，一些乌龟站着（正，H），一些乌龟仰天躺着（反，T）(如果你家里没有乌龟，也可以用硬币)，轮流把乌龟翻转过来（或硬币从正面翻到反面）。如果你愿意，也可以把一只乌龟（或硬币）从正面翻到反面；此外，如果需要，将它左侧的另一只乌龟（或硬币）反转。乌龟（或硬币）可以是正或反两种状态之一。假设 n=13 枚硬币，其排列顺序是：

THTTHTTTHHTHT

在这种情况下，一种可能的做法是，把 9 号位置的硬币从正面变成反面，并把 4 号位置的硬币从反面变成正面。

将最后一只乌龟（或硬币）从正面翻到反面的玩家获胜。乍一看，它和“尼姆”游戏一点都不像，但实际上两者是乔装打扮后的相同游戏。

正着站的乌龟数量对应着堆数，从左边开始编号的乌龟的位置则是每堆物品的数量。以前述 13 只乌龟（或 13 枚硬币）的设置为例，我们现在有 5 堆石头，每堆分别有 2、5、9、10 和 12 块石头。把排在第 9 位的乌龟翻到反面，同时把排在第 4 位的乌龟翻到正面，这与从 9 块石头的堆里取出 5 块是一样的。让你在“尼姆”游戏中取胜的二进制数语言，现在变成了“乌龟翻身”(乍看起来跟“尼姆”完全不同）里的一种策略。

尽管你可能从没见过“乌龟翻身”的游戏，但有必要记住在这个游戏中取胜的核心理念。面对任何挑战，有没有办法把它变成某种你已经知道怎么玩的东西？有没有一本字典可以把难题翻译成一种能凸显出解决办法的语言？你也许会困在一种自带高墙的语言里。但通过改变语言，进入一个平行的世界，就有可能出现一条捷径，让你偷偷地绕到墙的另一边。

捷径的捷径

如果问题看起来很难解决，试着找一本字典，把描述翻译成另一种语言，说不定更容易找到解决方案。如果你的动手（DIY）热情与所得结果不相匹配，或许你需要把自己画的图形换成数字，看看测量结果能不能告诉你，为什么东西不能如你所愿地组合到一起。如果充满数字的商业计划书不能传达出它的影响力，可以换成图片或图表试试，看看后者是否能帮助人们了解你的愿景。把公司的财务数据输入电子表格时，巧妙地运用代数运算能帮你节省时间吗？在现实中，你与竞争对手的角力是不是实际上就是一款你已经知道获胜策略的变相游戏？这一章的信息是：寻找合适的语言，以帮助你更好地思考。

中途小憩：记忆

虽然我成功地学会了数学语言，但我一直感到沮丧：有些更难以捉摸的语言，我曾努力学习过，但总是学不会，比如法语或俄语。虽然高斯也是放弃了对语言的热爱，转而追求数学事业的，但他在后来的生活中又重新去迎接了学习新语言的挑战，比如梵文和俄语。在64岁时，他学了两年的俄语，便能够阅读普希金的原著了。

受榜样高斯所鼓舞，我决定重新尝试学习俄语。记住新单词是我遇到的一个问题。发现模式是我记忆的捷径。但如果没有模式，要怎么办才好呢？我想知道，别人有没有其他捷径可用。还有谁比埃德·库克（Ed Cooke）更适合请教的呢？他是记忆大师，也是名为“Memrise”这一语言学习项目的创始人。

要想获得“记忆大师”的称号，你必须能在一小时内记住1 000位数字。接下来的一个小时，你需要记住10副纸牌的顺序。最后，你有两分钟的时间记住一副纸牌的顺序。事实上，这听起来像是一项很没用的技能，但我意识到，如果能做到这一点，记住一大堆俄语单词就是小事一桩了。

考虑到1 000位数字是随机选择的，我惯用的寻找模式的策略没有多大帮助。那么，库克是用什么捷径记住1 000位随机数字的呢？原来是一种叫作“记忆宫殿”的东西。

“捷径就是把难以记忆的东西转化为一种更容易记忆的替代，”库克说，“我们记得什么是感官的，什么是视觉的，什么是触觉的，什么能唤起情感。这就是你要做的事情，（把难以记忆的东西）转变成这样的东西，来调动你的第一大脑力。”

“要记住1 000位数字，我会先在一个空间里排列很多张图片，每一张图片都代表一个数字。要记住一个7 831 809 720这样的数字，通常很难，因为它们只是数字，听起来都差不多，没有任何意义。但在我脑海里，78是一个过去在学校欺负我的家伙，他拎着我的一条腿，把穿着短裤的我倒挂在楼梯上，那是一个非常难忘的瞬间。这就比数字78容易记住多了。”

每两位数都变成了一个人物。在库克的私人语言中，31是克劳迪娅·希弗（Claudia Schiffer），“在雪铁龙广告里穿着令人难忘的黄色内衣”。这种在图像中额外增加一点颜色的手法很重要。“图像越鲜明离奇，记得就越好。”数字80是一个长着一张搞笑面孔的朋友；数字97是板球运动员安德鲁·弗林托夫（Andrew Flintoff）；数字20是库克的父亲。

他说：“我是在18岁左右收藏了这本数字字典的，所以它成了一块集合了我青少年时代的想象力、幽默感、杂志上看到的美女、我的家人和我最好朋友的化石。”

在大多数人眼里，这个数字和那个数字看起来很像，库克在这一点上说得挺对。尽管如此，对在数字世界里花很多时间探索的数学家来说，他逐渐认识到每个数字的特征，它们开始有了自己的个性。据说，伟大的印度数学家拉马努金对每一个数字都熟悉得像自己的好朋友。他的合作者哈代曾在他患病期间去医院探望他。哈代想不出什么安慰的话来，就说起自己搭乘的出租车车牌数字很无趣：1 729。拉马努金立即回答说：“不是这样，哈代，这个数挺有意思。它有两种不同方式可以写成两个数字的立方之和，而且它是这种数里最小的那个。”$1\ 729 = 12^3 + 1^3 = 9^3 + 10^3$。但大多数人与数字之间并没有这么亲密的情感关系。穿着黄色内衣的克劳迪娅·希弗大概比数字的立方之和更容易让人记住。

但库克又如何用这些人物来记住1 000位数呢？关键是要把这些人物放到空间当中。“如果你想构建非常长的信息链，你就需要一副骨架来投射你的图像，而我们恰好对空间有着非凡的记忆能力。哺乳动物演变出了一种难以置信的能力，可以在形形色色的空间里穿梭导航并加以记忆。就算我们并不这么认为，我们也都很擅长这个。围着一栋设计复杂的建筑逛上几分钟，我们就能记住它的布局。所以，我们可以将这一强大技能作为捷径，来承载代表数字的图像。这就叫作建造记忆宫殿。”

记忆宫殿不仅是一个故事，还是一个穿越空间的故事。最后一点是关键。“跟单纯的故事相比，记忆宫殿有其优势，因为故事的链条更容易断裂。而且，跟利用纯粹的空间位置比起来，你还得自己编写叙事逻辑，这构成了额外的负担，对大脑想象力的要求更加苛刻。”

几年前，我曾参观过库克建造的这样一座宫殿。我们都参加了伦敦蛇形画廊主办的“记忆马拉松”，那是一场旨在探索记忆概念的周末活动，我记得他带着观众在画廊走了一圈，他用他眼中所见的环境创造了一座记忆宫殿，让观众用来记住美国历任总统。每个总统的名字都被转换成了极为生动的画面。例如，约翰·亚当斯总统变成了亚当和夏娃在厕所顶上保持平衡的画面。“约翰”(John) 是厕所的俚语。接着，把这些画面放置到公园各处。要想记住总统，观众只需在脑海中重现行走的场景（这似乎是人类大脑非常擅长的事情)，并用行走过程中不同地点的荒唐图画来回忆总统即可。

使用空间记忆似乎是记忆极长序列（无论是数字、总统，还是任何你努力想记住的东西）的一条神奇捷径。这是一个非常棒的技巧，因为死记硬背的难度似乎呈指数增长。记住最初 10 位数容易，再记 10 位数就难得多，超过 100 位数几无可能。但正如库克所解释的：“空间记忆最棒的地方是，它的难度似乎是线性增长的。我可以在一分钟内记住一副纸牌，如果我想稍微再核对一下，差不多用两分钟。关键在于，它是线性扩展的，所以我可以在一个小时内记住 30 副牌。”

当我提出，我的读者或许觉得，记住一副纸牌并不是他们迫切想要获得的技能时，库克的回答一语中的，他说纸牌本身不是重点，无论你想记住什么，这一策略都管用。他向我解释，在他练习脱稿讲演时，也使用完全相同的策略。把讲演变成在熟悉的地方（比如你家）进行的旅行，并把自己想表达的观点放在每个房间里。等到你发表演讲的时候，你会发现，以脑海中建立的记忆宫殿进行导航，你能更轻松地记住演讲内容。

“在记忆宫殿，人一踏上旅程，行动的场景就会不断向前推进，由于你有了新的环境来激发新的记忆，记忆相互干扰的风险也因此减少。”

这种将紧挨着的两位数转换成视觉图像的技术，也是我的魔术师朋友亚瑟·本杰明非凡计算能力的关键。他训练自己心算两个6位数字相乘的能力。他使用的技巧之一是利用代数知识将6位数字分解成若干可以单独相乘的部分。但为了能够继续算下去，他还需要把这些数字储存在记忆里，留待日后使用。

本杰明发现，如果他只是想记住数字，就会干扰计算。这就好像数字记忆和计算发生在同一个地方。于是，他想出了一种特殊的代码，把数字转换成单词。大脑里用来记忆单词的区域，似乎不会受进一步的数字计算的干扰。所以，一旦有需要，就可以回忆起单词，再转换回数字。

我和埃德·库克的对话，发生在新冠疫情时英国进行封控期间。库克回忆说，自己在青少年时代经历过另一次疫情封控。由于在医院待了3个月，无事可做，他便踏上了成为记忆大师的人生之路。“部分动机是想将一项技能拓展到合乎逻辑的结论上，这很有意思。我读书时在聚会上的拿手绝活就是在酒吧里记住长长的数字和纸牌，赢回一瓶瓶的香槟。我开始向室友吹嘘自己可能是全世界记纸牌最快的人。他们不服气，说：‘埃德！去证明了再说！’这就是我参加记忆锦标赛的原因。”

记忆宫殿对记忆一串数字或脱稿演讲或许很有用，但我的梦想是学习俄语。库克在他的“Memrise”公司采用的记忆技术是它吗？我最终会找到学习新语言的秘密捷径吗？

“重复和测试。”库克说，“通过重复，我们向大脑证明这些东西值得记住。重要的事情往往会重复。测试至关重要，因为记忆是思维的活动，练习得越多，这些动作就越牢固。”

老实说，这些听起来不像捷径。但库克还没说完。

“还有就是记忆术。比如，我有一个难记的俄语单词‘ostanovka’，意思是‘公交车站’。我要怎样记住这个单词呢？为什么不把它和英语（我的母语）里的单词联系起来呢？那么，如果我们想把某样东西锁定在大脑里，就必须把它编织在现有的联想网络里。'osta'听起来跟'Austin'很像，Austin是英国汽车制造商，它制造了enough cars（足够多的汽车），所以有了'novka'，我只好搭乘公共汽车，这就带来了公交车站。"

这听起来记住的希望更大一些。很明显，重复和测试意味着我不可能在一个小时里学会俄语。但记忆术说不定是记住一长串之前记不住的俄语单词的捷径。库克还有最后一条学习语言的捷径，是从他奶奶那儿学来的。

"学习语言最好的方式是在床上。如果你很入迷，动力十足，全神贯注，沉浸其中，那你会学得非常快。"

04

CHAPTER 4

第四章 几何捷径

假设有 10 个人在爱丁堡，5 个人在伦敦，这两座城市之间的距离是 400 英里。他们在哪里见面，可使出行的总路程最小？

在本书大部分内容中，我的捷径概念都是抽象地在心理上缩短抵达目的地的旅程。而在这一章，我想考虑一些真正的物理捷径。如果你想在一个物理空间中从 A 点到 B 点，了解该空间潜在的几何形状，有助于你绘制出更快到达目的地的路径，哪怕乍看起来，这些路径指向了错误的方向。

即使你并不打算规划一段实际的行程，有时你面对的难题也可以转化为几何问题，几何学里的隧道或岔路可以转化为原始问题中的捷径。例如，我将在后文解释，诸如 Facebook 和谷歌等数字公司已经根据“一大群人集体可以共同从地形中找到捷径”的概念，将其转化为一种在我们每日跋涉的数字空间中寻找捷径的方法。

绘制物理捷径也成为高斯晚年的爱好。虽然他在学生时代因为摆弄数字而爱上了数学，但他同样喜欢几何的挑战，而且不仅仅涉及欧几里得抽象的圆形和三角形。高斯是一个热爱数学抽象概念的人，但在他 40 多岁时，他做了一件奇怪的事情——与地方政府签订契约，揽下了为汉诺威王国进行大地测量这项非常实际的任务。高斯曾经写道：“世界上所有的测量都比不上一条定理。依靠定理，追求永恒真相的科学，才能获得真正的进步。”他参与的这项工作，不是他在学校里喜欢的那种精确而美妙的数字理论，而是许多凌乱且不准确的测量，充斥着由于设备故障或人为失误造成的错误。从方方面面来看，他最终绘制的汉诺威地图并不是特别准确。

但他在测量汉诺威王国的那段时间，发现了一种革命性的新型几何。

从 A 点到 B 点

1492 年，克里斯托弗·哥伦布扬帆起航，动身寻找一条通往印度群岛的捷径。传统的贸易路线需要进行漫长而危险的陆路旅行，每次出行所能携带的货物也因此受限。商人们渴望找到一条航线。一些人认为有一条航线能绕过非洲，也有人认为印度洋是内海，不能通过这条航线到达。就算能够绕行，许多人也认为这会用很长的时间。哥伦布相信，如果他向西航行，就能从另一侧抵达中国和印度，从而建立一条更顺畅的航线，把欧洲想从东方购买的香料和丝绸带回欧洲。

哥伦布坐下来做了一番数学计算。他认为从加那利群岛到东印度群岛只需要向西 68 度行驶，并相信这段距离只有 3 000 海里多一点。如果你考虑到，从伦敦出发绕过非洲到波斯湾需要航行 11 300 海里，这绝对是一条捷径。不幸的是，哥伦布在数学上犯了几个关键的错误，他严重低估了绕行另一条航线的真正距离。

自古以来，人们都在尝试估算地球的周长。公元前 240 年，希腊数学家埃拉托斯特尼（Eratosthenes）计算出它大约是 25 万视距（stadia，也译作“斯塔德”）。一视距是多长？这是计算距离的问题之一。你用什么测量单位作为标准？埃拉托斯特尼的时代所用的单位是视距，即一座运动场的长度。问题是，希腊的运动场长 185 米，而埃拉托斯特尼居住和工作所在地埃及的运动场只有 157.5 米长。假设埃拉托斯特尼的想法是对的，按埃及运动场的长度来算，他所得到的结果只比地球实际周长 40 075 公里少 2%。

但哥伦布采信了中世纪波斯天文学家阿尔－法甘尼（al-Farghani）更近的一项估计。哥伦布认为阿尔－法甘尼在计算中使用的单位是罗马里，相当于 4 856 英尺㊀，可实际上，阿尔－法甘尼使用的是阿拉伯里，比罗马里要长得多，足有 7 091 英尺！

对于哥伦布来说，幸运的是，他没有在到达目的地的中途困在大洋中，耗尽食物和物资，而是在偶然间发现了巴哈马群岛中的一座小岛，并将这个小岛命名为圣萨尔瓦多。㊁但他以为自己到达的是东印度群岛，所

㊀ 1 英尺＝0.304 8 米。

㊁ 圣萨尔瓦多，现萨尔瓦多共和国的首都。——译者注

以把岛上的居民称作印度人，过了好一阵他才意识到这是个错误。

事实证明，通往东方的真正捷径是人类开凿出来的。征战埃及期间，拿破仑萌生了在地中海和红海之间开凿运河的想法。但由于一些错得厉害的计算，人们认为红海比地中海高 10 米。为避免海水倒灌淹没地中海沿岸的国家，需要建造一套复杂的水闸系统。对于法国政府来说，这个设想未免太过昂贵。

等人们最终意识到海平面实际上是一样高的时候，开凿运河的想法很快就形成了声势。1869 年 11 月 17 日，这条捷径终于开通。尽管苏伊士运河受法国控制，但率先通过的居然是一艘英国船只。通航的前一天晚上，在黑暗的掩护下（当时也没有灯），“纽波特号”（HMS Newport）的船长驾船穿过等待进入运河的船队，设法把它停在了船队的最前面。等所有人醒来庆祝运河通航的时候，他们发现“纽波特号”已经停在了通往红海的航道上。让其余船只通过的唯一办法是让这艘英国船先通过。尽管受到了英国海军的正式谴责，但“纽波特号”的船长却因为这次公然的不守规矩，私下里受到了英国海军部的祝贺。

苏伊士运河让伦敦到波斯湾的距离缩短了 8 900 公里，将总行程减少了 43%。围绕这条捷径，各方势力曾展开多次争夺，借此可看出它的重要性。最著名的一次是 1956 年埃及总统贾迈勒·阿卜杜勒·纳赛尔（Gamal Abdel Nasser）决定从英国手中夺回运河，引发了苏伊士运河危机。如今，世界上 7.5% 的航运通过苏伊士运河，为埃及政府所有的苏伊士运河管理局带来每年 50 亿美元的收入。

1914 年，另一条同样重要的捷径开通，使船只不必绕过南美洲的合恩角。连接大西洋和太平洋的巴拿马运河有好几道可容船只通过的船闸。这并不是因为两岸的海平面高低不同，而是因为挖这么深，造价过于昂贵：船只在穿越巴拿马的行程中要穿越一座人工湖。

绕行世界

既然16世纪初人类才完成第一次绕行地球的壮举，埃拉托斯特尼如何在公元前240年就这么精确地测量出了地球的周长呢？显然，他不可能用卷尺把地球围上一圈。相反，他是测量地球表面一小段距离，接着采用了某种巧妙的数学方法，通过捷径来测量完整的距离。

埃拉托斯特尼是亚历山大图书馆馆长，在数学、天文学、地理、音乐等多个领域对科学做出了令人赞叹的贡献。尽管他完成了这些具有创新意义的工作，同时代人对他的能力却很是不屑一顾，并给他起了个“贝塔”的绰号，暗示他不属顶尖思想家之列。

他提出过一个巧妙的设想，就是采用系统化的方法生成质数表。为了从1到100的数字中找出质数，埃拉托斯特尼提出了以下算法：取数字2，接着去掉其后所有2的倍数（每隔一步就划掉一个数）。2之后的下一个数字并未被划掉，这当然就是数字3。现在，把所有3的倍数划掉（每隔两步划掉一个数）。到了这时候，这种方法开始自己发挥作用了。下一个没被划掉的数字是5。重复我们在前面使用的方法：以5为单位在数列中移动，划掉所有5的倍数。

这就是该算法的关键：来到没有在前面的过程里划掉的下一个数字，接着以新数字为单位在数列中移动，划掉这个新数字的倍数。如果你系统地这样做，等划掉7的倍数时，就可得到100以内的质数表了。

这是种巧妙的算法。这种捷径让你用不着多思考，非常适合计算机来执行。问题是，用这种方法生成质数，很快就会变得异常缓慢。它是思考的捷径，因为你可以像一台机器那样生成质数。但这并不是我在本书中想赞美的捷径，我想要的是能用一种巧妙的策略嗅探出质数。

不过，我还是要给埃拉托斯特尼的地球周长计算法打高分，因为它很有启发意义。他听说在斯维尼特城有一口井，每年有一天太阳会直射其上。夏至那天的正午，太阳便直射在井上，井里没有阴影。今天的斯维尼特城已改名阿斯旺，位于北回归线附近，北回归线是太阳可以垂直悬顶最北的纬度（一般可估算为 23.5 度）。

埃拉托斯特尼意识到，他可以利用这些关于太阳位置的信息在夏至这天做一个实验，计算出地球的周长。虽说这样无须用卷尺测量整个地球的周长，但实验本身还是需要走一段路的。夏至那天，他在亚历山大城里立起一根杆子，他认为，这个位置在斯维尼特城的正北，但实际上在经度上存在 2 度的偏差。不过，即使不够完全准确，我仍赞赏他的实验精神。

太阳直射在斯维尼特城上空、没有在井里投下阴影的时候，亚历山大城立起的杆子却投下了阴影。埃拉托斯特尼通过测量阴影和棍子的长度，构造出一个比例相同的三角形，并测量其中的角度。这就能告诉他亚历山大离斯维尼特城有多远。他测量的角度是 7.2 度，也就是一个圆的 1/50。现在他只需要知道从亚历山大到斯维尼特的物理距离就可以了。

他并没有亲自走，而是雇用了一名专业的测量师，叫作“测绘师”（bematist），他会在两座城市之间走一条直线——任何偏差都会扰乱计算。结果用一个更大的测量单位记录：视距。亚历山大城在斯维尼特城以北 5 000 视距。如果这是绕地球一周的 1/50，那么地球周长就是 25 万视距。今天我们无法确定埃拉托斯特尼的测绘师究竟用了多少步来测量视距，但上文已经做了解释，这种测量方法可谓相当准确了。利用一点数学和几何知识，他便走了捷径，不必雇人绕行地球一整圈了。

“geometry”（几何）一词便起源于这次实验。如果我们把这个词拆分一下，它其实是希腊语中测量地球的意思：geo = 地球，metry = 测量。

三角学：通往天堂的捷径

古希腊人不只是用数学来测量地球，他们意识到，它也可以用来测量天空。而使其成为可能的基本工具，不是望远镜或精密的卷尺，而是三角学知识。

埃拉托斯特尼的计算中已经有了这种工具发挥作用的迹象。三角学是一门关于三角形的数学分支学科，它解释了三角形中角和边长之间的关系。这种数学给古代的数学家提供了一条绝妙的捷径，不用离开舒适的地球表面就能测量宇宙。

例如，早在公元前 3 世纪，萨摩斯的阿里斯塔克斯（Aristarchus）就用三角学计算出了地球到太阳的距离与地球到月球的距离之比。为此，他要做的是在月亮半满的那天测量月球、地球和太阳（三角形的 3 个顶点）之间的夹角。此时，从地球到月球到太阳的角度，正好是 90°（见图 4-1）。之后，根据他测量的角度构建一个三角形，就可以计算出地球到月球的距离与地球到太阳的距离之比，因为这一比值和他画的这个小三角形是一样的。阿里斯塔克斯聪明地意识到，不管三角形是大还是小，比值保持不变。这个比值被称作阿里斯塔克斯测量的角度余弦。

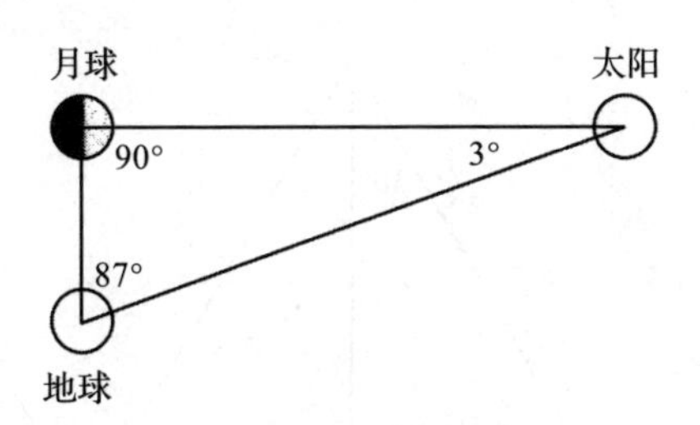

图 4-1　利用三角学来测量太阳系

要计算实际的距离而非距离的比值，你还需要一个角度和一个长度。希帕恰斯（Hipparchus），传统上被誉为三角学奠基人，他发现了一种巧妙的方法来计算地球、月球和太阳之间的实际距离。他利用了一连串的日食和月食，特别是在公元前 190 年 3 月 14 日观测到的那场日食。

和埃拉托斯特尼一样，希帕恰斯在地球上的两个不同地点进行观测。

赫勒斯滂[㊀]观测到是的日全食，而在亚历山大城观测到的是日偏食，月亮只遮住了太阳的 4/5。就像埃拉托斯特尼一样，希帕恰斯同样有一段可以在地球上测量的距离。结合两座城市之间的距离和他测量的日食角度，他就能够使用三角函数计算出月球到地球的距离。

这条三角学捷径的力量是非凡的。这使得希帕恰斯开始准备三角函数表的第一个例子。在这些表中，你以某个角度构建一个直角三角形，三角函数表就可以告诉你三角形各边的相对长度。即使在这里，数学家也发现了一些捷径，让他们不必绘制大量的三角形，就可以分别测量长度和角度。

取一个等边三角形，它所有的边都相等，所有的角都是 60°。现在从一个角引出一条线，将该角分成两个 30°，在底边上构成一个 90° 的直角。60° 的余弦是新构建的直角三角形构成该角的两条线之比。由于新三角形的邻边长度是最初等边三角形边长的一半，很容易就可以算出该余弦函数等于 1/2（见图 4-2）。

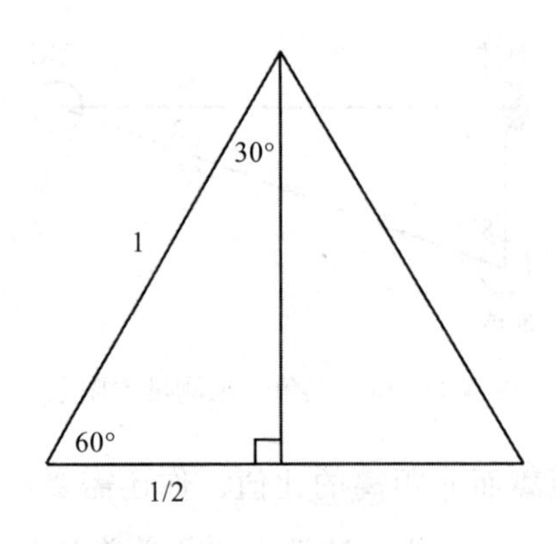

图 4-2　60° 的余弦

但数学家发现了一个巧妙的公式，把一个三角形的余弦和一个角度为

㊀ 达达尼尔海峡，古称赫勒斯滂。——译者注

一半的三角形的余弦关联起来。这给了我们一种进行更多计算的工具。

$$\cos(x)^2 = 1/2 + 1/2\cos(2x)$$

使用这些捷径，可绘制出多个角度的余弦表，这些余弦表成为探索夜空最有效的测量工具。它们也是在地球上进行测量的关键捷径。高斯在对汉诺威进行测量时就会用到它们。即使在今天，测量人员仍使用这条数学捷径进行测量。

例如，如果你想算出一棵树的高度，用量杆从树底测到树顶相当困难。相反，测量员会走到离树一段距离的地方，测量从地面到树顶的角度。将这一角度与一个更简单的测量数据（即测量员所站位置到树底的距离）结合起来，向上查找切线（表示三角形两条短边的比值，在本例中指树的高度以及测量员到树底的距离），测量员完全不用爬梯子就可以确定树的高度。

三角学的捷径力量，在测量“米”的过程中得到了相当漂亮的展示。由于“米”是一种计量单位，你兴许认为，测量 1 米是一项相当奇怪的任务。但故事要从米的最初定义说起。

米的测量

自从第一批文明古国开始建造第一批城市以来，我们就需要测量单位来帮忙协调建设。最早的形式可追溯到古埃及人，他们用人的肢体作为单位。一肘（cubit）是从肘部到中指尖的长度。在公制前的测量中也明显可见身体部位的使用。一英尺就是“a foot”（一脚）。“inch”（英寸）和“thumb”（拇指）在欧洲的许多语言里都是同义词。码（yard）与人的步伐密切相关。相当有趣的是，撒克逊时代将用来测量土地的单位“杆”定义为星期日早晨最先离开教堂的 16 个人的左脚总长。但考虑到每个人的脚形状不同、大小不一，这种尺度因人而异。

为了解决这个问题，亨利一世主张用国王的身体来规范单位。他下令，从自己的鼻尖到他伸出的拇指末端之间的距离为 1 码。但这显然存在问题，因为每次新君登基，1 码的长度都会发生变化。

法国大革命的领导人认为，应该建立一套便于人人使用的更加平等的测量体系。伽利略已经证明，钟摆的摆动取决于其长度，无关它的重量或振幅。于是最初有人提议，1 米是一个来回摆动用时 2 秒的钟摆的长度。但事实证明，摆幅还取决于重力的强度，而重力在世界各地并不相同。

于是，人们决定将 1 米定义为从极点到赤道距离的千万分之一。虽然原则上任何人都可以测量这个距离，但使用这个定义不切实际的地方很快就显现出来了。两位科学家，皮埃尔·梅尚（Pierre Méchain）和让－巴蒂斯特·德朗布尔让（Jean-Baptiste Delambre），负责测量从极点到赤道的距离，并将他们发现的“米”带回了巴黎。但一如埃拉托斯特尼意识到不必测量整个距离，这两位科学家决定测量从敦刻尔克到巴塞罗那的距离，这两座城市大致在同一条经线上。接下来，也和埃拉托斯特尼所做的一样，他们可以将计算等比放大，从而获得从赤道到极点的距离。

德朗布尔让从北部的敦刻尔克出发，而梅尚负责南部的部分，从巴塞罗那出发。他们答应在中点——法国南部城市罗德兹碰头。但他们是如何计算的呢？首先，他们需要一种标准长度以便于测量。但即便如此，他们也不可能在敦刻尔克到巴塞罗那的整条路线上铺设这么长的距离。

三角学和三角形就要在这里发挥威力了。从敦刻尔克教堂的塔顶开始，德朗布尔让在乡间寻找另外两处高地，使之成为构成三角形的另两个顶点。他将测量从教堂塔顶到其中一个点的距离。这种苦力活还是免不了的。但从那时起，他便可以用三角形中两个角的测量值来计算三角形其他两条边的长度了。为测量角度，他使用了一种叫作博达复测度盘（Borda repeating circle）的装置。它由安装在一个带刻度的共用轴上的两具望远镜组成，可以用来测量两者之间的角度。德朗布尔让把望远镜对准从教堂塔顶上确定好的两个高点，读出望远镜之间的角度。

把望远镜移动到三角形的另一个高点，他可得到第二个角的角度。接着，用三角函数计算出缺失的两条边长。但真正巧妙的地方在这里：其中一条边（他现在已经知道了长度）将成为一个新的三角形的边，这个三角形的一个顶点，是他可以从敦刻尔克教堂确定的两个高点看到。在这个新的三角形中，他已经知道了一条边的长度。这就意味着用博达复测度盘测量两个角后，他就能计算出新三角形中缺失的距离（见图 4-3）。

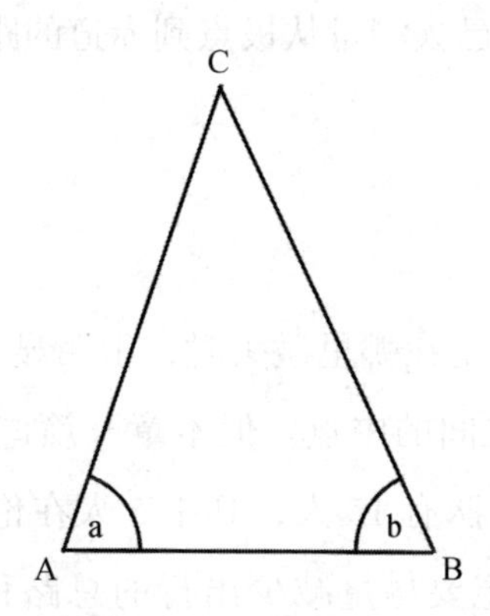

图 4-3　知道了 A 到 B 的距离以及∠a 与∠b，就可以通过三角函数计算 C 到 A 以及 C 到 B 的距离

这是一条绝妙的捷径。把从敦刻尔克到巴塞罗那一路上的多个三角形拼接起来，科学家们只需要测量三角形的一条边长，以及顶点与这条边构成的角度，即可完成其余的工作。三角测量法是丈量土地的一条非凡捷径。测量角度可以在舒适的高点（标出三角形的角）上完成。无须徒步测量距离，也不需要铺设标尺。

但爬上高处并通过望远镜观察，也并非没有危险。当时，一场革命正席卷法国，并不是用望远镜和奇特装置测量土地的理想时机。两名科学家在法国各地的塔顶和树尖上测量，当地人怀疑他们在进行间谍活动，多次对他们发起攻击。在巴黎北部，德朗布尔让因被怀疑是间谍而被捕。不是间谍的话，他干吗要背着这么奇怪的装置爬上高塔呢？他试图解释自己是在为科学院测量地球的大小，但一个醉醺醺的民兵打断了他的话："再没有什么科学院了，我们现在都是平等的。你跟我们走一趟。"最终，用了7年时间，德朗布尔让和梅尚带着"米"成功回到巴黎。

一根铂杆根据他们的计算铸造出来，从1799年开始，标准米就保存在了法国的档案馆。但在某种程度上，它和亨利一世的"码"存在同样的问题。尽管米的定义是通用的，但对于科学家来说，到法国去取一个米的副本用于测量，比他们自己去测量从极点到赤道的距离仍然容易多了。

从伦敦到爱丁堡

德朗布尔让和梅尚决定在哪里碰头时，很明显，合乎情理的做法是选择敦刻尔克和巴塞罗那之间的中点。但本章开篇谜题中的15个人该在哪儿碰头呢？如果我们的团队有15人，其中5人在伦敦（英格兰），10人在爱丁堡（苏格兰），他们想要尽量减少出行的总路程，那么他们应该在哪里见面？颇为奇怪的是，他们竟然应该都聚到爱丁堡去见面。乍一看，你兴许认为，既然这群人的比例是2∶1，他们应该在从伦敦到爱丁堡距离的2/3处见面。但每走出爱丁堡城1英里[㊀]，苏格兰团队集体就多走了10英里，只为英格兰团队省下5英里。

更一般地说，如果我们团队的15个人分散在从伦敦到爱丁堡这一直线的随机点上，那么他们总出行距离最短的捷径是都朝位于中间那个人的位置走，也就是你遇到的从伦敦（或爱丁堡）出发的第8个人。与上文的道理相同，你遇到的第8个人每离开自己所在位置1英里，这一组人可节省7英里，另一组则多走7英里（所以两相抵消），但第8个人又多走1英里。

㊀ 1英里＝1.609千米。

再换一个更一般的环境，把15个人分散在纽约这座街道纵横交错的城市里，情况又是如何呢？如果从东向西扫视，你们应该在你遇到的第8个人所站的大道上相遇；如果选择从南向北扫视，那就要选择第8个人站的那条大街。请注意，通常来说，这和从东西方向看所确定的人不是同一个人。

如果你尝试为网线寻找最佳的网络交换地点，并希望尽量减少使用的网线数量，那么这种分析必不可少。不过，在物理和数字空间中寻找捷径，还有另一种历史上甚至今天的技术环境下都用过的有趣策略。

欲望之路

15世纪的探险家追求的是能让自己高效地从世界一端抵达另一端的几何捷径。日常生活中，我们经常会寻找可以更快到达目的地的巧妙捷径。在伦敦离我最近的公园里，城市规划师铺设了一条弯弯曲曲的柏油小径，引导当地居民从一边走到另一边。从纸面上看，这条路兴许布局完美，但来自公园的证据表明，并非如此。除了柏油小径，你还会发现一条穿过草地的干燥土路，人们认为它才是从公园一边到另一边更快捷的路线。

城市规划师往往喜欢让柏油小径之间的夹角呈直角，但人走路时，更合理的做法是从对角线上走，这样就不用绕着直角走了。人们更喜欢把斜边作为从A点到B点的路径，你一次又一次地看到草地被踏平露出来的小路，那就是人们通往目的地的捷径。

这类穿过直角对角线的捷径，在曼哈顿可以发现一个有趣的例子。当地大街和大道的布局要么平行要么垂直，绝对是人类规划的标志。奇怪的是，有一条路却斜着切过路网的方格：这就是百老汇大道。它从左上到右下穿过曼哈顿的直角。原来，这是一条古老的捷径，是曼哈顿和欧洲定居者到来之前，由原住民出行踩踏出来的。百老汇大道是顺着威克夸斯盖克步道（Wickquasgeck Trail）修建的，据说，这条步道是连接当时存在的印第安人定居点之间最短的路线，避开了沼泽和丘陵。欧洲殖民者到达后，保留了这条捷径，作为穿过曼哈顿的一条路。从前，从曼哈顿岛这端到那端的步行者踩出了这条小路；如今，它铺上柏油保留了下来，供城里的汽车和行人使用。

这些大众制造的捷径有个名字：欲望之路。有人称它们为“牛道”或“象道”，因为它们通常是沿着它们走动的牲畜开拓出来的。《小飞侠彼得·潘》的创作者J.M.巴里（J.M.Barrie）称它们为“自我造就之路”，因为你从来没看到过有人在铺路。没有人有意识地做出踏倒野草、清理道路的决定，这些小径是逐渐出现的，一如巴里所述，它们在自我造就。

有些欲望之路颇为奇怪，因为它们似乎让路线反倒变得更长了，看起来完全不像捷径。但如果你仔细观察就会发现，这类路是用来避开某样东西的。只不过，通常外人不理解要避开的东西是什么。但如果深入了解一些当地文化，你兴许会发现关键在于某种迷信。例如，许多人不肯从梯子下走过，因为在他们眼里，这么做不吉利，他们更喜欢绕着梯子走。当然，梯子在此摆放的时间不会久到人们能在其旁边踩出一条永久性的欲望之路来。在俄罗斯，围绕两根斜靠在一起的柱子存在类似的迷信。俄罗斯的老式街灯大多安装在这样的柱子的顶端。很多时候你会发现，为了不从柱子之间走过，人们踩出了一条永久的欲望之路。

一些城市规划师意识到，他们也可以把这些捷径当成捷径。既然提前规划的柏油小径没人用，于是规划师们想出了一个聪明的主意，让当地居民自己踏出通往想去地方的欲望之路，等小路以这种有机方式浮现之后，规划师再将它改造成柏油小径。

密歇根州立大学利用学生的脚步来确定穿过校园去2011年新建教学楼的道路。从空中俯瞰，这些小路就像意大利面一样乱七八糟地交织在一起，绝不是任何设计师事先会选择的样子。但学生们用脚做出选择之后，最终的道路布局创造出一个为所有穿过校园去上课的学生提供便利的路网。

建筑师雷姆·库哈斯（Rem Koolhaas）在芝加哥伊利诺伊理工大学的校园设计中也采用了类似的策略。

降雪同样提供了一种了解行人和司机怎样利用城市的有效方式。居民踩掉大部分积雪后，剩余积雪的形态，可以让市政当局有机会了解人们并不使用道路或公园的哪些部分来穿越城市。这就给了城市规划师把土地用于其他用处的机会，比如在一条路上修建交通岛，或者找到地方放置城市艺术作品。

这种捷径，商业领域也曾多次使用：让公众生成素材，然后从中提取价值。在某种程度上，Facebook、亚马逊和谷歌等公司就是这样的例子，它们收集利用我们的数字数据，观察我们踩踏出来的数字欲望之路，接着再利用这些经过检验的捷径。

例如，推特（Twitter）在引入话题标签设想时，并没有采用自上而下的方式。它是该公司发现用户用来对自己的推文进行分类的东西。事实上，标签设想本身似乎是用户克里斯·梅西纳（Chris Messina）在2007年8月最初提出的，他希望有一条捷径能找到跟自己有相同兴趣的其他用户。话题标签提供了一种旁听感兴趣对话的巧妙方法。随着越来越多的人追随梅西纳走上这条数字化欲望之路，推特也注意到了这条由用户开辟出来的捷径，2009年，它成为推特的官方路径。如果你愿意的话，可以说，这就相当于为小径铺上了柏油。

测地学

如果要你从一张世界地图上标出从马达加斯加飞往拉斯维加斯的最短路径，你的第一直觉可能是用一条直线将这两点连接起来。毕竟，这看起来像人类（或鸟类）可能会选择的欲望之路。但这么做，没有考虑到地球的曲率。如果考虑到球体的表面，真正的欲望之路（即最短的路径），是从英国和格陵兰岛上空掠过，它远远有别于你可能在平面地图上画出的那条直线（见图 4-4）。

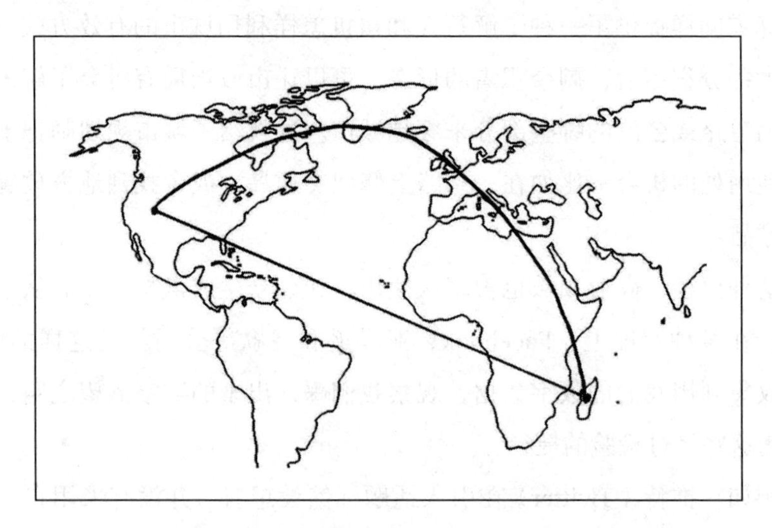

图 4-4　从马达加斯加到拉斯维加斯最快的路线将途经英国

在球面上，两点之间的最短路径是一条叫作大圆的线，它类似于一条经过两个极点的经线。实际上，如果你把一条经线绕着地球移动，直到它穿过你想连接的两点，这就是穿过它们的大圆线。

等人们开始探究这些捷径在全球范围内的含义，一些相当奇怪的特征便浮现出来了。以北极点、厄瓜多尔的基多和肯尼亚的内罗毕为例，后两座城市离赤道非常近，这三个点之间的最短路径将在地球表面画出一个三角形。经典的欧几里得几何中，三角形的内角之和为 180 度。但观察上述三角形的内角之和，要比 180 度大得多（见图 4-5）。由于从极点开始的经线与赤道的交点是 90 度，仅是基多和内罗毕的两个内角，都已经各自有 90 度了。在北极点，经过这两座城市的两条经线之间的夹角是 115 度。故此，上述三角形的内角之和是 90 + 90 + 115 = 295 度。

还有一些三角形内角之和小于 180 度的几何形体。例如，有一种叫作

“反球体”的形体，看起来像一个曲边圆锥体，在它的表面上绘制两点之间最短路径，便会带出内角之和小于 180 度的奇怪三角形（见图 4-6）。这类形体有着所谓的负曲率，而地球这样的球体则有正曲率。而平面几何图形，比如本章开始提到的地图，其曲率为 0。

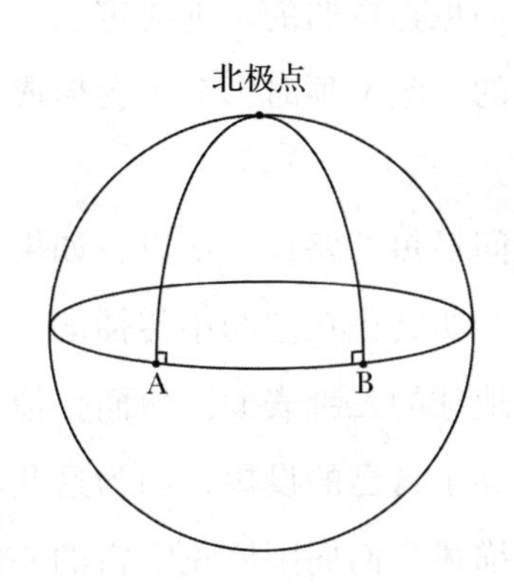

图 4-5 球面上，三角形的内角之和大于 180 度

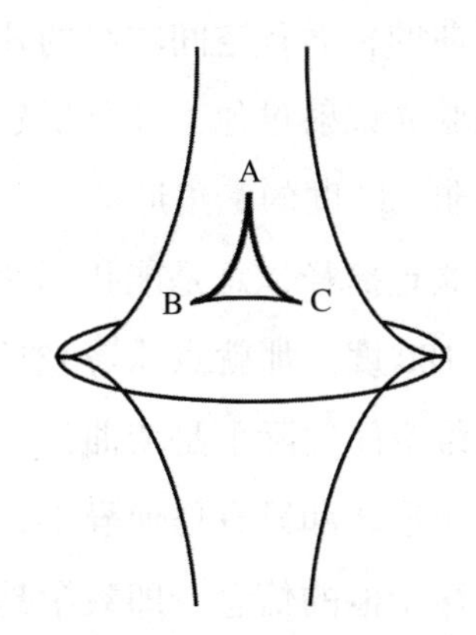

图 4-6 反球面上，三角形内角之和小于 180 度

曲面几何的发现是 19 世纪早期令人振奋的数学发展之一。但此事引起了三位数学家之间的争斗，他们都声称自己最先发现了此种几何体。19 世纪 30 年代，俄罗斯数学家尼古拉斯·伊万诺维奇·罗巴切夫斯基（Nikolai Ivanovich Lobachevsky）和匈牙利数学家亚诺什·波尔约（János Bolyai）同时首次公开提出了这些新几何体的概念。波尔约的父亲对儿子的发现颇为得意，并热衷于向好朋友高斯吹嘘。但高斯在给波尔约父亲的回信中措辞尖锐地说：

如果我一开始就说，我对这一工作无法表示赞许，你想必会大吃一惊吧。但我只能这么说。对它表示赞许，就是在称赞我自己。实际上，这项工作的全部内容，你儿子所走的道路、所得的结果，几乎完全吻合我的构想。这些构想，在过去 35 年里，一直部分地占据着我的头脑。

事实证明，高斯多年前在对汉诺威进行测量时，就已经发现了曲面几何里横跨曲面的奇怪捷径。这涉及像德朗布尔让和梅尚测量米制那样，对土地进行三角测量。尽管乍一看，这项任务对伟大数学家高斯来说似乎是桩乏味的苦差事，但它却是推进理论洞察的催化剂。高斯推测，不仅地球表面是弯曲的，而且空间本身的几何结构也是弯曲的。他决定利用三角测量法来检验光束射过他家乡哥根廷周围的三座山顶时，会不会形成一个内角之和并非 180 度的三角形。

光喜欢走捷径，总是能找到两点之间最短的路径。所以，如果角度加起来不是 180 度，那就意味着光是顺着弯曲路径在空间中传播的。高斯希望证明三维空间实际上是弯曲的，一如地球的二维表面。然而，他发现测量出的三角形之和没有任何异常，便放弃了自己的设想，因为这些新的曲面几何有悖于他的信念，即数学是用来描述我们周围所见宇宙的。他发誓要对与自己讨论过相关研究的几个朋友保密。

当然，我们如今知道，高斯当时考察的尺度太小，无法探测到空间的曲率。直到爱因斯坦提出了关于引力和时空几何的新理论，人们才重新产生了验证高斯的设想的兴趣。

爱因斯坦发现，空间中两个物体间的距离，会根据观察者的不同而变化。如果你以接近光速的速度移动，距离会显得更短。时间似乎也取决于观察者，事件发生的顺序可以根据观察者的运动方式而变化。爱因斯坦还取得了一项重大突破，他意识到，你需要在一个由三维空间和一维时间组成的四维几何学中同时考虑时间和空间。在这种新的时空几何学中测量距离，便会产生弯曲的形状。

爱因斯坦的见解重新定义了引力（gravity)，它不再是牛顿力学中的“力”(force)，而是对时空几何的“弯曲”(bending)。一个有着巨大质量的物体会使空间结构发生扭曲。这样一来，引力就不再是把物体拉到一起的力量，我们可以重新思考整个故事。引力是物体通过这一几何体所走的捷径。物体自由下落，实际上只是物体在几何体中找到从一点到另一点的最短路径。

因此，不必把围绕太阳运行的行星想成被一种力（就像系在身上的绳子）拉着的物体，而是一个在四维时空几何面上滚动的球。这似乎是个疯狂的设想，但爱因斯坦找到了检验方法。和行星一样，光也应以最短路径穿过空间。根据上述理论，如果光要从一个质量很大的物体附近经过，那么最短的路径就是包绕该物体的曲线。

英国天文学家亚瑟·爱丁顿（Arthur Eddington）意识到，有一种方法可以验证这一设想，那就是利用 1919 年的日食。根据理论的预测，来自遥远恒星的光线会因太阳的引力效应发生弯曲。爱丁顿需要日食来遮挡耀眼的太阳光，这样才能看到天上的恒星。光线确实会在大质量物体周围弯曲，这一事实证实了光所走的最短路径不是直线，而是爱因斯坦理论预测的曲线。

空间的弯曲可能还带来了穿越宇宙的捷径，绕过爱因斯坦相对论中隐含的一些限制。他知道宇宙存在速度极限，那就是真空中的光速，没有任何东西比这更快。如果你想从银河系的一边到另一边，问题就来了，它需要很长时间。这是许多科幻小说家面临的一个重大挑战：如何将人从一个地点转移到另一个地点，却不浪费数年的时间？通常的秘诀是依靠虫洞，这是爱因斯坦场方程的一种特殊解，它为时空几何的不同部分之间提供了一条推测性捷径。虫洞有点像穿山而过的隧道，只不过它是连接宇宙中两点的隧道，而这需要数百万年的时间才能穿越（见图 4-7）。

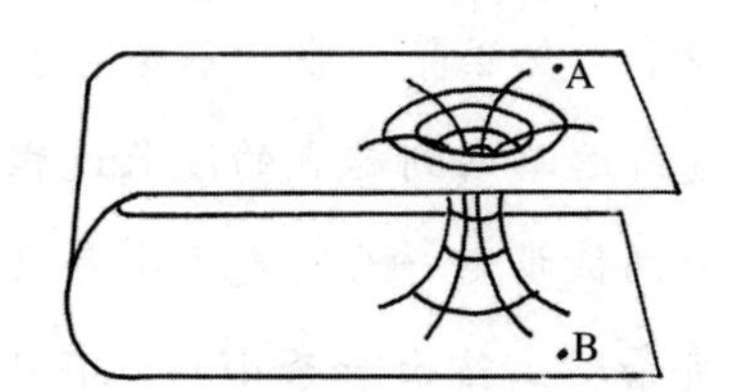

图 4-7 在宇宙时空中，从 A 点到 B 点要绕很长的一段路，但也可以走穿越虫洞的捷径

所以，高斯最初的设想，即光从哥廷根的一座山顶到另一座山顶通过弯曲的弧线走捷径，是正确的。只不

过，要想看到效果，需要在更大的范围进行观察，不是汉诺威，而是我们的银河系。值得赞扬的是，爱因斯坦一直承认说，正是19世纪的数学家创造的几何学，使自己得以发现相对论。“对现代物理理论，特别是相对论数学基础的发展，高斯做出了举足轻重的贡献。”他写道：“实际上，我毫不犹豫地承认，在某种程度上，投身于纯几何问题能带来愉悦。”

捷径的捷径

如果你正在规划从A点到B点的旅行，有必要记得光是怎么寻找最快路径的：有时绕路是值得的。因为虽然路线更长，但它更快。绕着房子测量尺寸，有时很困难，因为你手边没有适用的卷尺。但你说不定可以测量出角度。正弦和余弦注定成为神奇的捷径，不仅可以测量夜空或地球表面，还可以测量任何乍一看难以接近的东西。城市规划师借助行人寻找捷径的策略，不仅仅可以用在从公园的一侧到另一侧这件事上。让公众引导你找到最佳解决方案，是一条潜在的捷径，有了它，你不必自己完成所有的工作。

中途小憩：旅程

我喜欢步行。缓慢的步速，能让我体验到在快节奏生活中常常忽视的风景和自然世界。步行不是为了从A点到B点，而是为了从A点到A点，享受绕远路回到起点的漫长过程。我儿子小时候觉得这很荒谬。我们出发去乡间徒步走一天。走了半英里后，我儿子突然注意到，从我们穿过田野的那条路上岔出一条小路。在小路的另一头，他看到了我们的房子。“爸爸！我发现了一条捷径！看哪，我们只要走这条路就能到家了。”

但对于我来说，步行也是一种捷径。每小时3英里，似乎是最适合思考的速度。让-雅克·卢梭在《忏悔录》中写道:“我只有在行走时才能思考,一停下脚步,我便停止思考;我的心灵只能跟随两腿运思。”步行是我在数学里获得启发的捷径,也就是说,我必须这样绕远路,才能调动自己的潜意识,让它用新的方式探索问题。

罗伯特·麦克法伦(Robert Macfarlane)在《古道》(*The Old Ways*)一书中谈到了行走和思考之间的联系。他描述了路德维希·维特根斯坦[㊀](Ludwig Wittgenstein)是如何在行走于挪威乡村时取得重大工作突破的:“在我看来,我的内心似乎孕育了新的思想。”这位哲学家写道。麦克法伦指出,最有启发性的是维特根斯坦选择用来描述这些想法的词语。维特根斯坦使用了“Denkbewegungen”,字面意思是“思考方式”,麦克法伦将其描述为“想法通过沿着路径(weg)运动的方式成形”。

麦克法伦喜欢徒步旅行,置身于风景之中。他的书是对徒步旅行的美好颂歌。所以,我很想和他谈谈他与“捷径”这一设想的关系。我们会不会因为总在寻找捷径而错过一些东西呢?

“我可以乘坐缆车,抵达我最喜欢的苏格兰东北部凯恩戈姆山脉的最高处,我觉得这是到达山顶最短的路径,但它几乎不会给我带来任何成就感和愉悦。”他说,“而我宁可走上两天抵达该山顶,它将成为我到过的最了不起的地方之一。”

麦克法伦向我介绍了苏格兰神秘主义者、登山家W.H.默里(W.H.Murray),默里的作品捕捉到了身处这些地方的力量:“当一个人的精神承受负担或感到轻松时,他的心自然会向上抬升。”第二次世界大战(简称二战)期间,默里被关在战俘营里,他在收集的厕纸上写下了这些话。他的身体无法旅行,只能在意念中穿越苏格兰高地。麦克法伦崇拜的另一位英雄是现代主义作家和诗人娜恩·谢泼德(Nan Shepherd)。

㊀ 哲学家、数理逻辑学家,语言哲学的奠基人,20世纪最具影响的哲学家之一。——译者注

“20 世纪 40 年代，娜恩·谢泼德在《活山》(*The Living Mountain*) 一书的结尾描写了她称为‘存在’瞬间的产生：通过‘一小时接一小时这么走着，所有的感觉都循着某种节奏，你会感到肉身在行走时十分通透’。‘存在’是个最为神奇的短语，”麦克法伦说，“我想，她要指出的是，匆忙是与这些山无缘的。因此，在这种模式下，捷径与启发完全对立。”

但麦克法伦提醒我，我们今天出于愉悦而走的许多路，最初都是由新石器时代的人将其踩踏出来的，恰恰因为它们是捷径。在物资匮乏的条件下，人们必须让能源、资源等的消耗保持平衡。如果找到了一条较短的路线，他们是不大可能放弃的，哪怕它无法提供与较长路线相同的沉思机会。

但并非总是如此。麦克法伦指出，有时新石器时代文化在一些并非单纯地以生存为目的的项目上投入了过多的资源。他给我讲了一个英国坎布里亚郡湖区小朗戴尔开采石头制作手斧的精彩故事，以求说明新石器时代的道路并非都是追求效率的捷径：“在那座山谷的低洼处有非常适合制作手斧的岩石，所以，他们完全可以利用这些岩石制作想要的工具。但很明显，他们选择攀爬到一处更高更难爬的地方，那里叫作吉默岩 (Gimmer Crag)。”

我很好奇，他们为什么要到困难的地方去寻找本可以从容易的地方获得的石头呢？

“一旦一个物体离开了一个地方，那个地方的光环就会保留在物体上。”他说，“因此，史前时代的人不只会走捷径，同样也会绕远路。”

麦克法伦把问题抛回给我。在数学领域，有没有能表明绕远路反而成效斐然的例子呢？

我认为，猜想是一个例子。一个数学猜想，就像是山巅。我不想去翻书后面的答案，那就像坐缆车到凯恩戈姆山顶一样。到达山顶的满足感，取决于我为达到顶峰投入了多少天甚至多少年。但另一方面，我也不想为了走而走，在无聊的风景中苦苦跋涉。有些徒步走起来像是辛苦活。

数学中存在一种奇怪的微妙张力：如果事情太容易，容易让人厌烦；如果事情太复杂，会让人无法理解。约翰·卡维尔蒂（John Cawelti）在《冒险、神秘与浪漫》(*Adventure, Mystery and Romance*）一书中描述了文学中的这种张力，但它同样适用于数学："如果我们寻求秩序和安全，结果很可能是无聊乏味和千篇一律。但为了追求改变和新奇而拒绝秩序，会带来危险和不确定性……可以把文化的历史阐释为追求秩序与避免乏味之间的动态紧张关系。"

有时，你必须走很长的路才能到达顶峰，这也是乐趣的一部分。费马大定理耗去了几代数学家总共350年的努力，在找到抵达目的地的方法之前，他们进入了陌生而深奥的领域展开旅程，但那些弯路和绕路是证明定理的乐趣之一。要不是不可逾越的数学沼泽逼着我们去绕路，被迫去发现迷人的全新数学乐土，这些领域说不定一直无人触及。

如果证明很短，甚至不费吹灰之力，我们赋予费马大定理的价值会不会大幅缩水呢？想一想，这一点会很有趣。像黎曼猜想这类伟大的未决猜想，其光环来自它所带来的挑战，以及我们为解决它所需投入的工作。我们提及伟大猜想，就像攀登珠穆朗玛峰一样。如果到达顶峰并不困难，说不定我们也不会那么看重得出解法的成就了。

我试着向麦克法伦形容，我认为自己在数学中喜欢的感觉，倒不见得像穿越荒野，而像被一座大山挡住去路，想要寻找一条穿山而过的路，随后看到了一条缝隙、一条隧道、一条能让我通过的捷径之后那种妙不可言的兴奋。

他说"我在观察你的手，猜你平时喜欢做些什么。你有点像个攀岩爱好者，但不是徒步爱好者，我这里说的是运动攀岩。攀岩与登山不同，登山与山地徒步也不同。"

攀岩带来的挑战，是麦克法伦喜欢的事情吗？

“我爬得很蹩脚，但有几年，我对它非常热衷。”他说，“每一次了不起的攀爬，都有一个关键动作。听起来，似乎跟你描述的处理问题的过程非常相似。在攀岩领域，它们叫作‘抱石难题’。你会从简单的问题着手，一遍又一遍地重复，接着，你来到关键点，掉了下去。它把你卡住了，你就是完不成那种动态跳跃。多次尝试以后，你终于做到了。我有几次碰到过这样的情形，绝对是惊心动魄。攀岩是一项解决问题的活动。”

碰到一道数学难题所带来的挫败感，以及克服它之后带来的喜悦感，的确都是我很熟悉的东西。我跟麦克法伦见面之前，刚看了电影《徒手攀岩》（*Free Solo*），它记录的是攀岩大师亚历克斯·霍诺德（Alex Honnold）在优美的美国约塞米蒂国家公园不借助任何绳索征服酋长岩的非凡攀爬故事。完成这次攀爬有 8 个关键点，相当于攀岩里的黎曼猜想。最难的关键点就叫“抱石难题”，攀爬者必须按顺序爬过若干不到铅笔杆宽度、相距又很远的手点。它要求攀爬人做出一个怪异的侧踢，才能越过近乎垂直的岩壁。要是他失败了，就会摔死。他没有反复尝试的机会。关于攀岩，最打动我的是一点：到达山顶的最短路径绝对不是一条直线。霍诺德选择的路线往往会在中途下降，先朝着远离最终目的地的方向走，才能找到一条可以攀爬的登顶之路。攀岩中的测地线[1]绝对是很奇怪的路线，在岩壁上蜿蜒曲折。

我想知道是什么决定了你选择哪条路线到达山顶。最快的那条？风光最美的那条？最艰辛的那条？珠穆朗玛峰有 18 条登顶路线，有几条从未有人攀登过。绝大多数登山者都选择走其中两条路线：南坳和北坳。登山家乔治·马洛里（George Mallory）是在尝试攀爬北坳时丧命的，他会说这是一条“优美的路线”。优美的路线不一定是最难的路线，但却因其优美而闻名。有趣的是，数学家同样会提及证明的优美。一条路线的美表现

[1] 测地线又称大地线或短程线，可以定义为空间中两点的局域最短或最长路径。——译者注

在什么地方呢？麦克法伦说："美通常是指动作或路线本身有连续性特点。所以，你就用不着非得向左绕，然后再选一条山脊线之类的。它也和岩石的性质有关，也就是岩石不易碎，很牢固。如果你在描述它的时候，能在空中划出一条简洁的线，那就是美的。当然也会有危险。优美的路线结合了所有这些特点。最难的登顶路线叫'老虎线'，最直的一条线叫'直攀'(diretissima)。""直攀"这个说法来自意大利登山家埃米利奥·科蒂(Emilio Comici)，他说："我希望有一天能开辟一条路线——一滴水从峰顶落下的路线。我的路线就要这样。"同样的路线也叫作"下落线"，也就是斜坡上最完美的下坡坡度，自由流动的水就选择这条路线。

这也是麦克法伦碰到危险天气或夜晚关门时间将近时，会选择的部分快速下山捷径的关键："如果因为糟糕天气到来，尤其是有可能要在山上过夜的时候，你必须快速下山。这时候你就要开始寻找下落线了，因为从理论上来说，这是通往地面安全避难之处的最短路径。"

但你也必须考虑下落线上的危险："下落线可能会要你越过一道峭壁，我知道你不想那样做。我能想到很多不得不快速下降的情形，我会在下落线和我想要躲避的其他危险之间进行快速评估和权衡。这让我做出过一些好的决定，也做出过一些糟糕的决定。捷径可能带来奇迹，但也可能暗含危险。"

我想知道这类捷径会不会在某些特殊情况下发挥救援作用。

"我走过的一条最棒的下落线，出现在一次小型雪崩期间。"他说，"我们从苏格兰的一座山上下来，时间很晚了。我们来到一座陡峭的雪坡前，很明显，要不是上面盖着雪，我们是没法冲下去的。但雪把路面填平了，解决了脚下的一些问题，而且它是软乎乎的雪，类似粗砂糖。所以，就算崩塌，它也不会带来太大问题。"

我必须承认，现在听起来仍然很吓人。一般来说，你可不愿意在山坡上碰到雪崩。

“我们能看出，它会把我们安全带出大概60多米。所以，我们先趴在斜坡上，然后让雪崩带着我们往下冲。我们安全降落（只不过身上全湿了），来到相较于刚开始的地方垂直60米以下的位置。太精彩了。那一次的风险评估很准确，也是我走过的最令人兴奋的捷径之一。”

05

CHAPTER 5

第五章 图示捷径

昆汀·塔伦蒂诺（Quentin Tarantino）的电影《落水狗》（*Reservoir Dogs*）中使用的哪首歌曲可用图 5-1 表示？

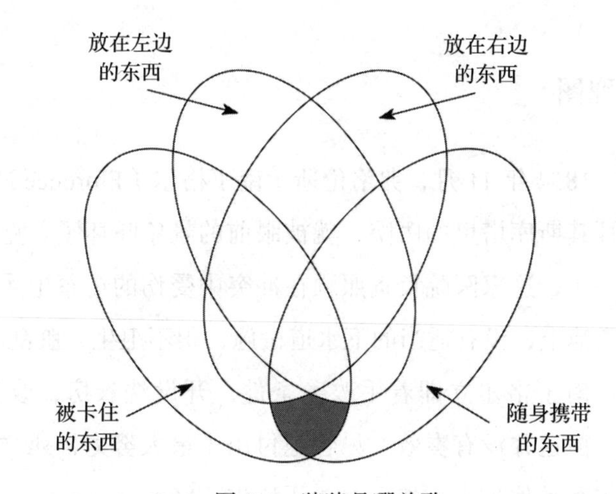

图 5-1　猜猜是哪首歌

如果真如老话所说，一图胜千言，那么，这恐怕就是真正的终极捷径了。不管怎么说，达·芬奇似乎就是这么认为的："诗人穷尽了语言，又饿又困，恐怕也难以描述出画家一瞬间就能表现出来的东西。"书面文字是相对较新的发明，而自从人类进化成一个物种以来，就一直在发展通过视觉图像解释意思的能力。例如，推特透露，包含图片或视频的推文，其参与概率是只包含文本的推文的 3 倍，这或许解释了为什么 Instagram 等更注重视觉化的社交媒体软件正越来越多地成为企业渴望快速有效发布内容的首选平台。较之语言和文字，一张精心设计的图片可能是有效传达信息的重要捷径。

数学中同样如此，一幅图有时能传达出方程式无法表达的设想。几个世纪以来，数学家们一直认为 -1 的平方根是一种奇怪的反常现象。最终，高斯用二维的虚数图来描述虚数，将这些数字纳入了主流。但直到 1855 年高斯去世前不久，用图来代表数字的政治力量才真正得以显现。

玫瑰图

1854 年 11 月，弗洛伦斯·南丁格尔（Florence Nightingale）刚一到达土耳其斯库塔里的医院，就被眼前的景象吓坏了。克里米亚战争已经持续了一年，这家医院负责照顾在冲突中受伤的英军士兵。这座建筑建在一个化粪池上，没有适当的下水道设施，很不卫生，脏乱不堪，人满为患。

南丁格尔立即着手改善条件，开设洗衣房，改善供应，提供营养食物。但这并没有奏效。尽管她付出了最大努力，死亡率仍持续上升。南丁格尔和其他护士，如玛丽·西科尔（Mary Seacole），都尽心尽力地照顾患者和伤员，但光靠护理还不够。这场战争打了几个月之后，终于出现了两个人：霍乱专家约翰·萨瑟兰（John Sutherland）医生和卫生工程师罗伯特·罗林森（Robert Rawlinson）。经过一番摸索，他们发现了根本问题所在：水系统被动物尸体堵住了，人类排泄物从厕所漏进了水箱。罗林森和萨瑟兰把整套系统冲洗干净。事态渐渐有了变化。

建立起卫生委员会之后，所有的军队医院都迅速得以改善。一个月之内，因传染病死亡的人数减少了一半；一年内，这个数字减少了 98%，从 1855 年 1 月的 2 500 多人下降到 1856 年 1 月的 42 人。

这场战争结束后，南丁格尔回忆了自己过去 18 个月的经历。她接受打仗就会死人，但她无法接受的是，死于疾病的人数远高于打仗牺牲的人数。她对这样的损失备感无力：18 000 人死亡，其中许多人本来是可以得救的。她面临的挑战是如何让军队医院获得持久改进，以使此类悲剧不再发生。但她知道，说服掌权者相信激进的改革迫在眉睫，绝非易事。

南丁格尔设法获得了维多利亚女王及其顾问的接见。她向他们强调，有必要对为什么有那么多士兵死在医院一事进行调查。女王和英国政府对这场战争展开更深入的调查并不热心，但南丁格尔因其名声此刻已成为传奇。所以，政府决定请她撰写一份机密报告，提交给一个新的皇家委员会。她很想趁机将事情公之于众，但她应该写什么呢？更重要的是，她该如何展现自己在斯库塔里看到的恐怖和悲惨的场面呢？

南丁格尔担心政府会忽视她的数字，她意识到，必须把基本的事实和她的行动呼吁，狠狠地扔到他们面前。因此她创建了一种图——如今称为“玫瑰图”（见图 5-2），来提取数字背后的信息。

这张图由两朵玫瑰组成。在右侧的玫瑰上，她根据死亡原因，描绘了 1854—1855 年战争期间每个月的士兵死亡情况；左侧另一朵较小的玫瑰图则显示的是 1855—1856 年的情况。这里重要的是每种颜色的面积。她用红色（本书中用的是浅灰色）表示受伤而死，黑色表示其他原因的死亡，如冻伤或事故。死于诸如痢疾和斑疹伤寒等传染病的人数令人咋舌，就像从中心向外绽开的大朵蓝色玫瑰花瓣（这里用深灰色表示）。

南丁格尔没有提供死亡人数，但蓝色区域仍然制造出令人不安的印象。随着 1854 年冬天的到来，死亡人数越来越多，到 1855 年 1 月，一个月内就有 2 500 多人死亡。但左侧的玫瑰表明，情况本无须如此。该图中小得多的蓝色区域表明，医院卫生条件的改善，是传染病致死人数大幅下降的触发因素。

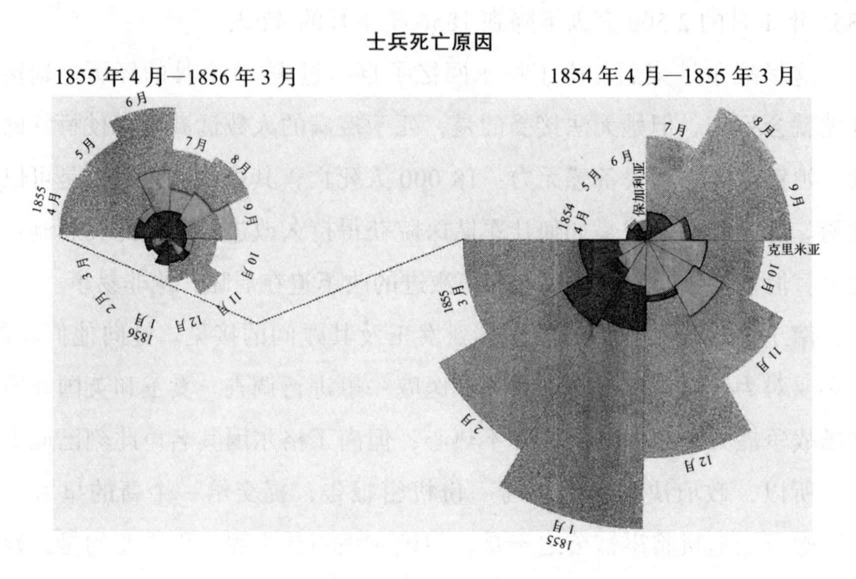

图 5-2 南丁格尔的玫瑰图

注：每块扇形代表着各个月份中的死亡人数，面积越大，代表死者越多。

正是这张图，而不是报告中的其他文字，迫使英国当局认识到，成千上万的士兵因军队的医疗实践白白死去。它醒目的视觉冲击力，赢得了公众的同情心，也调动了公众的思考力，启动了一场即将永远改变医疗护理的改革进程。

图的目的是首先吸引眼球，接着调动大脑。南丁格尔写道："这张图应该通过'眼睛'影响我们未能通过公众的耳朵向他们的大脑传达的信息。"它提供了一条捷径，传递隐藏在数字中的信息。

说到利用视觉力量说服政府关注健康风险这件事，我最近从哥伦比亚大学流行病学教授伊恩·利普金（Ian Lipkin）那里听说了一个更现代的版本。多年来，他一直为各国政府提供应对大规模流行病的建议。但他告诉我，他第一次尝试向美国政府解释大规模流行病带来的潜在冲击时，遭遇了石沉大海般的冷遇。他提供的详尽报告长达 700 页，很可能没人读过。于是，他准备了一个高度浓缩的版本。还是沉默。最终，他意识到自己需要改变媒介。他不再借助报告里的文字，而是拍了一部电影——《传染病》（*Contagion*）。这部由马特·达蒙和格温妮丝·帕特洛主演的电影，以极具视觉冲击力的形式表现了病毒肆虐、死人无数的场面，震惊了美国政府，促使其采取行动。这部电影一如维多利亚时代弗洛伦斯·南丁格尔的玫瑰图。

南丁格尔的玫瑰图说明了用视觉方式阐释复杂问题的力量，提供了一条理解的捷径。但这不是第一份此类图表。实际上，她有可能是从苏格兰工程师威廉·普莱费尔（William Playfair）的作品中汲取到部分灵感的。普莱费尔 1786 年出版的《商业与政治图解集》包含 44 张图，大多数都以我们熟悉的 *x/y* 形式表示时间与其他数值的关系。但有一幅略有不同，那是一幅非常早期形式的柱状图，记录了苏格兰的进出口情况：它用长条来代表不同的数值。南丁格尔说不定看到过这类图，并有所思考。

普莱费尔认为，我们的大脑已经进化到在看到图时能更准确地解码特定信息：“在所有的感官中，眼睛对展现给自己的任何东西都能给出最生动、最准确的意见；如果目标是不同对象在数量上的比例，眼睛有着不可估量的优势。”

在今天这个高度视觉化的时代，数字的图形呈现，每天都在轰炸我们。旨在解码数据奥妙的图，成为强有力的政治和商业工具。但正如好的图可以提供理解的捷径，糟糕的图也可以造成彻头彻尾的误解。

一些新闻机构因滥用图来传达政治信息而声名扫地。看图 5-3 所示的柱状图，新闻机构曾用它来说明，如果美国总统乔治·W. 布什（George W. Bush）的减税政策过期，将对税收造成明显的灾难性影响。差异看起来很大——除非你注意到纵轴不是从 0 开始，而是从 34% 开始的。重新绘制一幅纵轴以 0 为起点的图，差值就小得多了。

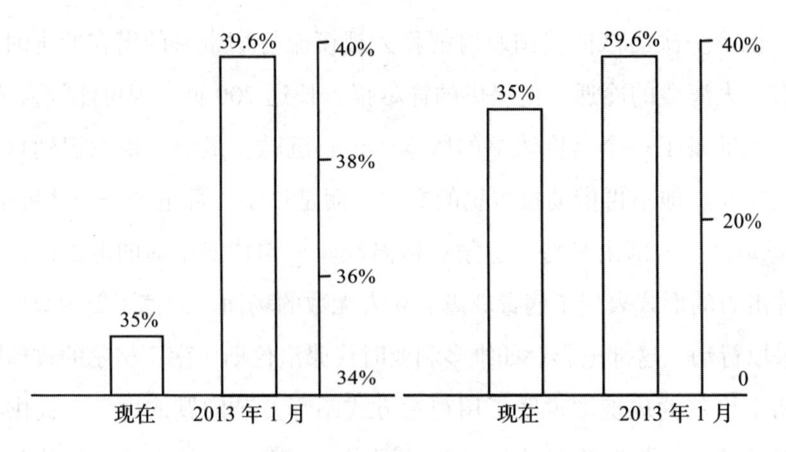

图 5-3 两种不同视角下的减税效果

柱状图的另一种典型滥用如图 5-4 所示。

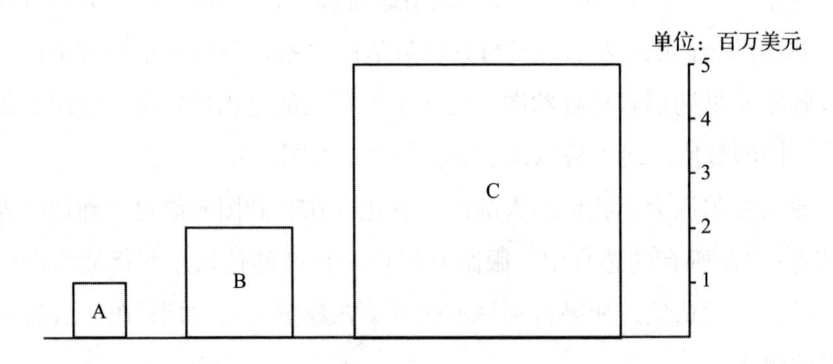

图 5-4 误导性的公司销售示意图

该示意图旨在说明 C 公司相对于 B 公司或 A 公司的优势，但在记录数据时，只有图标的高度是有意义的。然而，通过扩大图标的宽度，这幅图完全夸大了 C 公司的优势。虽然 C 公司的销售额仅为 A 公司的 5 倍，但 A 公司的图标要扩大 25 倍才能遮住 C 公司的图标。

在某种程度上，弗洛伦斯·南丁格尔的玫瑰图漏用了一个技巧。她设计玫瑰图是为了让玫瑰的面积与数字相对应，但由于花瓣的面积向各个方向扩展，反而让影响显得没那么大了。如果她把玫瑰换成柱状图，蓝色区域对应部分的高度，会跟其他部分形成更鲜明的对比。

制图

地图可能是图示捷径的完美例子。它并非所绘测土地的复制品。最重要的一点是，它是被测土地的等比缩小版。即便如此，仍要抛弃许多特征。但如果地图绘制得当，包含基本特征，省略不必要的特征，你便将拥有一条找路的神奇捷径。

我一直很喜欢刘易斯·卡罗尔（Lewis Carroll）在他最后一部小说《西尔维和布鲁诺终结篇》（*Sylvie and Bruno Concluded*）中讲述的故事：有个国家没有理解绘制地图时丢弃信息的重要性。他们以本国地图的准确性而自豪：

"我们根据实际情况绘制了本国的地图，比例尺是1∶1。"

"你们经常用它吗？"

"还从来没把它铺开过。农民们特别反对，说这会把整个国家都遮住，挡住阳光！所以我们现在就以国家本身当地图，但我向你保证，几乎一样好。"

卡罗尔幽默地指出，地图需要做出选择，有意识地省略一些东西。

人类最早绘制的一些地图是天体图，而非地球的地图。法国西南部拉斯科洞穴里绘有昴宿星团的布局，通常，这些星星用于表示一个年度周期的开始。最早的一幅全球地图是一块黏土碑，由巴比伦的一名抄写员雕刻，其时期或早至公元前2500年。地图上显示两座小山之间有一条河谷。山丘用半圆表示，河流用直线表示，城市用圆表示；此外，地图还说明了地图定位的方向。

巴比伦人还首次尝试绘制世界地图，这可以追溯到公元前600年。这幅地图更像是一种象征性尝试，而非写实性尝试。它描绘的是一个被水包围的圆形，即巴比伦人对陆地的看法。

等人们认识到地球是球形的而非扁平的时，绘制球形表面的二维地图，就成了制图员的一个有趣挑战。人们普遍认为，16 世纪的荷兰制图师杰拉杜斯 · 墨卡托（Gerardus Mercator）找到了一个聪明的解决方案。

由于当年正值通过海洋探索地球的时代，墨卡托的主要目标是绘制一幅地图，帮助水手从地球上的一个地方到达另一个地方。当时航海的主要工具是指南针。从 A 地到 B 地最简单的方法是知道固定的罗盘方向，这样的话，如果船一直沿着该方向前进，便能到达目的地（见图 5-5）。

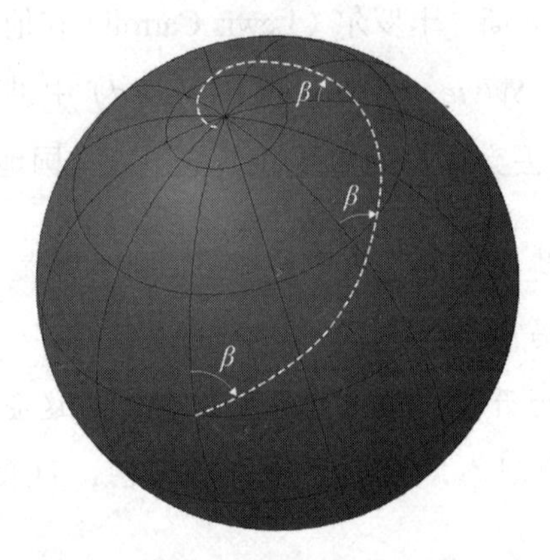

图 5-5　恒向线与经线保持恒定的角度

这些线与南北方向的经线，存在一个恒定的角度。它们叫作恒向线，如果画在地球仪上，可以看到它们螺旋地绕向北极点。

它们并非从 A 点到 B 点的最短路径，但如果你最在乎的是不偏离轨道，那么，这就是迄今为止最佳路径。

墨卡托的地图有一种奇妙的特性，把这些弯曲的路径变成了直线。如果你想找到从 A 地到 B 地的正确角度，你只需要在墨卡托的地图上，在两者之间画一条直线，这条直线与向北的经线的夹角，就是你航行时需要保持的角度。

球面在矩形上的这种投影，称为保角变换（conformal mapping，或称共形变换），因为它保留了角度。它可以通过以下方法来实现。把地球想象成一个气球，它的表面都是墨水。用一个圆柱体包绕地球，使之与赤道相接。现在，开始朝地球充气，渐渐地，它的表面开始与圆柱体接触，墨水随着气球的膨胀在圆柱体上印出了地球表面的形状。

打开圆柱体，你便得到了地图。用这种方法不可能绘制南北两极，所以顶部将是靠近两极的纬度线。这幅地图的作用是，当你从赤道向北或向南行进，它将拉长纬度线。对于航海人士来说，这是一种极好的工具，而墨卡托的目的显然正是如此，因为他形容这种地图“更完整地全新再现了地球陆地，适用于航海”。

虽然球体上线与线之间的角度保留在地图里，但地理面积和距离无法保留。它产生了巨大的政治影响。由于这种地图非常有用，几个世纪以来，它成为人们对地球面貌的公认看法。但这种地图夸大了远离赤道的国家的重要性，比如荷兰和英国。举例来说，如果你在赤道上画一个圆，在格陵兰岛上画一个同样大小的圆，你会发现，用墨卡托投影法绘制两个圆时，第二个圆会变大 10 倍。非洲看起来和格陵兰岛差不多大，但实际上面积是后者的 14 倍。

墨卡托投影地图与后殖民政治产生冲突，于是，联合国教科文组织采用了另一种地图——高尔 - 彼得斯投影地图。后一种地图在英国学校中广泛使用，但在美国，直到 2017 年，波士顿学校系统的教室里才用它取代了墨卡托地图。但美国其他许多学区并未跟进。在许多人眼里，美国国土面积的缩小，与美国公民对本国在世界上地位的看法并不一致。

事实是，任何地图都必然有所妥协。高斯在研究不同几何形状的曲率性质时发现了这一点。高斯绝妙定理（Theorema Egregium）证明，平面地图不可能在不扭曲距离的情况下包绕球体。任何世界地图，都必须在某些方面做一定的妥协。面积在高尔 - 彼得斯投影地图上可能是正确的，但国家的形状却失真了。非洲的长度看起来是宽度的两倍，但实际上，它更类似方形。

当然，大多数地图总是把北半球放在上半部分，把南半球放在下半部分。但球体是对称的，把地图的方向反过来也未尝不可。这种选择再次反映出一个事实：绘制地图的是北半球的居民。

澳大利亚的斯图尔特·麦克阿瑟（Stuart McArthur）决定把南半球绘制在地图上方，用以对抗北半球的偏见。第一次看到这种地图的时候，你说不定会大吃一惊，总觉得看起来不对劲。然而，这无非反映出我们已经习惯了墨卡托版本的全球地图罢了。

地图事关你想要到达的目标。这是导航的捷径吗？是了解土地面积的捷径吗？大多数地图都试图保留某些几何特征。有些地图上的距离，与地球上的距离相对应；有些地图线与线之间的夹角相等。但也有时，一幅好的地图会抛弃所有这些东西，只保留从 A 点到 B 点最重要的特征。

我最喜欢而且每天都要用到的一幅地图，是伦敦地铁图。显示地铁地理位置和路线的自然地图[㊀]，对你在城市中穿行的帮助并不太大。哈里·贝克（Harry Beck）反其道而行之，在 1933 年发表了标志性的地图，只显示地铁网络的连接方式，忽略其物理维度。这幅地图具有很强的革命性，一开始甚至遭到了地铁公司的拒绝。麻烦的是，由于伦敦人不爱使用地铁系统，它不停地亏损。在寻找原因的过程中，他们发现，用户无法在地铁网络里导航。该公司绘制的地图试图复制伦敦城的地理位置，结果地图上的线条又细又混乱，人们很难看得清、读得懂。

贝克看出了问题所在，认为必须放弃地理上的准确性。他把弯弯曲曲的铁路路线拉直，让它们以清晰的角度交叉，把车站分得更开。贝克的电子学背景兴许对此有所帮助，因为这幅地图更像是电路板的布局，而非地

㊀ 可以在上面看到河流、水体、树木甚至公园。——译者注

铁路线图。

地铁公司意识到，他们需要一种更好的地图协助乘客在地铁系统中导航，最终决定采用贝克的建议。地铁公司印刷了75万份地图，分发给乘客。这幅地图已成为国际性的标志。它激发了艺术作品创作的灵感：西蒙·帕特森（Simon Patterson）将这幅图重新制作，把各车站站名换成了工程师、哲学家、探险家、行星、记者、足球运动员、音乐家、电影演员、意大利艺术家、汉学家（中国学者）、喜剧演员和“路易”（法国国王）的名字，挂到了伦敦泰特现代艺术馆。J. K. 罗琳甚至在邓布利多教授的左膝上留下一道地铁图形状的伤疤，暗示她是在地铁上冒出了《哈利·波特》系列图书的灵感。

伦敦地铁图的威力来自以下这一点：它不是一幅地理地图，而是侧重于怎样从A点到B点这一更重要的性质。这幅图用相同的路线长度来指代从科文特花园站到莱斯特广场站的距离，以及从国王十字车站到卡利多尼安路站之间的距离，但这并不意味着两者之间的距离相同。对搭乘地铁的通勤者来说，知道两地之间存在这样的路线连接，比知道车站之间的距离重要得多。

这个例子，背后藏着19世纪中期问世的一种观察世界的新方法。在这里，物体之间的确切距离并不重要，它们怎样连接到一起往往才构成了形状特征的关键。曲面特性较少地取决于其几何形状，更多地取决于点与点之间如何连接，高斯是对此性质最早展开思考的人之一。尽管他从未发表过自己的设想，但这些设想为约翰·本尼迪克特·利斯廷（Johann Benedict Listing）的工作提供了灵感。1847年，利斯廷首次使用“拓扑”（topology）一词来描述这种观察世界的新方式。我们将在第九章看到，拓扑图这一方便的捷径，不光可以用于伦敦地铁，也能帮你在网络中找路。

但图也无须局限于显示伦敦各地点之间的物理联系。人们探索出了一种极为有效的地图用法，把地铁站点换成了头脑中的想法。它叫作思维导图，其目的是梳理出你正在探索的不同设想之间的有趣联系。多年来，思维导图一直是学生们备考的重要工具，因为它有助于为一门用文字难以导航的主题，创造出一个面面俱到的故事。在某种程度上，它们接通了埃德·库克的记忆宫殿。思维导图可以把杂乱无章的想法变成你可以在纸上导航的实际旅程。

不过，这类图有着悠久的历史。牛顿在笔记本上的涂鸦就曝光了他在剑桥大学读本科期间使用过的一种思维导图，用以揭示他对不同哲学问题可能相互关联的想法。要点在于，这类图希望打破教科书呈现设想的线性方式，转而尝试模仿我们大脑中处理设想的多维方式。

绘测大与小

达·芬奇说过，视觉世界可以描述永远超越文字的事物。一幅图可以传达隐藏在复杂文字或方程式下的简单基本模式。但图不仅是物理再现我们眼睛所看到的东西，图的力量还在于清晰具体地呈现一种全新的观察世界的方式。通常，这需要抛弃信息，聚焦于本质，正如刘易斯·卡罗尔无缩放地图的幽默故事所示。有时图把科学设想变成视觉语言，提供了一幅几何数学接管重任的新地图，帮我们在科学中导航。

波兰数学家和天文学家尼古拉·哥白尼（Nicolaus Copernicus）当然理解一幅好图的力量。1543 年，哥白尼去世前不久出版了巨著《天体运行论》，用 405 页的文字、数字和方程式来解释自己的日心说。但他在此书开篇就绘制了一幅简单的示意图（见图 5-6），表达了他革命性的新设想：太阳是太阳系的中心，而不是地球。

他的这幅画里，囊括了最佳示意图的一些基本要素。同心圆不是要描述行星的精确轨道，哥白尼知道，行星的运行轨道并不是圆形。圆圈之间距离相等，不是要告诉你行星到太阳的距离或是行星之间的距离相等。相反，这幅图传达了一个简单却令人震惊的设想：我们并不是万事万物的中心。它改变了我们对自己在宇宙中地位的看法。

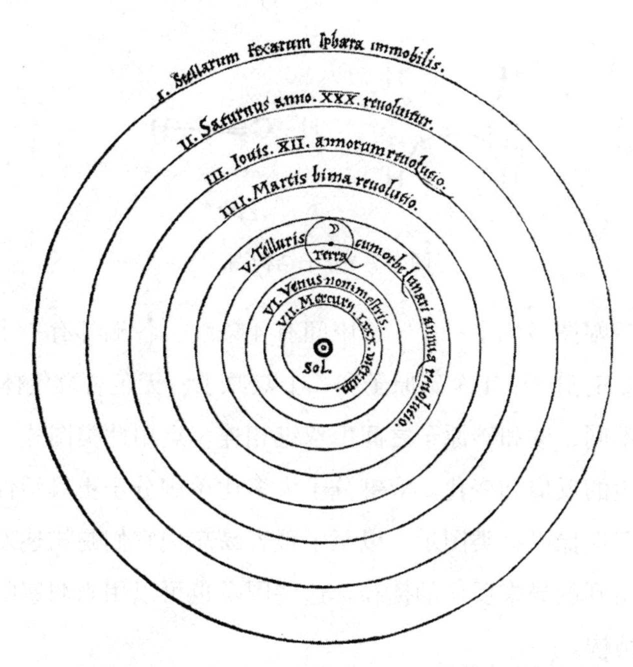

图 5-6　哥白尼以太阳为中心的太阳系示意图

今天，宇宙学家用图来描绘整个宇宙 138 亿年的历史，捕捉超大质量黑洞的运行，在复杂的四维时空中导航。图的力量为我们提供了一条通往浩瀚宇宙的捷径，这或许是我们在乍一看似乎庞大得不可思议的事物中找到自己位置的唯一方式。

但图也可以发挥如同放大镜一样的作用，让我们看到极小之物。走进任何一间化学实验室，你都会在白板上看到字母用单线、双线甚至三线连接，用以描述这些字母所代表的原子之间的化学键。这类图可以告诉化学家，原子是如何组合在一起构成分子世界的（见图 5-7）。

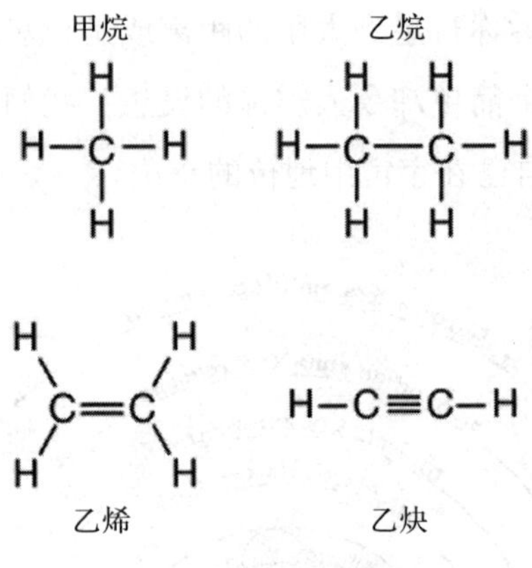

图 5-7 分子结构图

甲烷的一幅图显示了一个 C，中间有 4 条线，各端都有一个 H，它描绘的是一个 CH_4 分子：1 个碳原子和 4 个氢原子。无色可燃气体乙烯 C_2H_4 的结构略有不同，碳和碳原子之间由双键相连。运用此类图式，可以导航分子可能发生的反应和变化。双键分子大多比单键分子更具活性。在化学中，我们很习惯操纵这类图示，以至于很容易忘记它们是描述发生在显微镜下难以观察到的异常反应的捷径。这些图示也可以用来洞察隐藏在分子世界中的新结构。

如甲烷分子所示，碳原子大多会发散出 4 条线。氢只有 1 条线。所以，1825 年迈克尔·法拉第（Michael Faraday）第一次提取苯分子并发现它由 6 个碳原子和 6 个氢原子组成时，此事顿时成了一个谜。如果你试着画出它的结构图，这些数字似乎行不通。仅靠 6 个单键氢原子，似乎不可能覆盖 6 个各有 4 个键伸出的贪婪碳原子。在伦敦工作的德国化学家奥古斯特·凯库勒，最终揭开了谜底。

他写道："一个晴朗的夏夜，我像往常一样搭乘最后一班公共汽车回家，穿过空荡荡的城市街道。我沉浸到遐想中，瞧，原子在我眼前跳跃……乘务员喊道，'克拉彭路到了'，把我从梦中惊醒。但我当晚便花了一些时间，至少把梦中的形状勾勒到纸上。"

然而，苯的结构仍然难以捉摸。他又工作了多个深夜，试图弄清楚这些图示的意思，直到另一个梦最终揭示了奥妙。

“我把椅子转向火堆，打起盹来，原子又在我眼前蹦蹦跳跳起来…… ”凯库勒写道，“长长的几排，有时紧密地结合在一起，像蛇一般交缠和扭曲。但是，看！那是什么？一条蛇咬住了自己的尾巴，在我眼前嘲弄地旋转着。我猛然惊醒，如同被一道闪电劈中。”

他想到了。把碳键用完的方法是把原子排成一个环，它们互相握手，另一个键则与氢原子相接（见图 5-8）。苯环和其他分子中类似环结构的发现，为一个全新化学领域的发展指明了方向。事实证明，许多具有这种环结构的分子都属芳香族。举例来说，如果你把一个氢原子换成另一个连接着 1 个氧原子和 1 个氢原子的碳原子，得到的分子闻起来就像杏仁味。如果把该氢原子换成由 3 个碳原子、1 个氧原子和 3 个氢原子组成的一个稍长的分子，其气味就变成了肉桂味。

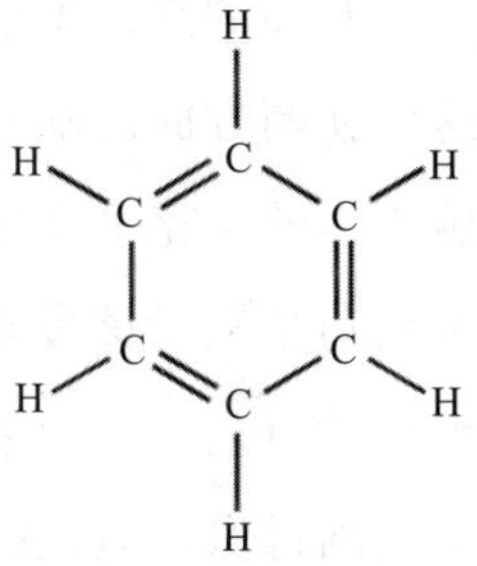

图 5-8 苯的环形结构

这类分子的结构简单，可以用二维图示来描绘。但诸如血红蛋白等更复杂的分子，用图描绘起来就困难得多。生物化学家约翰·肯德鲁（John Kendrew）通过大量的二维 X 射线成功地拼凑出了这种蛋白质的晶体结构，并因为这项工作，在 1962 年获得了诺贝尔化学奖。这是一项非凡的成就：该分子由 2 600 多个原子组成（不过，对于蛋白质分子来说，这仍然相当小）。尽管肯德鲁在 1957 年就已经成功地拍下了该结构的照片，但他认为，为真正描绘自己的发现，需要一位绘图大师的帮助。他向训练有素的建筑师、优秀的画家欧文·盖伊斯（Irving Geis）求助。盖伊斯用 6 个月仔细研究了肯德鲁的论文和模型，创作了一幅水彩画，发表在 1961 年 6 月的《科学美国人》杂志上。这张作品令人赞叹，让盖伊斯名声大噪。但它太复杂了，无法作为捷径，真正便于对分子属性进行导航。

终极分子挑战，兴许来自描绘DNA的尝试。正如我反复强调的，一幅好图的奥妙往往在于省略信息。弗朗西斯·克里克（Francis Crick）和詹姆斯·沃森（James Watson）在《自然》杂志上发表论文解释DNA的双螺旋结构时，本可以绘制一幅极为复杂的DNA图，包含完整的分子描述。因这一发现的精髓在于构成DNA的两条链，并解释了DNA分子如何让我们的基因代代相传。他们在剑桥一家他们经常去的酒吧里宣布了这一胜利。克里克冲回家，说自己发现了生命的秘密时，他的妻子奥黛尔不以为然地说："每次回家都说这样的话。"

有趣的是，奥黛尔是一名训练有素的职业画家，在让全世界都注意到这一新闻方面，她发挥了重要作用，因为刊登在《自然》杂志上的图示是她创作的。克里克把自己想要的东西的草图拿给她看，但他没有足够的绘画技巧来揭示该发现所蕴含的重要信息。20世纪30年代，奥黛尔曾在维也纳学习艺术，后来去了伦敦的圣马丁学院和皇家艺术学院。她偶尔会为丈夫画肖像，但她的大部分作品都专注于女性裸体，画分子结构并非她的专长。

但当弗朗西斯·克里克用潦草的速写解释该发现时，奥黛尔理解到了其关键，把他模糊的印象变成了一张令人难忘的图，虽说她当时或许并没有意识到这种力量，因为这一双螺旋已经不仅成为DNA、生物学的象征，甚至成为科学发现的象征。

从一开始，双螺旋就吸引了艺术家。萨尔瓦多·达利很快将它添加到了自己的科学隐喻[⊖]调色板中。他称这是他的"核神秘主义"时期，他对DNA的运用，显示出他在艺术上惊人的保守和宗教色彩。

然而在我看来，图最神奇的用途之一是费曼图。它不仅能让我们看到连显微镜都无法观察到的东西，还能作为捷径，简化一些极其复杂的计算。

⊖ 科学隐喻的本质意义在于将一般的隐喻理论应用于科学理论的具体解释和说明中，由此形成一种科学解释的方法论思想。——译者注

化学家的黑板上写满了用线连接起来的C、H和O，而在物理学家的黑板上，你大概会发现基本粒子（构成了化学家的原子）之间的相互作用图。这些动态图显示了随着时间的推移可能发生的演变，例如，电子和正电子的相互作用（见图5-9）。

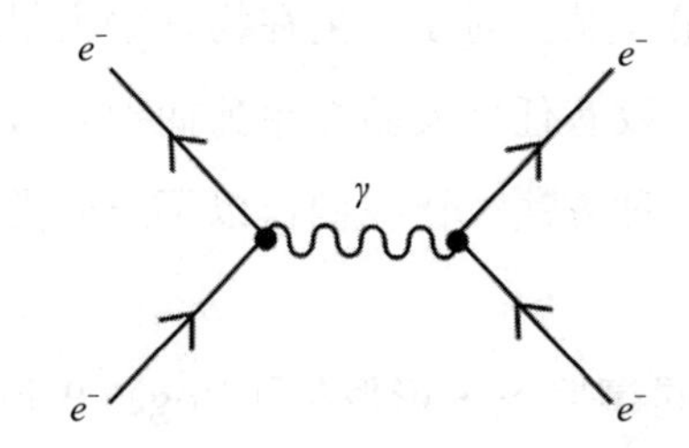

图5-9 电子和正电子相互作用的费曼图

构思出这类图示的是物理学家理查德·费曼（Richard Feynman），用以记录他为理解这些粒子而进行的极其复杂的计算。1948年春，在宾夕法尼亚州乡下波科诺庄园酒店召开的一次理论物理学家会议上，他首次透露发现了这种图示捷径。

在讨论量子电动力学理论（解释光与物质如何相互作用）的闭门会议上，来自哈佛大学的神童朱利安·施温格（Julian Schwinger）用了一整天解释量子电动力学的复杂数学方法。马拉松式的全天讲座，中间只插了几轮茶歇和午餐的时段，到讲座结束时，听众的脑袋都快爆炸了。这或许可以解释，为什么当天结束的时候，费曼站起身来解释自己的方法并开始在黑板上画画时，人们最初对这些图示何以能帮助进行计算大感困惑。实际上，有几位坐在那里听完讲座的大人物，如保罗·狄拉克（Paul Dirac）和尼尔斯·玻尔（Niels Bohr），都被费曼的图示弄得晕头转向，还得出结论：这位美国年轻人根本不懂量子力学。

费曼失望且沮丧地离开了会议。但物理界的另一位大人物弗里曼·戴森（Freeman Dyson）最终拯救了这些图示，他看出，这些图实际上就相当于施温格所做的复杂数学计算。戴森在一次演讲中对这一见解做了解释，物理学界逐渐开始认真对待这些图示。戴森随后又撰写了文章，给出了操作指南，包括绘制图示的分步说明，以及如何将它们转换成相关的数学表达式。

今天，费曼绘制的这些图示，是任何理论物理学家尝试梳理粒子相互作用时会发生什么的第一站。对于发生在物理宇宙最底层的相互作用，它们是神奇的图解捷径。没有任何实验能单独捕捉到夸克，但在黑板上，这些图示为我们提供了一种方法，让我们得以了解此类基本粒子与环境相互作用时的演化过程。

我在牛津大学的同事罗杰·彭罗斯（Roger Penrose），为基础物理学中一些最复杂的设想构思了一条同样强大的可视化捷径。1967年，他提出扭量理论（theory of twistors），试图将量子物理学（极小层面上的物理学）与引力物理学（极大层面上的物理学）统一起来。这是一种庞大的数学理论，对于彭罗斯来说，在复杂数学中导航的最佳方式就是绘图。幸运的是，他本来就是一个技法娴熟的画家，曾与荷兰视觉艺术家M.C.埃舍尔（M.C.Escher）有过一些有趣的互动。彭罗斯的绘画技巧或许帮助他创造了应对其理论中复杂数学问题的图示型最佳捷径。

虽然彭罗斯的理论是在20世纪60年代末提出的，但由于新的研究工作已将他的理论与当前的思想联系起来，这些观点最近已成为主流。有一幅"振幅多面体"（amplituhedron）的示意图就来自这种新方法，为理解8个胶子[㊀]相互作用的物理学提供了一条神奇的捷径。哪怕借助费曼图，同样的计算也需要用代数算上500页。

"效率高到令人啧啧称奇，"哈佛大学理论物理学家、构思这一新概念的研究人员之一雅各布·布杰利（Jacob Bourjaily）说，"你能很轻松地在纸上完成之前连计算机都无法完成的计算。"

㊀ 胶子指的是，通过强作用力将夸克黏合在一起的粒子。——译者注

维恩图

你兴许能认出我在本章开头设置的谜题中使用的图。它们叫作维恩图，是组织信息的一种有效的可视化方式。每个圆代表一个概念，圆相交或不相交所形成的区域，为概念之间的关系提供了不同的逻辑可能性。举个例子：一个数字是质数、斐波那契数、偶数。我们可以将从 1 到 21 的数字，按各自满足多少个类别分类（见图 5-10）。

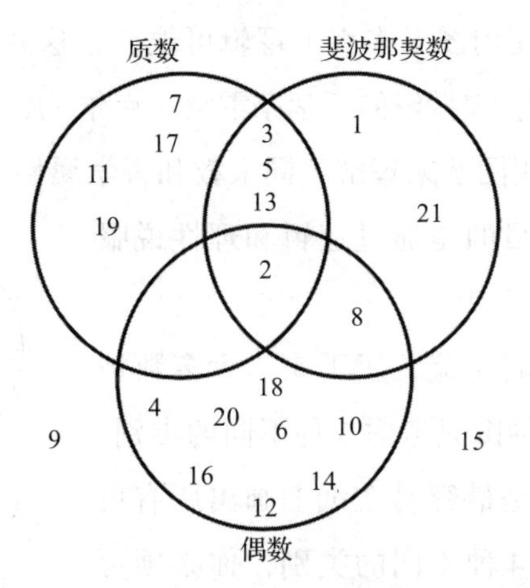

图 5-10 质数、斐波那契数和偶数的维恩图

维恩图是一种表示不同可能性的巧妙图解方式。本例中，它揭示出 2 是唯一既是偶数又是质数的数。没有哪个数字既是偶数又是质数，但又不是斐波那契数。

维恩图的名字，来自英国数学家约翰·维恩（John Venn）。1880 年，他在一篇题为《命题与推理的图解和技术展示》（*On the Diagrammatic and Mechanical Representation of Propositions and Reasonings*）的论文中，介绍了此类图解，为在逻辑语言（由与维恩同时代的乔治·布尔开发）中进行导航提供帮助。除了图，维恩还专攻制造投球机，供板球运动员练习击球。澳大利亚板球队拜访维恩工作的剑桥期间，曾要求试用此种机器。结果，机器连续 4 次把板球队长淘汰出局，众人大感震惊。但对于维恩来说，他的图有着更持久的重要意义。

“我立刻着手对我应该讲授的科目和书籍展开更稳定的研究，”他写道，“这时，我第一次想到用包括和排除的圆圈来表示命题的图示方法。虽然这种方法并不新鲜，但极具代表性，任何人尝试从数学角度来研究这个主题，将命题变得形象化，说不定都会想到类似的做法。所以，我几乎立刻就接受了它。”

维恩是对的，使用图示来表示逻辑可能性，这并不是个新鲜的概念。事实上，有证据表明 13 世纪的哲学家雷蒙·卢尔（Ramon Llull）就创造过类似的东西。卢尔用图示来理解不同宗教和哲学属性之间的关系，旨在用其作为辩论工具，目的是通过逻辑和理性说服他人改变宗教信仰。

但最终维恩的名字流传了下来。大多数情况下，你会看到这种图只考虑 3 种不同的类别。这是因为，它似乎是最容易在纸上画出所有可能性的图。如果有 4 种不同的类别，你必须更努力地让各区域相交，涵盖所有的逻辑可能性。例如，图 5-11 画得就不够好。

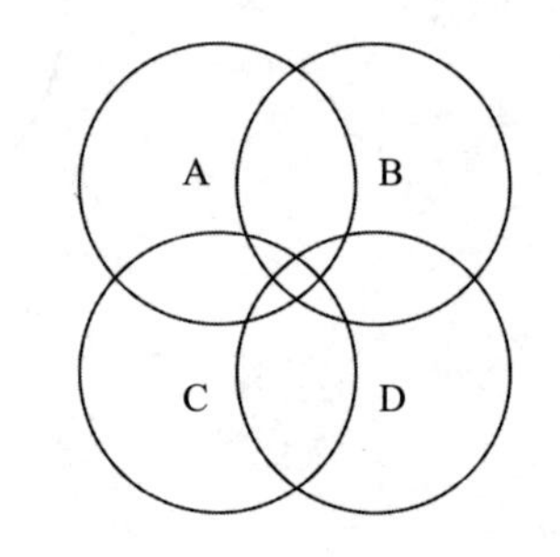

图 5-11　这张图并不代表有 4 个集合的维恩图

这幅图里没有一个可表示区域 A 和区域 D 共有但另外两个区域没有的地方。你需要的图应该是图 5-12 这样的。

7 个集合的维恩图（见图 5-13）已经丧失辅助理解的作用了。

我最喜欢的一本书是安德鲁·维纳（Andrew Viner）的《用维恩图表示歌曲》（*Venn That Tune*），他使用了维恩图来对歌曲名称进行分类跟踪。本章开头的挑战就由他所提出。这幅图是针对英国民谣摇滚乐队 Stealers Wheel 的歌曲《与你进退两难》（*Stuck in The Middle with You*）歌词的捷径。

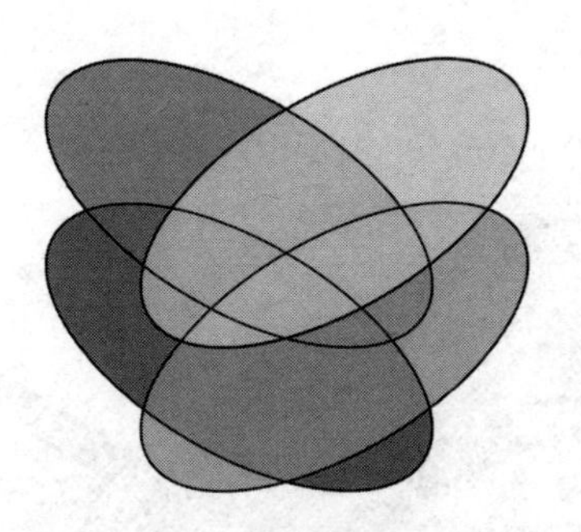

图 5-12 4 个集合的维恩图

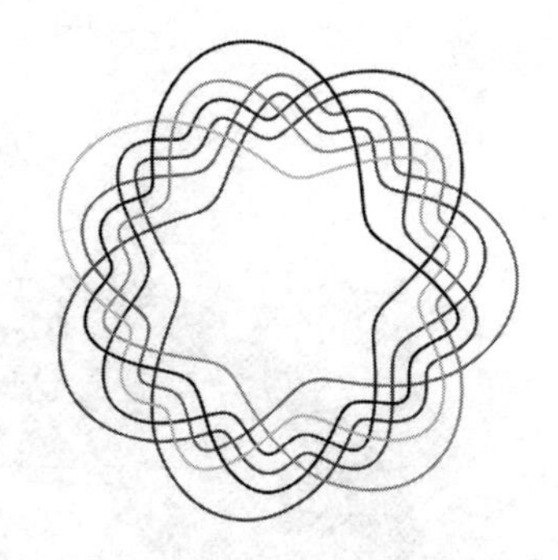

图 5-13 7 个集合的维恩图

捷径的捷径

如何将你的信息或数据描绘成图画或图形呢？你可以采用各种不同的示意图类型，为理解提供捷径。一个简单的图，可以说明企业一年不同时期的利润有什么样的联系；柱状图可以记录咖啡馆里最受欢迎的甜点；维恩图可以解释政党之间意见的重叠和分歧；还可以用伦敦地铁那样的网络图，揭示文字掩盖的观点之间的联系。

中途小憩：经济学

“经济学里最有力的工具不是钱，甚至也不是代数，而是一支铅笔。因为用铅笔你可以重绘整个世界。”这是凯特·拉沃斯（Kate Raworth）写在《甜甜圈经济学》[㊀]（*Doughnut Economics*）一书的开头几句话。在这本书中，她对一幅向 20 世纪经济学故事发起挑战的新图示做了解释。这是一幅甜甜圈形状的图（见图 5-14）。

㊀ 本书中文版已由文化发展出版社 2019 年出版，译者为本书译者。——译者注

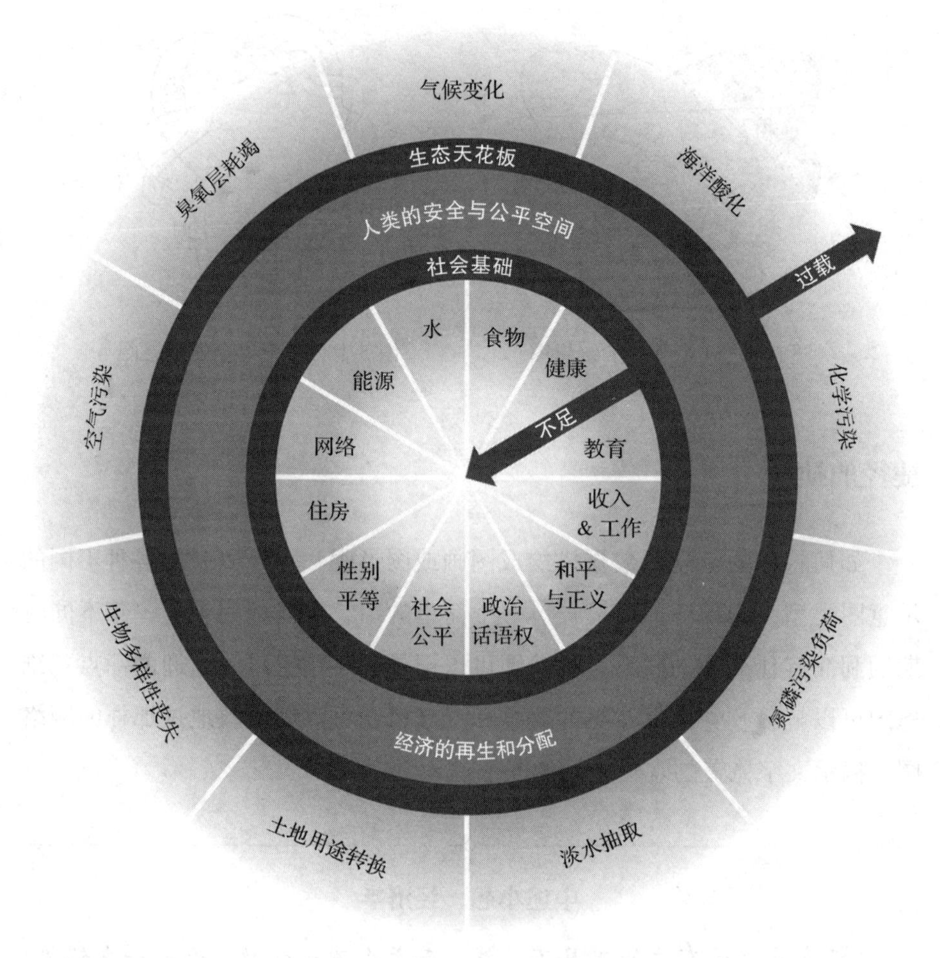

图 5-14 甜甜圈经济学示意图

我很喜欢拉沃斯的这本书，部分原因在于甜甜圈（我们在数学里也叫作“环面”）一直是我最喜欢的一种形状。甜甜圈不但好吃，而且甜甜圈形状的数学演算引人入胜。理解它的演算，是证明费马大定理的核心。它的拓扑结构对于理解宇宙可能的形状至关重要。我在拉沃斯的书中还发现，它也是一场经济学革命的关键。所以，我很想和她聊聊，这幅改变游戏规则的示意图是怎么变成经济学思维的捷径的。

翻开任何一本经济学图书，参加任何一场经济学讲座，观看任何一段经济学视频，你一定会看到类似的图出现了一次又一次：其一是增长图，一条曲线以指数方式向上弯曲，预示着未来的生产似乎是无限的；其二是由两条直线或两条曲线呈X形相交，描绘了数量和价格对应的供给与需求关系。需求曲线表明，价格越便宜，人们买得越多；供给曲线表明，如果价格上涨，供应商的产量会增加。将这两种曲线相互叠加，旨在揭示经济均衡点，即需求量与供给量相等时的价格。

这类图太强大了，甚至引出了这样一种观点：究其本质，经济学无非是关于供给和需求的。但拉沃斯想挑战这种模式。这种观点遗漏了对理解全球经济非常重要的东西：环境和人权。正如乔治·蒙比尔特（George Monbiot）在《走出废墟》（*Out of the Wreckage*）一书中所写，对抗一个故事的最好方法是用另一个故事。拉沃斯的理念与此类似："这些旧的图就像思想上的知识涂鸦，很难抹掉，"她说，"你能做的最棒的事情，就是在上面画些新东西。"

拉沃斯早就发现，从视觉途径理解复杂性，效果最佳。"在学校，我喜欢在书的空白处画画，老师当然不会鼓励。但现在我们知道，智力有很多种形式，视觉智力是其中之一。我十几岁的时候就喜欢读费曼的书，他的书里满是图画。兴许这很早就告诉我，涂涂画画是理解的一部分，哪怕其他人说我是在涂鸦。"

从学校毕业后，拉沃斯继续学习经济学，但她感觉这门学科并未真正理解人类社会如何运行。"我开始为自己所学的概念感到羞愧。"

在义务参与陪审团服务期间，拉沃斯偶然看到了世界银行经济学家赫尔曼·戴利（Herman Daly）绘制的一幅图，这为她的经济见解埋下了种子。戴利对无限增长的假设提出挑战，因此他建议围着经济学家的图画一个外圈，并将其标记为"环境"。

"一幅精彩图的力量在于，"拉沃斯说，"只要你看过，就再也无法忘记它。它能让你实现思维的飞跃、范式的改变。”

多年来，戴利的图一直在拉沃斯的脑海中挥之不去，直到她在乐施会工作时，一幅受戴利设想的启发而绘的图让她醍醐灌顶。这幅图改变了她对经济学的看法，它是环境科学家约翰·罗克斯特伦（Johan Rockström）绘制的地球九大边界图，代表了人类的安全操作空间。在戴利圆圈的中央位置，是若干块红色大区域，分别代表臭氧层、水循环、气候、海洋酸度等。问题是，许多区域已经超出了圆圈的限度。

“我直观地意识到，”拉沃斯说，“这就是21世纪经济学的开端。”

但这不仅是一张好看的图，它还有数据作为支撑。经济学家通常会靠着把所有东西换算成美元的方式来衡量一切。也就是说，这是一条巧妙的捷径，允许人们比较看起来不相容的数量。一个数字指导了所有的数字。但拉沃斯对这种单向的观点持怀疑态度。她把这比作驾驶一辆汽车，这辆车上只有一个指针式的表盘，集中了所有关于速度、温度、转速、油箱里还剩多少油的信息，你是绝不会开那辆车的。

“你想要真正的仪表盘，”她说，“人类很擅长观察仪表盘。我们生活在复杂系统中，把复杂性隐藏起来，并不会带给你更丰富的决策工具。这是一条危险的捷径。”

这就是这些新图令人兴奋的地方，它们没有把美元作为唯一的衡量标准，而是恰恰相反，它们使用了多项指标：二氧化碳排放吨数、化肥使用吨数、消耗臭氧层物质吨数。然而，拉沃斯认为，图里仍然缺少了一个重要的组成部分：人。“当时，我坐在乐施会，身边的人们正在应对撒哈拉沙漠的紧急旱情，要不就是正为印度儿童的健康和教育活动奔走。我在想，如果图中有一个外圈代表人类对地球施加的压力极限，那么还应该有一个内圈，那就是我们呼吁了近70年的人权。每个人每天需要多少食物的权利、需要多少水的权利，身为社会的一员，享有最低限度的住房或教育条件的权利。既然有了外圈，我认为我们还需要画一个内圈。”

这时，拉沃斯走到我办公室的白板前，随手画了一个甜甜圈，外圈代表环境，内圈代表人权。

起初，拉沃斯对这幅图守口如瓶。2011 年，地球系统科学大会上讨论地球九大边界时，有人转向乐施会的代表拉沃斯说：“这套地球边界框架有个问题——没有人在里面。”

“当时墙上挂着一块很大的白板，”拉沃斯说，“我说，‘我能画幅图吗？’”

她跳起来，在白板上画了一个甜甜圈，并解释说，一如我们需要一个外圈来界定人类对环境的影响，我们也需要一个内圈来代表地球上每个人的最低生存条件：食物、水、医疗保健、教育和住房。

“我们需要利用地球上的资源来满足每个人的需求，但又不能过度使用，超出地球的极限。我们希望处于这两者之间，”她指着甜甜圈说，“我画得很快，因为我以为他们会说：好的，亲爱的，坐下吧。但他们兴奋地回答，这就是我们一直缺失的那幅图，它不是一个圆，而是一个甜甜圈。”

拉沃斯把她的图写成了乐施会的讨论论文，发表后立刻受到热烈欢迎。“那一刻，我真正被图的捷径力量所震撼。如果你把上面所有的词——食物、水、工作、收入、教育、政治话语权、性别平等、气候变化、海洋酸化、臭氧层耗竭、生物多样性丧失、化学污染，都写在一张清单上，没人会多看一眼。但如果你把它们画成一对同心圆，人们会说，这是一种范式的改变。”

1972 年，约翰·伯格（John Berger）在他的经典作品《观看之道》（*Ways of Seeing*）中写道：“观看先于文字。孩子先观看、辨别，之后才学说话。”

对于拉沃斯来说，图是一条捷径，但它也是一种世界观的浓缩。这就是它的危险所在，因为它可能仅仅是你看待世界的捷径。它说不定确实隐藏了一些在你看来并不重要的东西，但对于其他人来说，这些东西可能是其愿景的基础。如果一家公司只对短期利润感兴趣，有指数增长图，它就觉得挺满意了；但如果你关心环境，那么遮掩增长对气候的影响，就意味着捷径在决定什么人能快速抵达他们想要到达的目的地方面，有着非常强的选择性，这让另一个群体远离了所追求的目标。

由于图扔掉了不相干的数据，它近乎切角。拉沃斯认为，你所切掉的角，潜在地反映了你的世界观。这个经济学家用来解释自己观点的捷径，对于那个经济学家来说可能是完全错误的，会让人们偏离他们眼里的正确目的地。

"捷径可能把你带进一个极为危险的深坑，"她说，"我喜欢数学家乔治·博克斯（George Box）说的话：所有模型都是错误的，但其中有些是有用的。"

在《甜甜圈经济学》中，拉沃斯用7幅图作为通往新经济目的地的捷径，甜甜圈就是其中之一。回想这本书的写作过程，她承认，创造这些捷径，就跟在山里挖隧道一样困难。

鉴于地球和人类的发展方向，这又是一项极为紧迫的工作。

"要重写经济学，让它成为适合21世纪的工具，"拉沃斯说，"我们必须把所有的捷径运用起来，因为时间真的不多了！"

CHAPTER 6

第六章 微分捷径

如果你把球从图 6-1 所示的斜坡上滚下来，哪一条斜坡能让球最快到达终点？哪一条是捷径，是 A、B 还是 C？

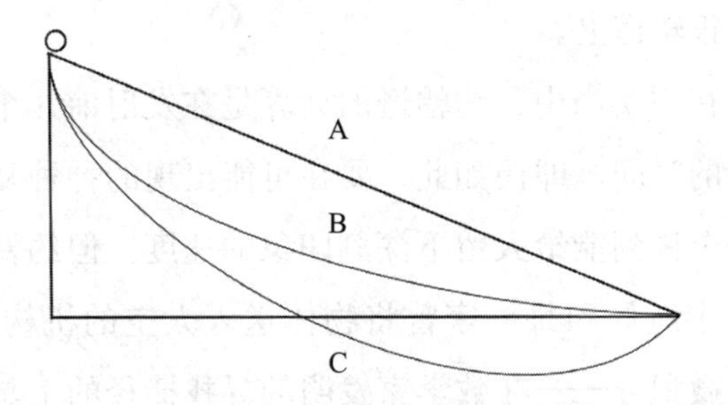

图 6-1　哪一条是最快的下降路线

宇航员约翰·格伦（John Glenn）中校完成了第三圈绕地球飞行，着手让宇宙飞船为重新进入地球大气层做准备。那是1962年2月20日，格伦刚刚成为第一个绕地球飞行的美国人。但他必须安全着陆，这次任务才算最终成功。他选择的轨迹至关重要。如果下降角度不对，飞船就会在进入大气层时烧毁。而如果飞船降落在离海面太远的地方，海军就无法及时赶到来阻止太空舱坠入海床。

格伦把自己的生命交给了计算这些数字的"计算员"。1962年，"计算员"还不是机器，她们是一群女性，2016年的好莱坞电影《隐藏人物》（*Hidden Figures*）为她们留下了不朽的传记。在影片中，格伦坐在发射台上，准备按下发射按钮，他向任务控制中心提出要求："让那个姑娘再核对一下数据。"那个姑娘叫凯瑟琳·约翰逊（Katherine Johnson），是美国宇航局计算员团队中的一员。在电影中，她用了25秒进行计算，确认一切都在正轨道上。

在现实当中，约翰逊的计算是在发射前几个星期进行的，大概用了两三天的时间。即便如此，要在可能出现的种种复杂路径和场景中导航，仍然是个快到能给人留下深刻印象的速度。但约翰逊还有一条捷径，可以让美国宇航局和每一家曾将物体送入太空的机构知道航天器最终会落到哪里：微积分——在数学家发明的寻找捷径的工具中，它可能是最强大的一种。不管是要把探测器降落在彗星上，还是要发射飞船飞越行星，微积分都是将飞船指向正确方向、使其抵达目的地的路标。

不是只有航天工业利用了这条数学捷径的力量。为努力将产量最大化，并将成本降至最低，寻找制造产品最高效的方式，许多公司都利用了数学捷径。航空航天制造商努力想创造出一种阻力最小的机翼，以避免燃料浪费；油轮需要找到穿越汹涌海域的最快路线；股票经纪人试图在股票崩盘前洞穿其达到最大市值的瞬间；建筑师希望在周围环境的限制下，设计出空间最大化的建筑；桥梁工程师需要在不影响结构稳定性的前提下，尽量减少材料的使用。

所有这些都需要微积分来达成其目标。如果你有一个描述经济或能源消耗（或者任何你感兴趣的事情）的复杂方程，微积分是一种分析方程并找出输出最大或最小点的方法。

这种工具还曾让17世纪的科学家有能力了解世界的不断变化。苹果落地、行星在轨道上转动、液体流动、气体旋动，科学家希望有办法为所有这些动态场景拍摄一张快照。微积分就是一种将所有这些运动定格下来的方法。令人惊讶的是，它还反映了同时代艺术家的兴趣。巴洛克画家描绘了从马背上跌落的士兵，建筑师设计了有着巨大动态曲线的建筑，雕刻家用石头记录了月桂女神达芙妮在阿波罗怀里变成一棵树的瞬间。

这场发生在17世纪下半叶的科学革命，要归功于当时两位伟大的数学家：牛顿和莱布尼茨。这两位科学家发展出的微积分，给我们探索动态宇宙带来了最惊人的捷径。理查德·费曼曾形容它是“上帝所说的语言”。

如果你还没有学过微积分，现在是时候做一番了解了。这会用到一些方程式，但我保证，一切物有所值。

变化中的宇宙

约翰·格伦还没完成绕地球飞行之前，微积分就帮他进入了太空轨道。他坐在发射台上时，知道飞船需要达到特定的速度才能摆脱地球的引力，这个速度叫作逃逸速度。但要知道宇宙飞船在助推下进入太空任意瞬间的速度，并不是一件容易的事。条件不停在变：飞船的质量随着燃料的消耗而减少，地球的引力也随着飞船离地球越来越远而减小。火箭的推力和重力的拉力此消彼长，这似乎是一个解不开的谜题。但微积分的真正优势就在于，它可以容纳一连串复杂的变化变量，从而给出任意特定时刻所发生情况的快照。

这一切都始于，在林肯郡伍尔索普庄园，牛顿家花园里的一棵苹果树上落下了一个苹果。因为瘟疫袭来，牛顿从剑桥大学回了家。当时的疫情封锁，对一些人来说无疑是一个富有成效的时期。据说，在环球剧院闭馆期间，莎士比亚写完了《李尔王》。当牛顿坐在花园里的时候，他在琢磨一项挑战：计算苹果从树上落到地面期间任意瞬间的速度。速度是行进距离除以行进时间。如果速度是恒定的，这很好。麻烦的是，由于重力作用，速度是不断变化的。牛顿所做的任何测量，都只能得到所测量时间段内的平均速度。

为了更准确地计算速度，他可以取越来越短的时间间隔。但要得到任意瞬间的精确速度，意味着要取无限小的时间间隔。最终，要用距离除以0时间。但要怎么除以0呢？牛顿的微积分把这变得有了意义。

伽利略已经发现了计算苹果在任意一段时间后下落距离的公式。t秒后，苹果下落的距离是$5t^2$米。这里的5，指的是衡量地球引力的一个指标（即系数）。一棵长在月球上的苹果树，在方程中会有一个较小的数值，因为月球的引力更小，苹果下落的速度更慢。格伦的宇宙飞船，因为离地球越来越远，必须跟踪这一数值的变化。

让我们试试把苹果直接往天上扔。我要把它以每秒25米的速度从手中扔出去。棒球投手的投球速度可以超过每秒40米，所以这没有不合情理之处。球投出后与我手的距离公式是$25t-5t^2$。

我可以用这个公式来计算它再次回到手里所需要的时间，也就是苹果距离手的高度，即$25t-5t^2$，再次变为0的时间。把$t=5$代入方程，得到0。故此，苹果上下运动的总时间是5秒。

但牛顿想要知道的是苹果在运动轨迹中每一点的运动速度。然而，在苹果减速和加速的过程中，这个速度是不断变化的。

让我们试着计算3秒后的速度，使用的距离公式是：经过的距离除以经过的时间。故此，苹果从第3秒移动到第4秒的距离是：

$$(25\times4-5\times4^2)-(25\times3-5\times3^2)=20-30=-10\ （米）$$

减号表示它的运动方向和扔出去的方向相反，即苹果已经在下降了。这段时间的平均速度是 10 米 / 秒。但这只是这一秒间隔内的平均速度，不是苹果在第 3 秒的实际速度。如果我们取一个更短的时间间隔呢？如果继续缩小间隔，我们会发现，速度越来越接近 5 米 / 秒。但牛顿追求的是瞬时速度，即当时间间隔变为零时所捕捉到的速度。他的分析产生了一种方法，理解为什么第 3 秒时的瞬时速度应该是 5 米 / 秒。

我们可以用经过时间的距离图来阐释这一速度（见图 6-2）。第 3 秒到第 4 秒之间的平均速度是图上第 3 秒到第 4 秒两点之间一条直线的梯度。时间间隔越小，这条线就越接近 $t=3$ 时与曲线正好相交的直线。牛顿的微积分计算的便是与这一点相交的直线的梯度，而这条直线叫作该曲线的切线。一般而言，在时间 t，微积分告诉我们，速度和梯度可由如下公式给出：

$$25-10t$$

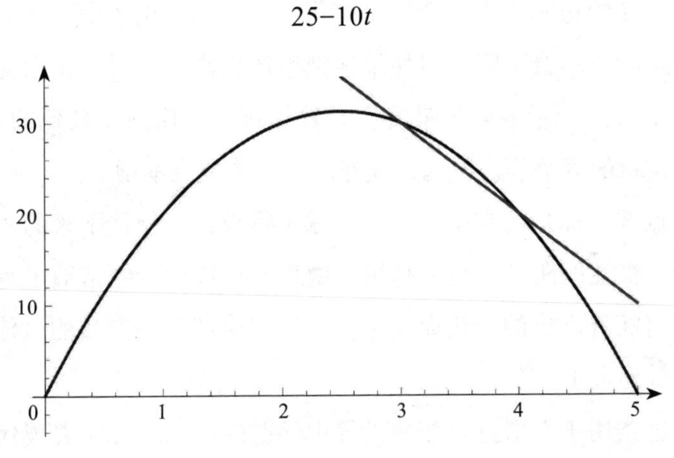

图 6-2　苹果高度与时间的关系曲线

注：苹果在两个时间点之间的平均速度，就是穿过这两个时间点上的直线的梯度（斜率）。

这里解释一下为什么：假设我们要计算时间 t 时的速度，我们要看看 t 之后的一小段时间内，苹果运动了多远，比如从时间 t 到 $t+d$。

$$[25(t+d)-5(t+d)^2]-[25t-5t^2]=25t+25d-5t^2-10td-5d^2-25t+5t^2$$

$$=25d-10td-5d^2$$

现在，我们除以时间间隔 d：

$$(25d-10td-5d^2)/d=25-10t-5d$$

如果 d 是一个极小的值，那么速度就变成：

$$25-10t$$

这叫作方程 $25t-5t^2$ 的导数。这个聪明的算法利用了距离随时间变化的方程，生成了一个新的方程，给出了任意时间点的速度。这个工具的强大之处在于它不仅适用于苹果和宇宙飞船，它还提供了一种分析任何变化中事物的方法。

如果你是制造商，了解生产产品的成本就很重要，知道了成本，你才能设定一个可以产生利润的价格。考虑到修建工厂、雇用工人等成本，生产第一件产品的成本将会非常高。但随着你生产的产品越来越多，每额外生产一件产品的边际成本都会发生变化。一开始，由于生产产品的效率越来越高，边际成本会下降。但如果你把生产提高得超过一定限度，成本可能会再次上升。产量的增加最终会导致加班、使用效率较低的陈旧工厂、对稀缺原材料的竞争等。因此，额外产品的单位成本增加。

这有点像把球扔到空中，一开始球飞得很远，但接下来的每一秒球速都在变慢，覆盖的距离也越来越短。微积分可以帮助制造商了解，产品的成本将如何随着产量的变化而变化，并找到生产多少产品的最佳点，将边际成本降低到最小。

牛顿这条用于在瞬息万变的世界中导航的捷径，标志着现代科学的开端。我会把牛顿和高斯并列为历史上最伟大的两位捷径洞察者。我甚至去了伍尔索普庄园朝圣，据说，牛顿就是坐在庄园里的那棵苹果树下，获得了创造这条捷径的灵感。我惊讶地看到，那棵树居然还在那里！带我参观的人允许我从树上摘下两个苹果，我设法用其中一粒苹果核，在自己的花园里种出了一棵苹果树。我花了好几个小时坐在这棵树下，希望能找到一条捷径，引导我解决眼下正在研究的问题。

和我一样，高斯也是牛顿的狂热粉丝。“迄今为止，只有三位具有划时代意义的数学家，”他写道，“阿基米德、牛顿和艾森斯坦。”最后一个名字并非印刷错误，它指的是年轻的普鲁士数论家戈特霍尔德·艾森斯坦（Gotthold Eisenstein），他解决了高斯没能解开的几个问题，给高斯留下了深刻的印象。

对于苹果是牛顿发现的关键这个故事，高斯一直持怀疑态度。“苹果的故事太荒谬了，”他写道，“不管苹果有没有掉下来，怎么会有人相信，重大科学发现是以这种方式加速或延缓的呢？毫无疑问，事情应该是这样的。有一个纠缠不休的笨人去找牛顿，问他是怎么突然做出这一伟大发现的。牛顿发现，这个人头脑不灵光，并想摆脱这个人，于是就告诉对方，一个苹果落在自己鼻子上。这人感觉一下理解了这件事，满意地走了。”

无疑，牛顿确实没有时间宣传自己的设想。对他来说，与其说微积分是一种优化解决方案的手段，不如说是一种帮助他得出在《自然定律》中记录下的科学结论的个人工具。《自然定律》是他在1687年发表的一篇伟大论文，描述了他对万有引力和运动定律的构想。他解释说，他的微积分是实现《自然定律》中科学发现的关键：“在这种新分析方法的帮助下，牛顿先生发现了《自然定律》中的大部分命题。”

牛顿喜欢用第三人称相当郑重地称呼自己。但他并未发表关于“新分析方法”的说明。他曾私下在朋友之间传阅这些概念，但并不想把它们发表出来让别人欣赏。这个非正式地公布自己设想的决定，带来了糟糕的后果。因为在牛顿发现之后的几年，另一位数学家莱布尼茨也想出了微积分的数学概念，而他所用的方法突出了这一工具的优化能力。

最大化

牛顿需要用微积分来理解周围不断变化的物理世界，而莱布尼茨则从一个更数学也更哲学的方向提出了这一设想。他着迷于逻辑和语言，渴望理解一系列处于不断变化状态下的不同事物。莱布尼茨的雄心很大，他以一种有些极端的理性主义态度看待世界。如果一切都能简化为数学语言，一切都能毫不含糊地表达出来，那么就有望结束人类的纷争："纠正我们推理的唯一方法，是使它们像数学家的推理那样切实可见，这样我们一眼就能发现自己的错误，一旦人与人之间发生争执，我们就可以简单地说：'不必多说，我们来算一下便知道谁对谁错。'"

莱布尼茨的梦想是找到一种解决问题的通用语言，虽说这个梦想并未实现，但他仍成功地创造出了自己的语言，能够解决捕捉变化中的事物这一问题。这一新理论的核心是一种算法，有点像计算机程序或一套机械的规则，可以用来解决大量未决的问题。莱布尼茨对自己的发明非常满意："我最喜欢微积分的一点是，它在阿基米德几何里赋予了我们超越古人的优势，就像韦达和笛卡儿在欧几里得或阿波罗尼斯几何里带给我们的优势一样，把我们从单靠想象进行研究的禁锢中解放了出来。"

一如笛卡儿的坐标设想将几何转化为数字，莱布尼茨的微积分也带来了一种新的语言，用来明确地掌握和确定变化的世界。

牛顿和莱布尼茨的伟大突破使微积分成为今天学校里教授的一门强大的学科，而以同名大定理闻名的皮埃尔·德·费马（Pierre de Fermat），意识到可以借助微积分找出通往问题最优解的捷径。

费马对下面这类挑战很感兴趣，希望找出一条解决之道。国王答应给信任的谋臣一块海边土地作为回报，他给了谋臣 10 公里长的围栏，划出一块与大海为邻的长方形土地。谋臣显然希望围出一块面积最大的土地。他该怎样布置围栏呢？

从本质上说，他只需要考虑一个变量：矩形中与海岸线相垂直的边的长度，我记作 X。这条边增加，则可围住的海岸线长度会变短。这两个长度之间的哪个平衡点，能让它们所包围的土地面积最大呢？人们的第一直觉可能是选择一个正方形。让事物尽量对称，通常是找到解法捷径的好策略。例如，气泡选择对称的球体，作为用最小表面积包围住最多空气的形状。但对称的正方形，是这位谋臣想要的正确答案吗？

这里有一个非常简单的公式，土地面积取决于 X，即可变边长。因为海岸线的长度是 $10-2X$，那么面积 A 一定是：

$$X \times (10-2X) = 10X - 2X^2$$

什么样的 X 值能让 A 最大？一种策略是不断地尝试各种数值，直到我们感觉找到了使面积最大的 X。这是一条解决此问题的漫长道路。费马意识到有一种更简单的方法。

他发现，捷径是把面积方程变成一张图。画出方程 $10X-2X^2$ 的示意图。这条捷径最终能让你不必画图，但有时为了找到捷径，你得先绕道而行。示意图的形状是这样一条曲线：当 $X=0$ 时，面积从 0 上升到峰值，然后当 $X=5$ 时，面积又下降到 0（见图 6-3）。关键是要找出峰值的位置，那就是面积最大的地方。产生峰值的 X 值是多少？

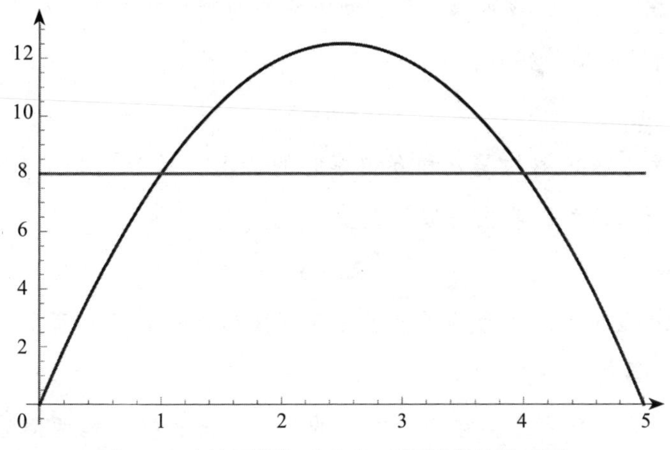

图 6-3　土地面积与垂直边一侧距离的关系图

注：当水平线与图形相交于一点而不是两点时，面积最大。

在图上画一条水平线。一般来说，它会将曲线切断——只有顶部例外：如果水平线正好位于曲线顶部，两者只在一点上相交。这就是我们要找的点，位于图形顶部面积最大的地方。费马找到了一种不用画图就能确定这一点的策略。结果显示，当 $X=2.5$ 时，土地面积实现最大。这个区域不是正方形，而是一个长方形，其长边是短边的两倍。如果你觉得自己有足够的勇气做一些代数运算，以下是费马设想的细节。

设 $X=a$，那么穿过这一点的水平线会在另一边的点 $X=b$ 处与图形相交，而 b 点纵轴的高度与 $X=a$ 时纵轴的高度相同，此时：

$$10a-2a^2=10b-2b^2$$

我可以用一些代数技巧来简化这个方程。把平方项放到同一侧：

$$2a^2-2b^2=10a-10b$$

接着，我对平方一侧做因式分解：

$$2(a-b)(a+b)=10(a-b)$$

将方程因式分解的意思是，一个代数表达式可以写成两个更简单的表达式相乘。本例中，两个平方之差，实际上就是（$a-b$）和（$a+b$）的乘积。现在，我可以看到，新方程的两侧都乘以了 $(a-b)$，那么，我可以消去此项，得到：

$$a+b=5$$

但费马感兴趣的是 a 和 b 相等时的情况，因为这是曲线的顶点。将 $b=a$ 代入方程，我们可以得到：

$$2a=5$$

当 $a=2.5$ 时，图形的顶点就出现了。这就是让矩形面积最大的边长，我们得到一个 2.5×5 的矩形。

在上述计算中，存在一个有趣的时刻。当我将方程两侧除以 $a-b$ 时，除了 $a=b$，这都是可以的。如果 $a=b$，那我就是在除以 0，这是

> 不允许的。但，且慢。费马不是想找出 $a=b$ 的地方吗？这会让一切都变得无效吗？
>
> 这就是微积分的关键所在。它要让除以 0 变得有意义。

计算有了，那微积分在哪里呢？微积分给出了与曲线上各点相切的直线的梯度。费马将最大面积确定为切线为水平时的点。这就是梯度或者说导数为零时的点。这是一种使用微积分来寻找方程输出最优解的策略：找到方程导数为零的点。

这条描述土地面积的曲线，与牛顿用来记录苹果高度的曲线非常相似。土地面积的方程 $10X-2X^2$ 和苹果与手的距离的方程 $25t-5t^2$，究其实质，是同一个方程，第二个方程就是第一个方程乘以 2.5。这是数学上的一条绝佳捷径。同一个方程可以涵盖许多不同的情况。在苹果的例子中，它在空中高度的最大值点是速度为零的时刻，一旦到了这个点，苹果就开始向相反的方向移动。

但这类方程还可以代表许多其他的东西，比如能源消耗、建筑材料的用量、到达目的地的时间。拥有一种工具，帮你以最佳方式找到这些不同数量的最大值或最小值，不亚于一场天翻地覆的变革。如果公式有关一家公司的利润，它取决于你公司各种可变的要素，谁不会想要一种能告诉你怎样设定输入变量、实现利润最大化的工具呢？微积分是通往利润最大化的捷径。

数学脚手架

尽管发明微积分主要是为了分析世界随时间怎样变化，但它同样擅长分析时间之外的变化。尤其是，微积分已经成为一种非常强大的工具，可以帮助你用不同的方法来设计建筑，并找到优化能源效率、声学质量或建筑成本的方案，同时还能让系统结构经受住时间的考验。

有这样一座建于1710年的建筑，至今仍傲然矗立在离我的伦敦住处不远的地方，它就是圣保罗大教堂。我对这座建筑情有独钟，部分原因在于，它是由一位曾和我就读相同本科学院（牛津大学一所学院）的前辈数学家设计的。在成为英国顶级建筑师之前，克里斯托弗·雷恩（Christopher Wren）曾在牛津大学瓦德汉学院学习数学。学生时代，他便掌握了一系列捷径技术，在全英各地修建了伟大的建筑。

他最早的伟大成就之一是牛津大学的谢尔登剧院，大学生们在这里被授予学位。这座建筑的美丽之处在于它有一个没有支柱的巨大屋顶。这显然不是为了让家长们看到自己的孩子拿到毕业证书，而是因为这一空间主要是用来跳舞的。雷恩通过房梁的网格结构，将承重转移到周边墙体上，在没有可见支撑物的条件下，修建了这么巨大的屋顶。为了找到可行的排列方式，雷恩必须解开25个联立线性方程。尽管接受过专业的数学训练，他还是被这个问题打败了，最终不得不向萨维尔几何学教授约翰·沃利斯（John Wallis）求助。寻求帮助通常是一条重要的捷径！

但在建造圣保罗大教堂的穹顶时，雷恩的数学才能真正发挥了作用。走近大教堂时，你看到的穹顶呈球形。这是一个完美的漂亮球体，从远处看尤其吸引人。这种形状还借鉴了教堂代表宇宙形状的想法。但设计建筑时，球体存在一个关键缺陷：它不能独立存在。由于它的弧度太小，无法支撑自己，也就是说，如果没有支撑，穹顶就会掉落到大教堂的中心。这就是为什么圣保罗大教堂不是只有一个穹顶，而是足足有三个。

走进大教堂，你看到的并不是外部穹顶的内面。实际上，这是第二个穹顶，它的形状是由一种叫作“悬链”的新型曲线构成的，后来，莱布尼茨等人用微积分明确识别出了这种曲线，它能够不靠支撑，自由站立。它是链条挂住两端时形成的形状。就像在山上滚动的球会找到能量最低的点来休止，悬挂的链条会让其拥有的势能最小化。大自然非常善于发现这种低能量状态。但对像雷恩这样的建筑师来说，最关键的地方是：把这一低能量的解决方案倒置过来，就变成了一个可以撑起自身重量的形状。

那么，这条曲线的形状是什么呢？莱布尼茨通过改变形状进行实验，得出了每种形状所包含的势能方程。接着，他用微积分来确定能量最小的曲线。这就是链条两端悬挂起来的形状。一旦确定了这种形状，后代建筑师就可以使用它来建造独立穹顶，不必将巨大的实体链条悬挂在自己所设计的空间里。雷恩特别喜欢悬链形状的穹顶，因为当你抬头看的时候，它创造了一个强制性的视角，让穹顶看上去比实际上的高度更高。以这种方式借助数学创造视错觉，是巴洛克时期建筑的一大主题。

还有一个问题，那就是怎样确保外面的穹顶不会向内坍塌，压垮大教堂美丽的内部穹顶？这就是为什么还有第三个穹顶，隐藏在你能看到的两个穹顶之间。最近一次参观圣保罗大教堂时，我有机会进入这两个穹顶内部，看到第三个穹顶，它支撑着外部的球形穹顶。

这个隐藏的穹顶同样使用了悬链曲线：以确定需要用来支撑外部穹顶顶尖塔楼的拱形形状。如果你把重物挂在链条上，它会把链条往下拉。此时，你可以用微积分从数学角度描述处于能量最低状态下的这一新形状。但聪明的地方是，如果你把新形状颠倒过来，这一拱形便可以支撑一个处在圆顶顶部的重量，相当于你挂在链条上的重量。雷恩就是这样设计出内侧穹顶的形状，支撑起你从外面看到的球形穹顶上的塔楼。

运用这些负重链条来修建穹顶最精彩的地方，要下到巴塞罗那圣家族大教堂的地下室去看。安东尼·高迪（Antoni Gaudí）在未完成的小礼拜堂的屋顶设计中使用了这一原理。他把大量沙袋绑在绳网上，而绳网又挂在上述悬链曲线上，以代表需要支撑的结构的负载。把这些绳子的形状倒过来，就得到了一个不会倒塌的屋顶形状。通过添加和移动沙袋，高迪得以创造出他想要的礼拜堂屋顶的形状，而且确信它在修建期间不会倒塌。但是要对所有这些曲线进行数学描述，以便提供给制造商，还需要微积分这个捷径。今天的建筑师已经用计算机运算的微积分和方程代替手工操作的链条和沙袋，创造出曲线优美的建筑，为城市的天际线增添了色彩。

然而，微积分不光帮忙修建了大教堂和摩天大楼。莱布尼茨找到了有着最优解的曲线，还带来另一项巨大成功：制造过山车！

过山车

我喜欢坐过山车，不仅仅是它带来的刺激感。如果你是个像我一样的书呆子型数学家，制造一列速度冲至极限又仍能固定在轨道上的列车，这件事里蕴含的所有几何和微积分知识，一定能让你激动得心潮澎湃。欧洲有一列过山车，比其他任何类型的过山车都更能让我的数学之血沸腾起来，那就是位于布莱克浦的大国民（Grand National）过山车。在这条轨道上飞驰，你不仅能体验到微积分的威力，还能体验到数学家奇物柜里最令人兴奋的一种形状：莫比乌斯带。

大国民过山车是两列过山车之间的比赛。坐进游乐设施最高处的车厢，你会看到两条平行的轨道。轨道蜿蜒曲折，设有以赛马比赛中一些特殊跳跃姿势命名的转折点，在通过这些转折点的过程中，两列过山车上的乘客彼此会离得很近。但就在过山车向终点冲刺的最后时刻，会发生奇怪的事情：游客到达的车站与出发的车站正相反。非常好玩。两条轨道从未相交。设计师究竟是如何创造出这一壮举的？

这一效果是在出了名惊险的“比彻斯布鲁克大跳”处实现的，在那里，一条轨道穿过另一条轨道。从那一点开始，两个轨道便互换了位置，这样，到游乐项目结束时，列车就会到达对面的车站。

“比彻斯布鲁克大跳”的这一简单翻转，便是莫比乌斯带的关键。这充满魅力的数学形状，是这条过山车赛道设计的基础。要自己制作出一条莫比乌斯带，不妨拿一张大约 2 厘米宽的长条纸。现在做一个圈，但在把纸的两端连接起来之前，将纸条的一端拧转 180 度。不妨想象这样一张长条纸顺着“大国民过山车”的两条轨道前进，到了“比彻斯布鲁克大跳”（此时两条轨道一上一下地交叉，再在游乐项目的出发处交汇），这张纸便会拧转 180 度。

莫比乌斯带有一些非常奇特的性质，这种形状只有一条边。把你的手指放在上面，顺着它转一圈，你将能够到达边缘上的任意点。这意味着布莱克浦的过山车其实只是一条连续的轨道，而不是两条平行的轨道。但像布莱克浦这样的过山车，真正想要的是速度！

事实证明，如果你想要速度最快的过山车，微积分可以帮助你设计到达目的地的最快路径，这其实也是我在本章开篇时提出的挑战。给定垂直平面上的两点 A 和 B，假设曲线上各点仅受重力作用，那么从 A 出发用最短时间到达 B 的曲线是怎样的？

这个问题最初不是由创建主题公园的人提出的，而是由瑞士数学家约翰·伯努利（Johann Bernoulli）1696 年提出的。他选择用它来向当时的两位伟大的智者，他的朋友莱布尼茨和他在伦敦的对手牛顿发起挑战：

> 我，约翰·伯努利，在此向世界上诸位最杰出的数学家发出诚邀。对于聪明人来说，没有什么比一个具有挑战性的真切问题更有吸引力的了，为这个问题给出的可能解决方案，将有望为他们带来声誉，并成为一座不朽的丰碑。我愿以帕斯卡、费马等人为榜样，向当代最优秀的数学家提出一个检验其方法和智力的问题，从而赢取整个科学界的感激。如果有人向我传达了拟议问题的解决方案，我将公开对他加以赞扬。

伯努利的挑战是设计一道斜坡，使球能在最短的时间内从顶部的 A 点到达底部的 B 点。你兴许会认为直线坡道最快；也可能是一条倒置的弧形抛物线，就像把球抛向空中时的轨迹。事实证明，两者皆非。最快的路径是一种名为“摆线”的形状——跟踪转动的自行车车轮边缘上的一点所得的路径（见图 6-4）。

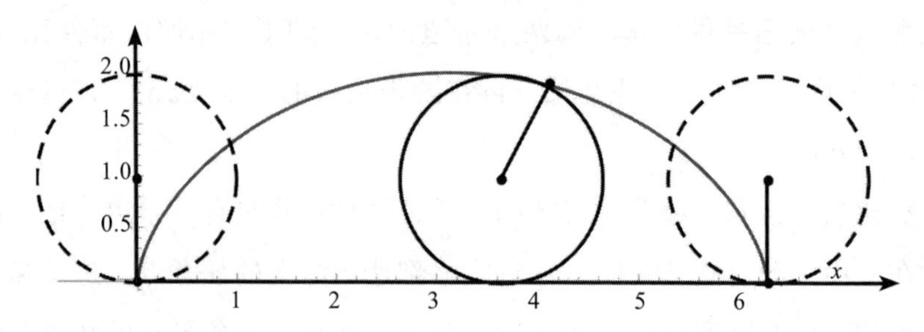

图 6-4 摆线：圆沿直线滚动时，由圆上一点划出的曲线

如果我倒转这条曲线，就得到了从 A 点到达 B 点的最快路径。这条曲线下降到目的地的水平以下，积累更多的速度，然后用来抢在任何其他曲线之前爬上终点。

因为微积分可以在一组特定约束条件下找到一个变量的最小值和最大值，所以，从 A 到 B 哪怕有无限多条曲线也无所谓，方程总能让我们找到最快的那条。

牛顿和莱布尼茨为谁发现了这条能找出问题最优解的神奇捷径，最终大吵了一架。经过多年的激烈争论和指责，1712 年，英国皇家学会应邀在两种对立的说法之间做出裁决：是牛顿首先提出了流数法？还是说，莱布尼茨的微分法剽窃了牛顿的设想？ 1714 年，英国皇家学会正式将微积分的发现功劳归于牛顿，尽管它承认莱布尼茨率先公开了微积分方法，但仍指控他剽窃。不过，英国皇家学会的报告可能算不上最为公正：事实上，它是由学会主席牛顿执笔撰写的。

莱布尼茨受到了难以置信的伤害：他本来崇拜牛顿，因此从未从这番冲击里真正缓过劲来。具有讽刺意味的是，最终胜出的是莱布尼茨的微积分理论。

尽管莱布尼茨的基本设想和牛顿发展的微积分有很多共同之处，但两者之间存在一个很大的区别。莱布尼茨更多的是从语言学和数学的方向得到微积分的。他并不关心有没有苹果落下来，能不能根据时间变化捕捉它的速度，而是着眼于一种更普遍的情况。他的微积分旨在研究：如果某物的行为取决于若干因素，那么，当你改变该物所依赖的东西时，它的行为如何变化。

牛顿本质上是一位物理学家，有可能，“描述物理世界”这一目标对他有所妨碍。莱布尼茨引入的语言和符号要灵活得多，能够应对不同的情况。正是莱布尼茨的符号经受住了时间的考验，在中小学和大学里广为传授。

老实说，莱布尼茨和牛顿都只是开启了微积分发展的整个过程而已。他们的论文和分析都留下了许多有待改进的地方。要让微积分建立在合理的逻辑基础上，需要下一代人的努力。但不可否认的是，下一代的进步是牛顿和莱布尼茨的突破所促成的。正如牛顿曾说过的那句名言：“如果说我比别人看得更远些，那是因为我站在巨人的肩膀上。”

狗会做微积分吗

就微积分的发现而言，兴许，不管是牛顿还是莱布尼茨，都败给了另一个对手。有证据表明，早在人类想出微积分这一捷径之前，动物王国就已经知道如何寻找最优解了。

让我们回到那位国王信赖的谋臣身上，他用微积分求出了尽可能多的土地之后，正在海滨放松。突然，他看到有一名游泳的人在海面遇险。他向海滩上的救生员大喊，让后者去营救被困的泳客。

假设救生员跑步速度是她游泳速度的两倍，那么她应该从哪里下水才能最快实施救援呢？

如果救生员想尽量缩短路程，她会在起点和终点之间画一条直线。可由于救生员在海里比在陆地上速度慢，她实际上想选择一条减少在海里所花时间的路线。但她的目的也并不是让在海里的时间变得最短，因为这意味着穿越沙滩的路变得更长，最终可能会增加总时间。最理想的路线似乎应该是，救生员先来到中心的右侧，但又并未到达泳客位置与陆地呈垂直的直线处（见图 6-5）。那么，为了找到通往落水泳客的真正捷径，最好的入水点在哪里呢？

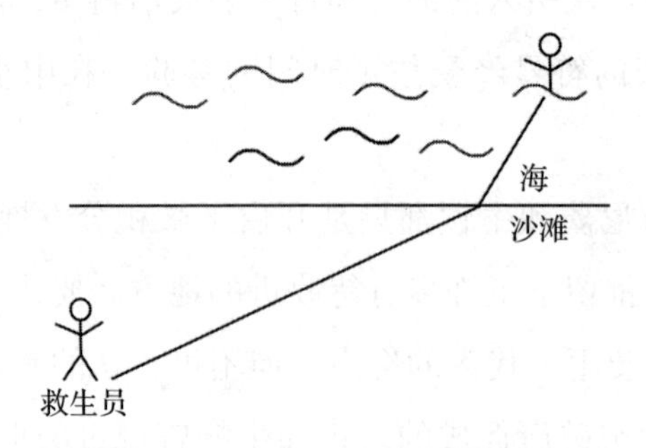

图 6-5 救生员到达溺水泳客的最快路径是什么

这个问题，费马同样思考过。它仍然是一个优化问题。当然，费马不是要为救生员寻找最快路径，他面对的挑战是：光束会走什么样的路径。

你也许在游泳池里有过一种相当奇怪的错觉：一根棍子插入水中，似乎就突然弯曲了。弯曲的不是棍子，而是从棍子传到你眼睛的光。我在第四章中描述过，光喜欢走捷径。它试图找到从棍子到眼睛的最快路线。但光在水中比在空气中传播得慢。所以，和我们的救生员一样，它希望在水里的时间越短越好，同时又要保持平衡，在空中的时间不要太长。同一解释，也是沙漠中看到海市蜃楼这种奇怪景象的关键。从一小片天空发出的光，在靠近地面的暖空气中找到了一条捷径，然后折射回到你的眼睛，让天空看起来像沙漠里的一汪水。

一如谋臣对围栏的处理方式，救生员需要设定方程，根据从起点进入大海 X 米的距离，计算出到达泳客身边所需的时间。接着运用微积分工具，找到使时间最小的 X 的值。但如果你没有纸和笔怎么办？如果代数和微积分还没有发明，你要怎么办呢？如果你只依靠直觉和感觉，那会怎么样？如果是一只狗，它会怎么办？狗在判断入水正确位置方面，表现有多好？

蒂姆·彭宁斯（Tim Pennings）是密歇根州霍普大学的数学教授，还恰巧养了一只狗。他决定做些实验，看看他的狗是否擅长求解这道微积分题。跟许多狗一样，他的威尔士柯基犬埃尔维斯非常喜欢追球玩。因此，彭宁斯决定，与其去营救溺水的泳客，不如在跟埃尔维斯散步的时候，把球扔进密歇根湖，看它会选择哪条路去捡球。

当然，埃尔维斯的主要目标可能是尽量减少捡球时消耗的能量，此时，聪明的解决方案是尽量减少在水中的时间，跑到水中的球与岸边垂直相交的地方。但彭宁斯看到小狗眼里闪着光，球一离开他的手，它便兴奋至极冲了出去。根据这些迹象，彭宁斯判断，尽快把球找回来会是这只狗的目标。观察小狗埃尔维斯对微积分的直觉掌握情况，实验舞台已经搭建好了。

一天，密歇根湖面上浪头很低，球落水后不会移动太多，他带着埃尔维斯一起出发了。在朋友的帮助下，彭宁斯把球扔进水里，接着跟在狗身后跑，并在它下水的地方做个记号，再用皮尺测量它游了多远捡回了球。

埃尔维斯有过多次错误的开始，它沿着明显并非最优解的路线（彭宁斯建立了一个简单的模型）直接冲进水里。彭宁斯决定从分析中删除这些数据点。他说："就算优等生也会有糟糕的一天。"但到一天结束的时候，他已经为埃尔维斯的解法收集了 35 个数据点。小狗做得怎么样？非常好！在大多数情况下，它离最佳入水点足够接近。实验中明显存在的变量，可以很容易地解释小狗所取的近似值。

这是否意味着埃尔维斯知道微积分捷径呢？当然不是。但令人惊讶的是，在没有正式数学语言的帮助下，动物的大脑竟能进化到发现这些捷径。大自然偏爱那些能够优化解决方案的生物，因此有能力凭直觉解决这些挑战的动物，比那些不能如此的动物有更大的生存概率。但大脑单纯依靠直觉所能估计出的东西很有限。这就是为什么坐在卡纳维拉尔角空军基地发射台上的约翰·格伦，并不诉诸自己的直觉，而是希望通过我们开发的先进工具微积分来计算出回家的最佳路径。

有时动物会利用团队合作来解决小狗埃尔维斯面对的问题。有证据表明，蚁群碰到与救生员类似情景的问题时，在寻找最佳路径方面可以做得和埃尔维斯一样好。这一次，球换成了食物：一只蟑螂。一群来自德国、法国和中国的研究人员对红火蚁进行了实验，要蚂蚁在两个不同区域之间寻找最佳路线，为蚁群取回食物。在这里，蚁群放出许多蚂蚁尝试不同的路线。它们会为其他蚂蚁留下信息素踪迹。随着越来越多的蚂蚁集中到最优解决方案上，这条路径的踪迹就会越来越强。

蚂蚁的行为与我们认为光如何寻找最佳路径的方式相似。光子是怎么知道找到最佳路径的？量子物理学断言，光子会同时尝试所有路径，而一旦观察到最优解，就会坍缩其上。蚂蚁使用类似的策略，在找到最佳路线之前，用大量蚂蚁来尝试所有的路线。

大自然非常擅长寻找最佳解决方案。光找到了到达目的地的最快路径。现代物理学将引力阐释为物质在时空的几何结构中下落，找到了最快速的行程。悬链为雷恩解决了创造一个稳定穹顶的问题。气泡利用了球形的能量最小。在更晚近的时期，弗雷·奥托（Frei Otto）利用膜结构，设计了 1972 年慕尼黑奥运会体育场。通过分析肥皂泡怎样在金属框架上形成，奥托为覆盖体育场的形状奇特、起起伏伏的天篷找到了稳定结构。

18 世纪上半叶，皮埃尔·路易·莫佩尔蒂提出最小作用量原理，从数学上捕捉到了自然界发现低能量最优解的奇特性质。莫佩尔蒂解释说，数学转化成了信条："大自然在它所有的行动中都是最节俭的。"大自然为什么行事如此悭吝，至今仍是个谜。但有时狗、蚂蚁或肥皂膜并不能帮助我们找到想要的答案。这时，我们便可以向牛顿和莱布尼茨创造的不可思议的工具寻求帮助。为面临的挑战寻找最佳解决方案，微积分将一直是我们最神奇的捷径。

终极捷径爱好者高斯，他对微积分这样评论道："可以说，此类概念把无数本来是孤立的、多多少少需要运用创造性天才来单独加以解决的问题结合成了一个有机的整体。"

捷径的捷径

尽管微积分是一条最了不起的捷径，但我们确实需要一些专业技术知识，才能使用这一工具。大多数人当然无法接受上微积分速成班的建议，但至少，有必要知道这一技术的存在就是为了找到最优解。许多捷径都需要技术上的向导，以帮助我们在潜在的棘手地形中导航。所以，如果你碰到一些可变参数，想知道这些变量的最佳设置，联系微积分专业人员或许是你的最佳捷径。一如牛顿的认识，站在巨人的肩膀上始终是一条聪明的捷径。有时你可能会发现，技术向导不见得是你当地的数学家，而是大自然。看看大自然是否已经为你的问题找出了最佳解决方案，总是值得的。一层肥皂膜就可能会揭示工程问题的低能量解决方案。光的传播路径可能为你指出了捷径的方向；或者，跟着一群蚂蚁走走看，它们会替你尝试多种选择，找到捷径。

中途小憩：艺术

数学教给我们的重要一课是，算法的力量可以简化辛苦的工作。算法不是逐个逐个地处理每个问题，而是将所有问题统一起来，然后拿出一套任何人都可以应用的方法，而不必考虑他们的具体设定。微积分就是这样一种算法。无论你的方程描述的是利润率、航天器的速度还是能量消耗，每一种场景下，你都可以采用微积分这一算法来寻求最优解。

我相当惊讶地发现，算法说不定还有助于艺术创作。我是从最近跟伦敦蛇形画廊策展人汉斯·乌尔里希·奥布里斯特（Hans Ulrich Obrist）进行的一番交谈中了解到这一点的。我一直对空白画布感到惊恐，所以我很好奇，想知道有没有捷径可以帮我把创意设想变成真实的东西。

奥布里斯特的想法源于艺术市场全球化的挑战。在他职业生涯的开始，艺术世界仍然以西方为导向。一场展览大多在科隆或纽约举行，也可能绕道伦敦或苏黎世。但随着世界各地艺术画廊的竞相开办，奥布里斯特急着要解决怎样到南美或亚洲举办新展览的挑战。把大型展览带到所有想要举办的地方，在后勤上充满挑战性。奥布里斯特与艺术家克里斯蒂安·波尔坦斯基（Christian Boltanski）和贝唐·拉维耶（Bertrand Lavier）合作，想出了一个克服这一问题的方法：动手做（do it）。他们的设想是，为一件艺术品创作一套说明或配方，供他人在当地尝试，无论是中国、墨西哥还是澳大利亚。

对奥布里斯特来说，这是应对全球化挑战的捷径。再也不必费力地用大板条箱运输物质材料，只需创建可以在任何地方同步实施的指令即可。对于一场当地生成的展览、一套艺术的算法，指令成为捷径。这些执行指令类似于歌剧或交响乐的乐谱，在他人执行和阐释的过程中，获得无数次的实现。

指令艺术的概念并不新鲜，它起源于马塞尔·杜尚（Marcel Duchamp）的作品。1919 年，杜尚从阿根廷向妹妹苏珊娜和准妹夫让·克罗蒂（Jean Crotti）发出指令，请两人代自己制作结婚礼物。为了制作这件有着奇怪名字（“不快乐的 R”）的结婚礼物，杜尚要两人在阳台上挂一本几何课本，好让风“浏览这本书，自行选择问题”。在约翰·凯奇（John Cage）和小野洋子（Yoko Ono）的作品推动下，指令艺术在 20 世纪 60 年代末爆发。但奥布里斯特意识到，指令不仅可以是一个有趣的概念设想，也可以是一条解决全球艺术世界物流问题的真正捷径。

“动手做”带来了一个令人兴奋的副产品：它为那些原本可能害怕尝试创作艺术的人赋予了力量。2020年，在新冠疫情期间，我和奥布里斯特进行了交谈，他对“动手做”指令在这一全球困难时期所扮演的新角色大感兴奋。

“这条捷径成了一块海绵，”他说，“每到一处，它都能学习并接受新的指令。所以，它带来了不断增长的文献。我们先看到了中文版，接着又出现了中东版。在过去几个月，我收到了很多此类信息，最初来自中国，接着是意大利，然后是西班牙。一点一点地，随着各地开始管控，人们从书架上拿起手工制作类图书，在家里实现艺术家的部分指令。”

我想让奥布里斯特举个例子，说明一个具体的“动手做”操作指令。他拿出一本光鲜的橙色大书，这是他的“动手做”纲要，翻到奥地利艺术家弗朗茨·韦斯特（Franz West）的“动手做”指令：

弗朗茨·韦斯特（WEST, Franz）

在家动手做（1989年）

取一把扫帚，用棉纱布紧紧包扎扫帚柄和扫帚毛，让扫帚毛竖起来。

取350克石膏，与适量的水混合。把石膏涂在包扎好的扫帚表面。再取一条纱布，将涂好石膏的作品完全包裹起来。

再次重复这一步骤，让“模具”（passstueck）完全干燥。

这一过程的结果是，该物体变成了“模具”，可以单独使用，也可以放在镜前或者放在客人面前。你觉得怎么合适就怎么处理。

鼓励客人把对该物品可能用途的直觉想法表现出来。

“模具”（或“适应”[㊀]）是韦斯特在20世纪70年代启动的一个项目，他把小物件涂上一层石膏，让它们变形成某种陌生的东西，但又能隐约辨认

㊀ 20世纪70年代，韦斯特创作出早期最为著名的系列雕塑作品《适应》。——译者注

出来。他的“动手做”为其他人创作自己的例子提供了一条捷径。奥布里斯特告诉我：“指令不仅可以是按照弗朗茨·韦斯特的说法对你的扫帚进行操作，它也可以是和别人一起做某件事情。”例如，路易丝·布尔乔亚（Louise Bourgeois）的指令是：“当你走在路上时，停下来，然后对一个陌生人微笑。”

一如我自己工作中的经历，捷径往往要走过很长一段旅程后才出现。奥布里斯特碰到的情况也一样：在艺术中、在展览中，我们经常需要迂回绕弯路。但在某些方面，绕弯路是捷径的对立面。我曾经和戴维·霍克尼（David Hockney）聊过，他说，他原本想写一本小说、拍一部电影、写一篇关于透视的科学论文，或者是用 iPad 画画，结果，所有这一切总是把他引回到绘画上，就如同他需要绕这些弯路。

“我们制作了一本小册子，包含了 12 条可以阐释成捷径的指令。整个项目看起来非常直截了当。结果，这成了我最复杂的项目，出现了太多的支线和弯路。它演变成了一套学习系统。我想，这真是太有趣了，因为我原本以为这是一条极端的捷径，因为这个设想本质上是让你走一条比通常而言更直接的路线。根据指令，你直接从画家变成了一个实现指令的人，而且没有中间人。你照做就行了。你可以做得更快，带来更直接的结果。可这个项目成了我耗时最长的项目。从这个意义上来说，一个奇怪的悖论出现了：捷径就是绕最大的弯路。”

对奥布里斯特来说，这些指令有点像一种良性的病毒。病毒之所以能极为高效地传播，是因为它的核心是一套如何利用宿主的细胞物质自我复制的指令。有趣的是，对称概念是它使用的捷径之一。病毒通常像一个对称的模具一样组合起来，这样做的好处是，相同的指令可以用于形状的不同区域，换言之，你不必为不同的区域定制指令。

另一位艺术家在创作作品时，也利用过对称这条捷径。康拉德·肖克罗斯（Conrad Shawcross）是一位雕塑家，喜欢探索艺术和科学的交汇之处。他的作品得到了全世界的认可，2013 年他当选为英国皇家艺术研究院院士。肖克罗斯的工作室距离我在伦敦东部的住所很近，所以我很想和他见面，看看他在成为国际知名艺术家方面是否有什么捷径。他告诉我，捷径是使雄心勃勃的成就易于管理的一种方式。

“你必须在创作雕塑过程中非常高效又非常聪明，才能实现原本不可能实现的目标。这里的关键是要制作模板、夹具，或者其他可以重复使用并且组合到一起时能够创造出复杂性的部件。”

肖克罗斯经常受到基于规则进行创作的艺术家的启发。他很欣赏美国艺术家卡尔·安德烈（Carl Andre）的作品，他把砖块作为重复的元素；或是克劳德·莫奈（Claude Monet）的作品，后者会在一天的同一时间回到同一株多肉百合莉莉旁，画出它的生长变化。对于肖克罗斯来说，他早期许多探索的种子产生自一种名叫四面体（tetrahedron，以三角形为底构成的金字塔结构）的重要数学形状。

四面体的部分魅力来自古希腊人相信它其实就是宇宙本身的一种构成要素。希腊人认为物质由土、风、火和水构成，每种元素各有一种独特的对称形状。四面体对应的是火的形状。肖克罗斯第一次将这种形状作为创作积木进行探索，是 2006 年受邀在休德利城堡修建一处建筑。他制作了 2 000 个橡木四面体，并用两个星期，尝试将它们组装成一种结构。整个过程没有规则，也并不牢靠。“它们形成了非镶嵌的、燃烧般的卷须，永远不会重新缠绕回到自身。是它在驱使我，而不是我在驱使它。一方面，这有点令人沮丧；另一方面，这也是一次觉醒，这次尝试的失败教会了我很多东西，为我开启了许多主题。”

肖克罗斯需要找到一种既美观又结构合理的方法。他最终从一位数学家那里得到了所需的见解。这位数学家指出，如果你有 3 个四面体，只有一种方法可以将它们组合起来。

这是对称的力量提供捷径的一个完美例子。如果你想找一种不同的方法来把 3 个四面体组合到一起，你会发现，通过旋转，你总是可以把新的提议转化为第一种构造。肖克罗斯意识到，他不必用 2 000 块积木了，而是可以将 3 个组合到一起的四面体制作成一块更大的积木。

“这立刻把我的问题缩小了 1/3”，他说，“突然之间，这项任务变得好驾驭多了。”依靠这条捷径，肖克罗斯只需要寻找一种方法，将 667 块由 3 个四面体组成的单元拼接起来。在规定的时间内，这项任务更容易完成。

但在肖克罗斯的工作室里与他交谈时，我发现，有些捷径，雕塑家和艺术家是怎么也没法接受的。他最了不起的作品叫作 *ADA*，是一具移动的雕塑，初次亮相是在伦敦皇家歌剧院。它通过一系列齿轮在空中绘制出复杂的几何图形，是舞蹈作品的一部分。一如既往，肖克罗斯工作的期限很紧，这套装置能否赶在晚上的演出前安装好，都是个未知数。

他们在给 *ADA* 上漆的时候，有人建议没有必要给雕塑的背面上漆，因为观众看不到。你兴许认为这是一条聪明的捷径，但肖克罗斯就是没法允许自己以这种方式欺骗观众。

对于他所有的作品，哪怕有一面永远没人看得到，他仍然要让它们获得与其他部分同样的待遇，这很重要。观众也许看不到作品的背面，但对于肖克罗斯这样的雕塑家来说，那是一条太过离谱的捷径。

以下还有几条“动手做”的艺术算法，为你提供在家创作艺术的捷径[㊀]。

索菲娅·阿尔－玛丽亚（AL-MARIA，Sophia）
（2012 年）

找一台能接入丰富卫星节目的电视。

利用斐波那契数列，按顺序选择频道。

0，1，1，2，3，5，8，13，21，34，55，89，144，233，377，610，987 等。

㊀ 可参见《做》一书，上海文艺出版社。——译者注

也可以使用斐波那契计算器。

用数码设备给每个选取的频道拍一张照片。

当你用尽了黄金比例所规定的卫星频道选项时，按你收集数据的相反顺序整理，并合成一个马赛克图案。由此获得的图像是多面媒体矩阵的一个的简化表现。

惊叹于我们人造奇迹的惊人平庸。

特蕾西·艾敏（EMIN，Tracey）

特蕾西会怎么做（2007 年）

找一张桌子。在桌子上放 27 个颜色、大小均不同的瓶子。拿一卷红棉线，把它缠在瓶子上，就像一张奇怪的网，把它们全连到一起。如果你愿意，你可以把棉线放到桌子下面开始缠。

艾莉森·诺尔斯（KNOWLES，Alison）

向每一件红色物品致敬（1996 年）

将展览空间的地面划分成任意大小的方格，每个方格里放一件红色的东西。例如：

- 一种水果；
- 一个戴红帽的洋娃娃；
- 一只鞋。

用这种方式完全覆盖地面。

小野洋子（ONO，Yoko）

许愿卡片（1996 年）

许下一个愿望。

将愿望写在一张纸上。

把它折起来，系在许愿树的树枝上。

请你的朋友也这样做。

继续许愿。

直到枝头挂满了愿望。

07

CHAPTER 7

第七章 数据捷径

你受邀参加一个游戏节目。现场摆着21个箱子，每个箱子里都装着现金奖励。你一次只能打开一个箱子。你可以留下最后打开的箱子里的钱。但只要你再打开新的箱子，就不能回去拿上一个箱子里的钱。问题是，你根本不知道奖金会有多大。可能有个箱子里装着100万英镑，也可能它们的奖金都只有不到1英镑。你的挑战是：你应该打开多少个箱子，才能让自己有最大机会获得所有箱子里最大的奖金？

每天，我们都在不断扩大的数字世界中漫游，生成越来越多的数据。人类如今两天内产生的数据量，就相当于我们从文明之初到2003年所产生的数据量之和。这是一个有待探索的广阔数字领域。对于任何具有模式识别能力的公司来说，隐藏在这些数据中的都是宝贵的财富，有助于你预测你的下一步数字行动。在这片数据丛林中找到自己的路径并不容易，但数学家已经发现了一套聪明的捷径，无须探测整个领域，就能发现这些宝藏。

17世纪，科学革命一爆发，我们生成的数据就铺天盖地地袭来。1663年，初代人口统计学家之一约翰·格兰特（John Graunt）抱怨说，他对当时肆虐欧洲的黑死病进行研究时，"庞大的信息"淹没了他。但为了应对流行病，你需要这些数字。这就是为什么2020年，世界卫生组织总干事谭德塞在日内瓦的新闻发布会上说，在新冠疫情中生存下来的关键是"检测、检测、检测"。如果没有这些数据，政府就不知道应该部署哪些资源，部署到哪里去。

然而，如果没有从噪声中发现信号的方法，数据就没有用。1880年，美国人口普查局抱怨说，它收集的数据太过广泛，分析这些数据就要花10多年时间，而那时候，它早就被来自1890年的更多人口普查数据淹没了。我们需要工具，从正在生成和收集的海量数据中找到通往信息的捷径。

我的偶像高斯一直是数据爱好者。他15岁生日时得到了一本满是数字的书作为礼物，书里有对数表，后面还附有质数列表，这让他喜出望外。"你根本不知道对数表里蕴含着多少诗意。"他写道。他花了好几个小时，尝试梳理出隐藏在随机质数里的某种模式。他最终意识到，这与书前面的对数有关。这一发现带来了质数定理，它可以预测一个随机抽选的数是质数的概率。

根据天文学家在谷神星运行至太阳背后前所收集的观测数据，他成功地预测了谷神星穿过夜空的路线。他报名参加汉诺威政府的人口普查数据分析工作，并宣称："我希望能编辑本地区人口普查、出生和死亡名单，不是作为工作，而只是出于个人的兴趣和满足感。”他甚至花时间分析了哥廷根大学教授遗孀的养老金计划，并得出了与其他担心者相反的结论：该基金状况良好，有能力支付给遗孀们更高的薪资。

从夜空的噪声中成功还原谷神星，要归功于他发明的一种策略，名为“最小二乘法”。高斯揭示，如果你有一些嘈杂的数据，想要绘制出最可能通过的直线或曲线，那么你要选择这样一条曲线：你计算每个数据点到曲线的距离，将距离值平方，而后将所有答案的值加起来，这个数值要尽可能小（见图 7-1）。

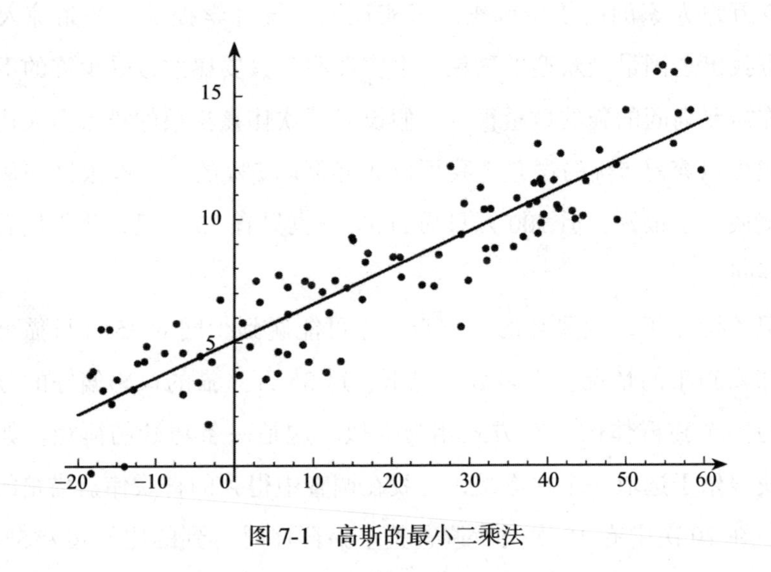

图 7-1　高斯的最小二乘法

高斯在 1809 年发表的论文中概述了这一方法，还解释了数据为什么喜欢排列成一种我们现在称为“高斯分布”的形状。从本质上说，如果你绘制许多不同的数据集——人们的身高、血压、测试结果以及天文或测量的误差，你会看到相同的分布：大多数案例聚集在中间，边缘有一些异常值。该曲线通常被称为钟形曲线，因为它呈钟形。

高斯和其他人发明的统计工具，如今是每个人在当今数据丰富的世界中导航的首选捷径。

十有八九

小时候，电视上经常出现猫粮广告，它总会让我感到好奇。广告中说，有研究表明，10 只猫中有 8 只更喜欢吃广告中提到的伟嘉牌猫粮。我觉得很奇怪，因为我不记得有人来问我们家的猫喜欢什么猫粮。我想知道，他们问了多少只猫，就提出了这么大胆的主张?

你兴许认为，一定要做大量的工作，才能有根据地提出这样的主张。毕竟，据估计，英国有 700 万养猫人。显然，伟嘉猫粮的制造商并没有敲开 700 万户人家的门挨个调查。事实证明，统计学提供了一条惊人的捷径，可找出全国最受欢迎的猫粮。事实证明，只要愿意接受少许的不确定性，你需要询问的猫的数量很少。假设对喜欢伟嘉猫粮的猫占多大比例一事，我可以容忍 5% 的误差。我可以放弃询问 5% 的猫，以跟这一额外误差做交换。这很好，但 700 万只猫的 5%，也只有 35 万只，我仍然有很多的猫要问。

但关键在于，我要真的很倒霉，才可能碰到少问的 35 万只猫全都不喜欢伟嘉猫粮的情况。大多数情况下，这 35 万只猫的口感偏好的分布方式，与整个猫群体的分布方式相当类似。这是一条巧妙的捷径。如果我说，我很乐于选取一个样本量，使我在调查中得到的喜欢伟嘉猫粮的猫的比例，在 20 次中有 19 次与我调查整个猫群体时得到的比例相差 5%，那么，这需要多大的样本量呢? 令人惊讶的是，你只需要问 246 只猫，就能获得这种程度的确定性，即你真的代表了全英国 700 万只猫的口感偏好。这个数目小得惊人。这就是数学统计的力量，它能够让你在问了这么几只猫的基础上，就有信心做出这样的断言。上过一门数学统计课之后，我总算明白了为什么从来没有人问过我们家的猫喜欢什么猫粮。

就连古希腊人也意识到了以点概面的力量。公元前 479 年，有个城邦联盟打算进攻普拉提亚城，他们需要知道攀爬城墙所需梯子的长度。联盟派出士兵们测量用来建造城墙的砖块样本的大小。通过取平均尺寸，再乘以外墙可见的砖块数量，便可很好地估计出城墙有多高了。

但直到 17 世纪才逐渐开始出现更复杂的方法。1662 年，约翰·格兰特利用伦敦举行葬礼的数据，首次估计了伦敦的人口。根据从教区记录中收集的数据，他估计每 11 户家庭每年有 3 人死亡，平均家庭规模为 8 人。考虑到每年记录的葬礼数量为 1.3 万，他估计伦敦的人口为 38.4 万。1802 年，法国数学家皮埃尔－西蒙·拉普拉斯更进一步，对 30 个教区的登记洗礼数量进行抽样，估算出了整个法国的人口数量。他的数据分析表明，每个教区内，每 28.35 人有一次洗礼。根据当年法国共有多少次洗礼的记录，他可以估算出法国总人口为 2 830 万。

就连想知道英国有多少只猫，也需要走这类由小至大的统计捷径。就英国猫科动物的数量而言，我们可以采用跟古希腊战士测量城墙类似的策略：调查一个小样本，接着扩大规模。如果你知道小样本中的养猫比例，只要简单地乘以该国总人口数，便可得到估计值。但如果你想估计英国野生獾的总数呢？獾不是人类饲养的，我们不能像计算猫的数量那样通过统计人均数来推断。

于是，生态学家转而使用了一种叫作“捕获－再捕获”的聪明捷径，这是拉普拉斯做出估计的核心策略。假设他们要估算格洛斯特郡獾的数量。生态学家先设置一些陷阱，在一段特定的时期内捉獾。但他们怎么知道抓到的獾占总数的比例是多少呢？他们不知道。然而，这里有一个巧妙的技巧。把你捉到的所有獾做上标记，把它们放回野外，让做了标记的獾有时间重新融入整个种群。接着在全郡安装摄像头，记录獾的情况。现在你得到两个不同的数字：看到的獾的总数和做了标记的獾的数量。这样一来，生态学家就能知道做了标记的獾在看到的獾中所占比例。他们现在可以按比例扩大了。如果他们知道了该郡做了标记的獾的总数，也知道了做了标记的獾在该郡獾的总数中所占的比例，他们就可以估计出该郡獾的总数。

例如，假设第一次捕获中捉到100只獾并做了标记，而在随后的视频观察样本中，有1/10的獾是带标记的。根据摄像头拍摄下来的比例，我们可以估计獾的总数为1 000只。在拉普拉斯的例子中，出生的婴儿（数量已知）在总人口（数量是未知的）中代表标记样本，接着统计30个教区里婴儿的数量（各教区婴儿数量及总人口均为已知），代表实验的再捕获环节。

如今，人们用这一策略估算各种数据，从历史上英国遭受奴役的人数，到二战期间德国制造的坦克数量。

有时，捷径存在的问题是，它们并不总是通往知识的坦途。偶尔，它们会把你引入歧途，给你一种已经找到答案的错觉，而实际上，捷径指引你到达的地方，离你想要到达的地方还很远。这也是统计捷径的危险之一。它们可能抄了小路，但并非真正的捷径。

虽然你可以通过询问246只猫来了解700万只猫的偏好，但你肯定不会指望能从10只猫的样本中了解到太多信息。然而，科学文献中有许多例子，都根据小得如此可笑的样本做出了重大发现。这种情况大多出现在主要期刊上报道的不少心理物理学和神经生理学研究中，因为此类研究很难找到太多的样本。但你真的能从对2只恒河猴或者4只老鼠的研究里推断出什么东西来吗？

遗憾的是，媒体上经常大肆宣扬“10个X中有8个更偏好Y”一类的头条发现，却不告知使用了多大的样本规模，这让你几乎无法了解这一发现的真实程度。

合乎情理地报告重大发现的黄金标准，可以参考我为确定猫粮调查良好样本规模而设定的参数。在那个例子中，如果样本规模能在20次里有19次正确地代表猫群体的食物偏好，我就乐于接受。

涉及科学发现及其潜在显著性的时候，例如一种治疗某疾病的新药，如果不服用该药物被发现的概率低于1/20，那么，服用该药物的效果即可认为是显著的。这么说吧，假设你发明了一段能让硬币正面朝上的咒语。大多数人肯定都心存怀疑，那么你需要怎么做来说服他们相信呢？如果你施完咒语后，投掷20次硬币得到15次正面。这是否暗示了它有点效果呢？如果你计算一枚均匀硬币投掷20次出现15次正面朝上的概率（不使用咒语），这种情况发生的概率小于1/20。故此，你投出了15次正面的事实，意味着你有理由认为你的咒语可能是有效果的。

自20世纪20年代以来，1/20的随机可能性一直是发现被视为具有“统计显著性”的门槛，只有达到这一标准，你的发现才能获准发表。这叫作*P*值小于0.05。1/20代表事件有5%随机发生的概率。

麻烦的是，只要有20支研究小组，便有一支很可能随机得到这样的结果。19支研究小组会转向其他设想，但第20组的人会非常兴奋，他们认为自己已经通过了发表重要成果的门槛。你应该能够理解，为什么哪怕有了这样一个阈值，文献中仍然出现了那么多古怪的假设。这就是为什么有人呼吁，要试着去重现许多由于通过了这一统计显著性检验而发表的结果。

反过来说，如果某事的*P*值为0.06（或随机发生的概率为6%），它就会被认为效果太弱，不具有统计显著性，通常会遭到拒绝。然而，作为拒绝假设的理由，这也同样危险。即便如此，负面的结果并不会变成值得报道的好消息。所以，另外19支研究小组没有发表他们得到的无关联性发现。

务必非常小心地对待此类阈值。如果你试图判断一枚硬币是否均匀，有没有被动手脚，这个阈值大概可行。但想想看，你试图判断的是，医生的失败率是不是由于其失职所致。你总不会想让1/20的医生都去接受调查吧。那么，你应该在哪个点上开始关注呢？

例如，1998年9月，受人敬重的家庭医生哈罗德·希普曼（Harold Shipman）因给至少215名患者注射致命剂量的吗啡而被捕。由戴维·斯皮格霍尔特（David Spiegelhalter）牵头的统计学家团队随后提出，如果使用一种最初在二战中引入的用于保持军事物资质量控制的测试，他们可以更早地从希普曼的数据中发现奇怪的地方，并有可能挽救175条生命。

显著性阈值需要谨慎对待。2019年3月，850名科学家给《自然》杂志写了一封信，反击了科学界将*P*值作为科学发现基准的痴迷心态。信中说："我们不是呼吁禁止使用*P*值，我们也不是说它不能在某些具体应用中充当决策标准（比如确定生产流程是否满足某种质量控制标准），我们也不是在倡导一种随心所欲的局面，这些情况下薄弱的证据会突然变得可信起来……我们是在呼吁，停止仅以传统的二分法使用的*P*值，来判断是否驳回一个结果或支持某一科学假设。"

群体智慧

统计学家弗朗西斯·高尔顿（Francis Galton）爵士想出了一条巧妙的捷径，那就是咨询大量普通人，让他们完成所有辛苦的工作，然后用一点精明的数学方法来完成最终的任务。如今，高尔顿因其不道德的优生学种族主义理论而受到批评（这种批评是正当的），但他的群体智慧理论仍被公认为分析大数据的一种宝贵工具。实际上，他发现这一理论，恰恰是因为他试图证明与此相反的假设。他原本对普通社会成员的集体智慧缺乏信心，甚至非常不认可允许公众在政治上享有发言权的做法："许多男女愚蠢而顽固，到了几乎不可信的程度。"

为证明自己的观点，高尔顿决定用家乡普利茅斯的集市做实验。此地有一项比赛——宰杀牛并清除其内脏后猜重量。该挑战吸引了800人掏出6便士，提交自己的估算。尽管少数参赛者可能是农民，但大多数都是没有什么知识可以利用的游客。"在估计去了内脏的牛的重量方面，普通参赛者判断的准确性，很可能一如普通选民对自己投票参与的大多数政治问题的看法。”高尔顿不屑地写道。

但等他带走这些猜测数据，进行统计分析的时候，他吃了一惊。尽管许多猜测都偏离了目标，一些人严重低估了重量，另一些人则大大高估，但他发现，如果你取所有数的平均值，它神奇地接近真实数字。（实际上，高尔顿是从所有猜测的中点开始分析的，这个值被称为中位数，同样非常准确。）人们对公牛重量的平均猜测值是 1 197 磅[㊀]，实际重量为 1 198 磅，只相差 1 磅。

高尔顿目瞪口呆。“这个结果的可信度，似乎比民主判断的可信度的预期还要高。”他写道。他让群体来完成辛苦的猜测环节，而后以数学为捷径，找到了答案：这是真正的群体智慧。

最近，我收到一位公众的感谢信。他听了我的演讲后，在本地集市上使用了这一策略。挑战是估计一个罐子里糖豆的数量。他一直等到集市要结束的最后一刻，才把所有挑战者的猜测输入一份 Excel 表格，取其平均值，做出自己的猜测。事实证明，他借助了群体智慧的估计值是最接近的，距离实际数字 4 532 颗，只相差 5 颗。他在给我的信中附上了几颗糖豆，作为我告诉他这条取巧捷径的报答。

另一个展现群体智慧的例子来自著名游戏节目《谁想成为百万富翁》（*Who Wants to Be a Millionaire*）。大多数时候，你独自回答问题，努力答对 15 道题，便能获得百万英镑的奖金。可要是你完全没有头绪，也有些救命稻草可以抓，其一是给朋友打电话，其二是询问观众。瑞士的一队学者收集了德国版节目的数据，结果显示，根据其样本，观众被问了 1 337 次，只有 147 次答错。正确率达到了惊人的 89%。与之相比，给朋友打电话的数据显示，求助者在 46% 的情况下都未能获得正确答案。

如果你想向观众求助，切莫说出你对可能的答案有什么看法。人类是

㊀　1 磅＝ 0.454 千克。

个很容易受到误导走上歧途的物种。举一个选手的例子：如果她正确回答了以下问题，她将得到 25 万英镑。

挪威探险家罗尔德·阿蒙森（Roald Amundsen）是哪一年的 12 月 14 日到达南极的？

A. 1891 年

B. 1901 年

C. 1911 年

D. 1921 年

她非常确信败给了阿蒙森的英国探险家罗伯特·斯科特（Robert Scott）是维多利亚时代的人，所以她确定答案 C 和 D 是错的。但她拿不准前两者谁对谁错，于是她询问观众。请看她得到的结果。

A. 28%

B. 48%

C. 24%

D. 0

当然，按照本能，人会选 B。但答案 C 很奇怪——既然参赛者非常确定答案是错的，为什么还有那么多人选 C 呢？答案是，参赛者错了。事实上，她很可能把很多人引入了歧途，因为她公开了自己的想法，结果人们投给了 B，如果让观众自行决定，他们本来会投给正确答案 C 的。

不过，信任玩家的策略，可能还要看你是在哪个国家参加游戏。俄罗斯观众素以误导选手、故意选择错误答案而著称。当然，你总可以试试查尔斯·英格拉姆（Charles Ingram）少校用过的捷径：他被控靠着作弊手法赢下了 100 万英镑。他在观众里找了一个人，每当主持人念到正确答案时就咳嗽几声。事实证明，如果你懂数学，没有助手的咳嗽声，你也行。那次百万英镑奖金的最后一个问题是，确定 1 后面跟 100 个 0 组成的数字叫什么。是 A. 古戈尔（a googol），B. 威震天（a megatron），C. 千兆

（a gigabit），还是 D. 纳摩尔（a nanomole）？如果你需要帮助，我会在主持人念 A 答案时咳嗽一下。

如果公众这么睿智，谁还需要专家呢？这完全取决于手头要处理的任务。哪怕英国保守党政客迈克尔·戈夫（Michael Gove）在英国脱欧期间宣称，"我们已经有足够多的专家了"，但我还是不想搭乘一架乘客集体操纵的飞机。哪怕你把世界上所有的业余棋手都召集起来，一起跟马格努斯·卡尔森[㊀]（Magnus Carlsen）对弈，我仍然知道我该把钱押在谁身上。在哪些问题上，公众可能会给出通往答案的捷径？在哪些问题上，他们会把你引入歧途？确保听众独立作答，这一点很关键。请记住，在《谁想成为百万富翁》里，选手相信远征南极的英国探险家斯科特是维多利亚时代的人，对观众造成了误导。

心理学家所罗门·阿希（Solomon Asch）曾用例子说明，群体有着极强的说服力，影响人们违背自己的本能。阿希在 20 世纪 50 年代进行了一项实验，让 7 个人判断图 7-2 中的 3 条直线中哪一条与左边的直线长度相同。

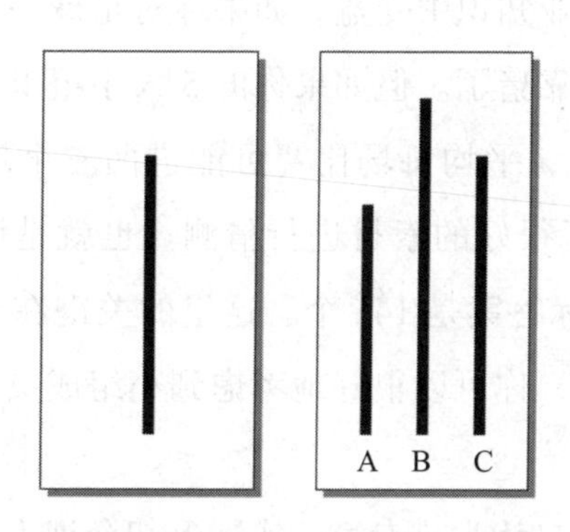

图 7-2 阿希的实验：右图中的哪一条直线与左图中的直线长度相等

机关在于，最先回答问题的 6 个人是卧底。他们都按要求选了 B。一

㊀ 挪威国际象棋特级大师。——译者注

次又一次，轮到第 7 个人回答问题，他们总是无法相信自己的眼睛。然而，想要与集体选择保持一致的愿望，压倒了他们自己的判断，他们会做出与前 6 个参与者相同的选择。

在社交媒体时代，这种随大流的想法，可能会对我们独立于他人做出选择的能力产生破坏性影响。社交媒体意味着，保持群体的独立性相当困难。

但也有一些证据表明，完全独立同样不一定有利于形成明智的群体。阿根廷的一支研究团队进行了一项有趣的研究，他们发现，如果在汇总结果之前，让群体成员展开一些商议，得到的答案会胜过完全独立的群体。

该研究团队在布宜诺斯艾利斯举行了一场现场活动，先请 5 180 名观众每人回答 8 个问题（例如，埃菲尔铁塔有多高？ 2010 年世界杯进了多少个球？），但不与旁边的人交谈。研究团队收集答案并计算平均值。随后，研究人员又把观众分为 5 人一组，先讨论问题，再给出修改后的答案。研究团队收集并汇总了后一类的数据，他们发现其结果更加准确。

关键是，少数人具备一些专业知识，可以帮助那些毫无头绪的人，所以群体可以从一些专业知识中受益。如果你对足球一无所知，估计世界杯的进球数就只能完全靠猜了。但如果你的 5 人小组里有一个人对足球略有涉猎，并向你解释说，平均每场比赛可能进两三个球，而且世界杯共有 64 场比赛，你就有了很好的素材进行猜测。也就是说，总进球数大概在 2.5 × 64=160 个。实际答案是 145 个。这里的关键在于，当你根据之前的讨论进行新的猜测时，你可以很好地考虑到小组成员提供的令人信服的专家知识。

当然，也会有人自认为是专家，实际上却会把人引入歧途，所以我们不希望让一个自信的领导影响整个群体。即便如此，一群小团队的组合，似乎仍比一群个体的组合更有成效。

另一个能带来极大不同的特质是确保群体有着形形色色的观点。参加布宜诺斯艾利斯活动的观众可能来自喜欢参加此类活动的特定社会阶层，如果是这样，你可能会错过更多样化的社会阶层。在一些有趣的案例中，这一点得到了证明。在这些案例中，政府要求公众帮忙做出预算决策，而不是把它们交给政客。1989 年，巴西的阿雷格里港最早进行了参与式预算的探索。2008 年世界金融危机后，冰岛经济陷入衰退，政府决定邀请公众帮助制定预算。然而，普遍看法是，这一举措并不成功。邀请人们申请参与，站出来的似乎只有对政治感兴趣的人。由此形成的群体具有内在的偏误，无法达到设计这一制度最初希望利用到的多样性。

因此，加拿大的不列颠哥伦比亚省在进行同样的实验时，采用了随机挑选参与者并寄送信件，期待其参与的做法（类似要求公民履行做陪审员的义务）。由于参与者是随机选择的而非让他们主动选择的，所以人群有了更多样化的意见范围，更吻合参与式预算的理想。

谁想成为科学家

过去几年，我们亲眼见证了公民科学项目的激增。利用公众作为科学发现的捷径，是取得这一进展的关键。最早也最成功的一个公民科学项目，是在我就读的牛津大学开展的，它名为“星系动物园”。牛津大学有大量通过天文望远镜拍摄的精彩星系照片，但没有足够的研究生来看遍所有的照片。该项目刚启动时，计算机视觉尚处初级阶段，无法区分漩涡星系和椭圆星系。

但对于人类来说，区分两者很简单。事实上，牛津大学的研究团队意识到，做这件事无须天体物理学博士的帮助，而是单纯需要大量的眼睛来查看数据。参与这个项目的公众将获得快速的在线教学，向他们解释要寻找什么，并展示漩涡星系和椭圆星系之间的区别。之后，参与者就可以尽情享受由世界各地的天文望远镜捕捉到的大量未分类图像。

通过借助公众的力量，该大学的天文系得以简化对所有这些数据进行分类的繁重任务。这有点像马克·吐温的小说里汤姆·索亚（Tom Sawyer）让朋友们刷栅栏的故事：家里人罚他粉刷栅栏，但他把这项工作变成了玩耍，突然之间，他所有的朋友都排着队来帮忙粉刷。

“星系动物园”的公众参与者做得比这还要好，他们从数据中发现了一种全新的星系。有些图像不符合数据标注要求里的任何一类。专业天文学家遇到过这些图像，认为这只不过是异常情况。但“星系动物园”的参与者开始遇到越来越多的图像，看起来就像坐在黑暗太空中的绿色豌豆。“星系动物园”的博客上出现了一篇名为《给绿豆一个机会》的帖子，请求不要忽视这些绿色斑点。约翰·列侬（John Lennon）歌曲中的幽默文字游戏，让这些星系得到了“绿豆星系”的美称。

公民科学家的发现，最终促成了一篇论文《星系动物园的绿豆：致密星系的发现》（*Galaxy Zoo Green Peas: Discovery of a Class of Compact Extremely Star-Forming Galaxies*），发表于《皇家天文学会月刊》。

利用公众充当科学发现的捷径，并不是件新鲜事。1715 年，天文学家埃德蒙·哈雷（Edmond Halley）召集了 200 名志愿者，计算当年 5 月 3 日日食期间，月亮的影子掠过英国的速度。他请常驻全国各地的公众记录日全食发生的时间和持续时长。遗憾的是，在牛津，那天天阴沉沉的，志愿者们无法提供任何数据。守在剑桥的团队碰到了好天气，可惜他们走神了，错过了！负责剑桥队的柯茨牧师在给哈雷的信中说：“陪同的人太多，让我们深受折磨。”他们无奈要给前来拜访的人们端茶倒水，等到准备开始观测时，日食已经结束了。

哈雷最终仍设法收集到了足够的数据，估算出月影以每小时 2 800 公里的惊人速度扫过地球。他将研究结果发表在自己担任研究员的英国皇家学会期刊上。

受哈雷成功所鼓舞，英国皇家学会的另一位成员本杰明·罗宾斯

（Benjamin Robins）在一项实验中寻求市民的帮助，以了解烟花飞至天空中的高度。1749 年 4 月 27 日晚上，英国国王乔治二世为庆祝奥地利王位继承战争结束而举行了一场烟火表演，并配上了由国王最喜爱的作曲家乔治·弗里德里希·亨德尔（George Frideric Handel）专门为此创作的音乐。

罗宾斯在《绅士杂志》（*Gentleman's Magazine*）上刊登了一则广告，请人们记录下自己所在位置的烟花高度：

如果好奇的各位，在离伦敦 15～50 英里的地方，于燃放烟花的夜晚，在合适情况下仔细观察，我们应该会知道能看到烟花的最大距离应是多少；我认为，如果观测者的情况和夜晚的条件都适宜，距离应当不会少于 40 英里。如果聪明的先生们在距烟花 1 英里、2 英里或 3 英里的范围内，尽可能仔细地观察烟花在最高点时与地平线形成的夹角，将可足够精确地判断出这些烟花的垂直上升高度。

这绝不是个无聊的研究项目。考虑到火箭对军事的重要性，了解烟花的射程在开发武器时非常有用。不幸的是，罗宾斯在《绅士杂志》上所做的说明太晦涩了，除了离伦敦 180 英里远的威尔士卡马森的一位先生，大家都失去了兴趣。这位先生在山顶耐心地等待着，声称在地平线以上 15 度的高度看到了两次闪光。考虑到地球的曲率和比肯斯山脉的阻挡，他不太可能真正看到当晚放出的 6 000 支烟花中的任何一支。在听说当晚燃放了多少支烟花且几乎难以波及威尔士之后，这位志愿者认为整件事情是对公共资金的巨大浪费。

时至今日，公众对科学调查的帮助，已经远远将罗宾斯那次失败的尝试抛到了身后。从在南极发回的视频片段中数企鹅，到折叠蛋白质以发现退行性疾病的关键，征募群众一直是获得新见解的一条非常巧妙的捷径。

企业界也没有忽视公众的力量这条获取知识的捷径。事实上，Facebook 和谷歌的成功，便依靠的是大众为换取其服务，免费提供有价值的数据。

机器学习

“星系动物园”项目启动于2007年，当时计算机视觉还很差。然而，过去几年，计算机检测图像内容的能力有了极大的进步。这是由于采用了一种名叫“机器学习”的新的代码编写方式，代码通过与数据的交互，发生改变甚至产生突变。允许代码自下而上地学习，而不是以自上而下的方式“制定”代码，这为撰写出强大的算法提供了一条神奇的捷径。代码本身可能并不特别高效流畅，但借助如今的计算能力，它不再像过去那样是个太大的问题。

机器学习的一大成功便来自计算机视觉。这场革命的关键是，数据统计分析的力量带来了一条观察的捷径。计算机并非万无一失，但没关系，只要大多数情况下它能得到正确的答案，那就足够了。在本章前面我们说的“十有八九”捷径中，为实现区分猫和狗的正确率达99%，需要接触数据，但接触多少才够呢？我们可不想把网上所有的猫和狗的照片都给电脑，那实在太多了！

训练算法区分不同类别的图像，一般规则是，你需要用1 000幅图像来表示每一类别。创建猫的识别算法，需要1 000张猫的图片供代码学习。对标准的机器学习算法来说，更多的数据并不能真正提高成功率。算法似乎会陷入平台期。但对更复杂的深度学习模型，更多的数据确实表现出了对数改进。

比如，想知道哪些变量可能会影响销售，必须先知道你能获得多少数据。也许你认为一个星期里的某一天有影响，或是天气，或是新闻是否正面。了解影响销售的因素的方法是收集数据。选取你认为可能会影响销售的变量，记录所有变量发生变化时的销售额。

为了解你可以根据多少数据来做出一个明智的推断，我们可以看看回归分析和1/10规则。如果你追踪5个变量，那么10 × 5=50个数据就是了解这些参数变化对销售的影响所需收集的大概数据量。

但是我们必须以谨慎态度对待这类捷径，因为它也会把我们引入歧途。如果你希望收集一些智慧，那么保持群体多样性是很重要的，出于同样的道理，你需要确保数据的多样性。亚马逊希望开发人工智能来帮忙筛选工作申请，该公司将现有员工的资料作为模型。有鉴于迄今为止亚马逊对员工的素质感到满意，你兴许会认为这是一个明智的决定。然而，人工智能开始拒绝所有不是来自 20 来岁的白人男性的简历，公司这才意识到，该算法不公平地对待了大批求职者。

由乔伊·布奥兰姆维尼（Joy Buolamwini）发起的“算法正义联盟”（Algorithmic Justice League）发出呼吁，这类算法捷径无法把我们带到新的目的地，只会让我们回到固有的偏见上。

还有一点也很重要，切莫同时跟踪太多变量，因为跟踪的变量越多，就越有可能发现其中的模式，有时这种所谓的模式是种假象。有个例子可以说明跟踪太多变量的危险性。一项实验使用 fMRI（功能性磁共振成像）扫描仪检查大脑的 8 064 个区间（体素），以确定当参与者看到各种人类表情的照片时，哪些区间可能会参与其中。果不其然，有 16 个区间显示出统计显著性反应。问题是，被扫描的对象是一条大西洋大鲑鱼的尸体。研究人员一直使用鲑鱼等无生命物体，纠正假阳性[⊖]。但这也说明，测量太多东西并希望从中找出模式的危险之处。该团队获得当年的搞笑诺贝尔奖，因为他们的成就“让人们先是发笑，后是思考”。

该团队的研究员雷格·班纳特（Craig Bennet）解释说：“如果你玩飞镖时击中靶心的概率是 1%，你投出一支飞镖，那么你有 1% 的概率正中靶心；如果你投出了 30 000 支飞镖，那么我们假设你可能会击中靶心好几次。你找到结果的机会越多，找到结果的可能性就越大，哪怕它纯属偶然。”

⊖ 非真正的正确。——译者注

需要多少数据才能拿定主意

我在本章开头描述的游戏节目，其实可以为生活中面临的许多挑战充当很好的模型。你的第一个男（女）朋友很棒，但你应该跟对方结婚吗？还是说，你总有一种挥之不去的感觉，觉得兴许能找到更好的？天涯何处无芳草，或许另一个人是你的“真命天子”。但要是你甩了现在的伴侣，一般就没有回头路了。那么，在什么情况下，你应该平仓止损，安于现状？

找房子是另一个典型的例子。有多少次，你第一次搜索时就看到了一套非常棒的公寓，但之后又觉得需要多看几套再做定夺，可这样做就有可能失去第一套很棒的公寓？

数学里第二受欢迎的数字 $e = 2.718\ 28\cdots$，是增加你获得最大奖金机会的关键。和数学里头号受欢迎的数字 π 一样，e 的小数点后也有无限位数，它从不自我重复，是一个会经常出现在各种不同场合的数字。美丽的欧拉方程里就有它的身影，这个方程集合了我在第二章中介绍过的数学中最重要的 5 个数字，它还与你银行账户利息的累积方式密切相关。

但在我们假设的游戏节目中，e 竟然是最大概率选到获胜箱子的捷径。数学证明，如果你有 N 个箱子，你需要从 N/e 个箱子中收集数据，以了解奖金的大概情况。$1/e = 0.37\cdots$，即占箱子总数的 37%。一旦你打开了这么多箱子，你的策略就是选择下一个奖金数大于你此前打开的所有箱子的箱子。这并不能保证你一定能得到最大的奖金，但在 1/3 的情况下你会得到最大的奖金。如果你的决定以打开更少或更多的箱子为基础，这一概率会降低。37% 的数据是冒险前应该收集的最佳数据量，无论是游戏节目中的箱子、公寓、餐馆还是你的终身伴侣。当然了，最好别让你的伴侣知道你在爱情方面这么精于算计。

捷径的捷径

调查人们的喜好，你可以更好地判断新项目的发展方向。一如今天人们常爱说的那样，数据是“新的石油”，但了解需要多少数据来支持你的想法，同样很重要。数据太多，会淹死你；数据太少，项目又无法启动。统计学捷径表明，你可以根据一个小得令人吃惊的样本量就能应付得相当不错。找到收集数据的巧妙捷径也很重要。就像马克·吐温所写的那样，粉刷栅栏需要一个人花很长时间，但很多人很快就能完成这项工作。利用群体智慧是收集见解的一条途径，你可以发起微博投票，也可以设计一款产生数据的在线游戏，或是利用谷歌分析来了解自己网站的参与度。

中途小憩：心理治疗

我最初告诉妻子莎妮自己正在写一本关于捷径的书，她吃了一惊。她是一名心理学家，她认为，通常没有什么可以取代心理治疗中要付出的深入而持久的工作，以求重新对大脑接线。不过，莎妮也承认，治疗本身也找到了一些捷径，应对社会面临的巨大心理健康问题。

传统上，一说起去看心理医生，会让人联想到花上几年时间躺在沙发上谈论童年的场面。但对某些病症，有非常强大的技术可以缩短治疗时间。莎妮建议我和菲奥娜·肯尼迪（Fiona Kennedy）医生谈一谈。肯尼迪医生从事心理学工作多年，目前正在为人们提供一系列旨在解决心理健康问题的强化疗法培训。这些干预措施可以帮助有恐惧症、焦虑症、抑郁症和创伤后应激障碍的患者，无须多年治疗。

在肯尼迪看来，这些疗法成功的原因之一在于采用了一种更科学的方法。“如果你要去外科医生那里做心脏手术，为你做手术的有两位候选医生。一个医生说：‘这是我做心脏手术的过往记录。这些是我用过的方法，这些是我的成功率。’另一个医生说：‘嗨，我没收集任何数据，但我是个富有创造力的人，人们会觉得这非常鼓舞人心。我做过很多手术，我非常喜欢做手术。’你会找谁来做你的手术？”尽管循证思维最近才在心理治疗领域崭露头角，但已成为成功将这些方法引入全球卫生服务领域的关键。

最著名的心理学捷径，或许要算CBT，即认知行为疗法。20世纪60年代末和70年代初，精神病学家亚伦·贝克（Aaron Beck）开发了认知行为疗法，聚焦于思想、信仰和态度如何影响你的感觉和行为，并教你处理不同问题的应对技巧。

肯尼迪回忆起学生时代参加过的一项实验，实验要求老鼠和学生完成各种任务。“老鼠轻而易举地击败了学生，我们使劲琢磨这到底是怎么回事。”肯尼迪说。这项实验阐释了认知会怎样影响实现成功结果的过程。对于贝克和其他人来说，关键在于找到改变认知的方法。

肯尼迪用类似数学的方法，描述了正在发生的情况：“这一切都与网络有关。你有一套非常复杂的关系网络，它决定了你是谁，也决定了你如何回应这个世界。因此，改变这一网络就变得很重要。”

贝克最初的认知行为治疗模型以类似算法的方式看待我们的行为。触发因素作为输入，经处理后产生思想、感觉和行为，它们可能触发行动或输出。贝克提出，认知行为疗法把这套算法分解成更小的片段，以识别程序中的错误（bug)，即错误的认知。疗法的行为部分包括，治疗师通过练习向来访者证明算法的某些部分是错误的。例如，对蜘蛛的恐惧可以通过渐进式短暂接触蜘蛛来解决，从而表明患者对后果的恐惧并无根据。

值得注意的是，在特定情况下，光是觉察到认知错误，就可迅速导致积极的行为改变。更好的思考会带来更好的健康感。8个1小时疗程即可实现这样的改进，这使得认知行为疗法和其他疗法大爆发，成为人们重返工作岗位的捷径。这种疗法高度结构化，通常可以套用不同的形式，包括治疗小组、自助书籍，甚至手机上的应用程序。

医学界认为这条捷径极为有效，甚至成为英国“改善心理治疗的机会”（IAPT）计划的支柱。该计划始于2008年，它彻底改变了英国成人焦虑症和抑郁症的治疗方式。经济学教授理查德·莱亚德（Richard Layard）当时说服工党政府相信，让人们重返工作岗位能节省大量资金，该计划最终将会收回成本。2009年，政府分3年提供了3亿英镑，培训出3 000多位治疗师。今天，改善获得“心理治疗的机会”计划被普遍认为是世界上最雄心勃勃的谈话疗法项目。2019年，超过100万人通过该服务寻求帮助，以克服抑郁和焦虑。

有时环境只能进行极短的干预治疗，但肯尼迪向我介绍了一种仅有3个疗程的认知行为治疗模型，数据支持了它的有效性。临床心理学教授迈克尔·巴卡姆（Michael Barkham）最先提出了这一方法，称之为“2+1”模式。患者在一个星期里接受2个1小时治疗，3个月后接受第三轮治疗。越来越多的研究表明，这条捷径时间虽短，但很有效。例如，2020年发表在《柳叶刀》上的数据显示，这种密集的“2+1”模式显著减少了乌干达南苏丹女性难民的心理困扰。研究人员在论文中强调，在这种资金匮乏的人道主义背景下，大规模提供心理健康支持需要创新解决方案。

肯尼迪的方法还有一个引起我共鸣的方面是，使用图作为探索新视角的工具。认知三角就是其中一幅图，它旨在帮助治疗师和病人理解思想、感觉和行为的综合性质。有时会画一个正方形，把感觉分为两部分：情绪和身体感知。这里的设想是，如果不对该形状周围的流动进行干预，思想就会引发导致无益行为的感觉，比如害怕外出或害怕蜘蛛。但理解并觉察到这一循环，就有可能更早地加以干预，以改变行为。这幅图就像是患者的心智地形图。把自己提升到思想网络之外，患者便得以看到自己可以选择哪些不同路径。

肯尼迪描述了她提供给治疗师在治疗过程中思考的另一幅图。“想象你是食疗师，我是来访者，我们各自坐在跷跷板的两头，跷跷板在一条绳子上保持平衡，这条绳子横跨大峡谷。保持跷跷板的平衡，对我们两人都很重要。有一天，我去做心理治疗，我心情很好，因为我做了功课，做到了这些改变。于是，我在跷跷板上向你移动，你作为一个热情且体贴的治疗师，自然也会在跷跷板上朝着我移动。”

“但下个星期我又来了，这一回我觉得自己做不到了。我这个星期过得很糟糕。什么都不管用，没有任何效果，我只是想着放弃。我在跷跷板上想要躲开你。你的本能是追赶我，朝着我的方向靠过来。但这样做的话，我们会一同坠入大峡谷。你越努力，我越抗拒你。所以，你要做的是远离我。”

这是一幅很有意思的画面，因为肯尼迪把治疗变成了一个需要保持平衡的等式，就像跷跷板一样。

对肯尼迪和其他人来说，这些捷径的有效性证据来自数据，大部分数据由牛津大学心理学教授戴维·克拉克（David Clark）收集。数以万计的治疗师每个星期都会发送来自客户的数据，克拉克收集这些数据已长达10年。他将所有这些数据放在公共领域，以促进心理健康结果的透明度。

但有时，只有认知还不够。有时，没有任何捷径可以代替治疗中为对大脑重新接线所进行的深入而漫长的工作。肯尼迪承认，公式化的治疗方法存在弊端。

“认知行为疗法均以逻辑为基础。但实际上，心理治疗还需其他东西。自我接纳和依恋，成为家庭、群体和世界的一分子，这些都来自良好的成长过程，如果你想要对它们进行修补，不可能用8个疗程搞定。”

因此，有时候人们会把认知行为疗法看成伤口上贴的创可贴。它可能会在短期内止血，但如果你不解决伤口的成因，过一阵伤口会再次开裂。

如何在8个1小时的疗程里重新为大脑接线？一些治疗师担心，认知行为疗法有时只是在偷工减料，并非真正的捷径。

我想，治疗师的伴侣总是会对封闭的治疗过程到底发生了什么感到好奇。同样是出于这个原因，我把精神分析学家苏茜·奥巴赫的《疗愈中》(*In Therapy*) 从莎妮的书架上拿了下来。原来，这也是奥巴赫写这本书的动机之一：这本书献给奥巴赫自己的伴侣珍妮特·温特森 (Jeanette Winterson)，“她一直想知道咨询室里发生了什么”。

奥巴赫因治疗戴安娜王妃的进食障碍而出名。她在书中解释说，治疗不仅仅是训练大脑和身体去做某件新的事情，比如拉大提琴或说俄语。你必须先从难得多的事情做起：忘记一些东西。

治疗需要很长时间，因为你必须解决你的大脑理解世界的基本方式。奥巴赫说：“在心理治疗中，你不仅要学习一门新语言来增加技能，还要放弃母语中无用的部分，把它们与语法新的知识编织起来。”

我联系奥巴赫，想进一步探讨这个概念，她强调了这一点。但她也承认，在接待患者的治疗过程中，她仍然会使用一些捷径。她提到，模式可以扮演有趣的角色。治疗师会观察到与先前个案相对应的行为模式，以帮助为房间里的新患者绘制行动路线。与此同时，治疗师也必须认识到每个病例都是独特的个体。这两种认识务必保持平衡。

“我的治疗方法是，你会从对一个人的深入研究中汲取经验教训。”奥巴赫说，“这是弗洛伊德的遗产。这是一个有待研究的病例，并不意味着它们必然契合，但可能有50%适合。所以，从某种程度上说，如果它嵌入你的内心、你的思维、你的认知和你作为治疗师的情绪工具库当中，它就是一条捷径。”

这是心理学中存在的一种令人着迷的矛盾。一方面，它接近科学，因为类似病例研究这样的东西，患者是带着具体的病痛来就诊的。医生将症状与先前的病例研究相匹配，以便根据以前的病史来引导患者。类似地，行为模式可以为治疗师提供理解患者的捷径，一如模式帮助数学家应用之前的方法论，解决一个看似新奇的问题。另一方面，每个人心理的独特性意味着你永远无法原样照搬，每个病例都需要个性化治疗。做好心理治疗师是一门艺术而非科学。

“心理治疗是一门量身定制的技艺，每一个治疗群体或治疗搭档，都创造了需要加以回应的新环境。”奥巴赫说，“一个真相有可能开启另一个遮蔽最初认识的真相。人类心智的复杂结构在治疗过程中发生着变化。作为主动的参与者，观察内部结构的变化和情感的扩展，令人极为满足。守方怎样运用防御，攻方又怎样规避防御、及时消解，这种美或许类似于数学家或物理学家发现了一个简洁明了的方程的体验。”

奥巴赫暗示我，她对待每个新患者的方式，与我身为数学家对待每个新问题的方式并没有太大的不同。

“如果我给一位潜在患者做评估，我就会产生一种身体上的感知，没准甚至在我的脑海里形成一种几何图形，包括内部对象关系、防御结构、情绪性这个那个等。我获取了那么多正在发生的事情，但我甚至不知道它们在发生，直到我把它写出来。所以说，这构成了一条捷径。但话说回来，这也是我已经从事这一行整整40年的结果。”

一如既往，我们的主题反复出现：捷径来之不易，需要多年的努力。我想知道，对治疗中把认知行为疗法视为捷径，奥巴赫怎么看。她对这种近乎算法式的治疗方法持怀疑态度。

“我不相信人为的治疗法。这是否意味着它没用呢？不。有总比没有强。但你能在8个星期还是8次疗程中就有所好转？很多普及式心理治疗的问题在于，负责做这件事的人往往并非治疗师，而这又偏偏是一项高技能工作。”的确如此，一些认知行为疗法甚至是由人工智能治疗师交付的。奥巴赫不相信心理治疗能简化为一个人人可以照搬的公式。她说：“人的主观性并非微不足道，它无限复杂而美丽。”

认知行为疗法兴许有能力为患者构建框架，让他们看到特定思维模式并理解其源自何方。有了觉知，患者便可以采取行动，让这些负性自动思维短路。但在奥巴赫看来，此类疗法忽略了心理治疗的一个基本特点，那就是这些模式往往是在思想层面起作用，而不是情绪层面。这就是为什么她认为认知行为疗法不能真正充当心理治疗捷径的关键。情绪在高层次认知和意识中发挥着至关重要的作用。不从情绪层面解决问题，你就无法改变情绪。情绪创造了数十年发展起来的认知结构。举个例子，奥巴赫说："你有一套防御机制，所以你可能会理解，没错，我在重复这种特定的行为，因为它嵌入了我的内心，我就是这么理解的，比如'爱就是恨''打就是爱'，或者其他任何事情。我理解了，但这里面的情绪元素非常复杂。没错，认知行为疗法只是一种辅助手段，但基本上……"这时她长长地叹了一口气说，"……让它发挥作用可不容易。"

08

CHAPTER 8

第八章 概率捷径

你应该把钱押在以下哪一项上?

(1)投出 6 枚骰子,得到至少一个“六点”。

(2)投出 12 枚骰子,得到至少两个“六点”。

(3)投出 18 枚骰子,得到至少三个“六点”。

现代生活由一系列基于可能结果评估的决策构成。风险分析是我们日常生活中不可或缺的一环。今天下雨的概率为 28%，我要带上伞吗？报纸宣称，如果我吃培根，患肠癌的概率会增加 20%，我应该戒吃培根三明治吗？考虑到发生事故的风险，我的汽车保险是不是太高了？买彩票有意义吗？玩棋牌游戏时，我下一轮掷骰子让自己处于下风的概率是多少？

许多职业在做关键决定时都要计算概率。一只股票上涨或下跌的概率是多少？根据呈堂的 DNA 证据，被告是否有罪？病人是否应该担心医学检验里的假阳性？足球运动员在罚点球时应该瞄准哪里？与一个不确定的世界谈判，是一项极具挑战性的任务。但雾中找路并非全无可能。数学已经发展出一条强大的捷径，帮助我们应对从游戏到健康再到金融投资等各种不确定因素，那就是概率数学。

掷骰子是探索这一捷径力量的最佳方式之一。本章的开篇挑战，来自 17 世纪著名日记作家塞缪尔·佩皮斯（Samuel Pepys）。佩皮斯一直对碰运气的游戏很着迷，但他对把自己的血汗钱押在掷骰子上也非常谨慎。1668 年 1 月 1 日，他在日记中写道，从剧院回家时，他偶然碰到“脏兮兮的”学徒在跟一群闲人玩，回忆起小时候仆人带自己去过那里看人们掷骰子，试图赢点钱。佩皮斯记录说，看到“一个人和另一个人对待失败的态度有多么不同，一个人叫骂不迭，另一个人喃喃自怨，还有一个人则完全没有任何明显的不满情绪”。他的朋友布里斯班先生愿意给他 10 个硬币试试运气，还说，“没有人第一次就输的，魔鬼太狡猾了，不会让赌徒气馁的”。但佩皮斯拒绝了，逃回了自己的房间。

佩皮斯小时候旁观赌钱的时候，没有任何捷径可以让他获得优势。但在他从青年到成年之间的这几年里，事情发生了变化，因为法国有两位数学家费马和帕斯卡提出了一种新的思考方式，为赌徒提供了一条潜在的赢钱捷径，或至少少输一些钱。佩皮斯也许还没有听说费马和帕斯卡取得的突破，把骰子从魔鬼手中抢到了数学家手里。今天，在世界各地的赌场，从拉斯维加斯到澳门，他们两人创立的概率数学成了维持这些地方生意的关键，再也没有“闲人玩”什么事了。

这样的机会有多大

费马和帕斯卡听说了佩皮斯在思考一个类似的挑战之后，受到启发想出了一条捷径。两人有一位共同的熟人梅雷骑士（Chevalier de Méré，此人是一名作家兼业余数学家），想知道下面哪一种赌注更好：

A. 投掷一枚骰子 4 次，得到 1个“六点”

B. 投掷两枚骰子 24 次，得到 2个“六点”

这位梅雷骑士实际上并不是骑士，他的真名是安托万·贡博（Antoine Gombaud），他喜欢在对话中用这个头衔表达自己喜欢的观点。这个名字一直沿用下来，朋友们开始叫他骑士。为了解开骰子之谜，他走了很长的路，做了大量的实验，一遍又一遍地投掷骰子，但研究结果还是不确定。

于是，他决定带着这个问题，前往耶稣会修道士马林·梅森（Marin Mersenne）在修道院宿舍里组织的沙龙去请教。在当时的巴黎，梅森沙龙算得上是智力活动的中心，他收集有趣的问题，然后把它们转发给其他通信者，他认为这些人兴许能提出一些聪明的见解。他显然为梅雷骑士的挑战选择了合适的人。费马和帕斯卡的回应就是建立起本章所讲的捷径：概率理论。

不足为奇，走远路并没有真正帮助梅雷骑士判断哪种选择最好。而费马和帕斯卡将新的概率捷径应用到骰子上后，他们发现选项 A 出现的概率是 52%，选项 B 出现的概率是 49%。如果你投掷骰子 100 次，随机误差很容易掩盖这一差异。只有投掷大约 1 000 次之后，真正的游戏模式才会显现出来。这就是这条捷径如此强大的原因。你用不着做大量重复实验的辛苦活了，更何况，这些重复实验还可能让你对问题产生错误的感觉。

费马和帕斯卡提出的捷径有一个有趣的地方，它对你真正的帮助仅在于获得长期优势，而不是帮助赌徒在某一次赌博中获胜。但从长远来看，这带来了巨大的差异。出于这个原因，这条捷径对于赌场来说是个好消息，而对那些希望一次性赚点快钱的闲散赌客并不是好消息。

回到伦敦，佩皮斯写道，他饶有兴致地在步行回家路上看到赌客们尝试投出七点来："听到他们漫无目的地叫骂，有个人拼了命地想投出一个七点来，但掷了很多次也没能做到。他们说他一定是被诅咒了才投不出来。其他人随手一投就能投出来一个，这让他感到无比绝望。"

这个人投不出来七点是因为特别不走运吗？根据费马和帕斯卡尔提出的策略，计算两枚骰子得到特定点数的概率，要先分析骰子落地可能有多少种方式，再看投出七点的各种组合在其中占多大比例。第一枚骰子有 6 种落地结果，结合第二枚骰子的 6 种落地结果，总共有 36 种不同的组合结果。有 6 种方式可以得出七点：1+6，2+5，3+4，4+3，5+2，6+1。考虑到每种不同组合有同等的出现可能性，他们认为，投掷 36 次骰子，有 6 次可得到七点。实际上，投掷两枚骰子，出现概率最大的就是七点了，但仍然有 5/6 的概率得不到七点。考虑到这一点，佩皮斯看到的这位投了很多次都投不出一个七点的先生，到底有多不走运呢？

投掷 4 次骰子都没有出现一次七点的概率是多少？$36^4 = 1\ 679\ 616$ 种不同的结果，所以要考察所有不同的情形，看起来相当困难。但费马和帕斯卡的捷径拯救了我们。要计算 4 次投掷没有出现七点的概率，你只需将每一次投掷的概率相乘：$5/6 \times 5/6 \times 5/6 \times 5/6 = 0.48$。这意味着连续投掷 4 次没有得到七点的概率，差不多是一半。

反过来，这也意味着，投掷 2 枚骰子 4 次，有一半的概率能看到七点。根据同样的分析，投掷一枚骰子 4 次，出现六点的概率也是一半。所以，佩皮斯看到的那位先生投掷 4 次仍然没有得到一个七点，算不上太出人意料的事，这就与投一次硬币没有出现正面的概率一样。

在玩诸如双陆棋或者《大富翁》等骰子游戏时，你可以将“两枚骰子投出七点的概率最大”这一事实利用起来。例如，监狱是《大富翁》棋盘上途经次数最多的方格。将两枚骰子可能得出的点数结合起来分析，这意味着一旦走进监狱方格，很多玩家便会更频繁地经过橙色区域的房产。所以，如果你能够抓住橙色房产，再在上面叠加酒店，便能够在游戏中获得关键优势。

一条巧妙捷径：思考相反的情况

在费马和帕斯卡的计算中，隐藏着数学家经常使用的另一条巧妙捷径。如果我从投掷骰子 4 次得到一个七点的概率着手，那会怎么样？很明显，不能把出现七点的概率乘以 4 次。它是“连续 4 次投出七点”这一罕见情况的出现概率。我必须考虑投出七点的所有可能组合：我需要计算第一次投掷得到七点、之后没有投出的概率；或者第一次和第二次没有投出七点，最后两次投出七点的概率。仍然是一大堆工作，但这里有一条强大的捷径。只有一种情况我无须关注：一次都没有投出七点。这一概率很容易计算。所以，与其从正面应对问题，不如看看它的反面。

我发现，不管我着手解决的是什么问题，它都是一条非常有效的捷径。如果正面处理某件事太复杂，试着从反面看。例如，理解意识是一个棘手的科学问题，但有时候，分析某物什么时候没有意识，可以让你对更直接的前一挑战获得新的见解。这就是为什么分析深度睡眠或昏迷的患者，有助于科学家了解是什么让清醒的大脑有意识。

从反面着手应对挑战的捷径，是解开以下问题的关键：在英国，每个周末都有 10 场英超足球比赛，出场球队中有两个人同一天生日的比例是多少？

乍一看，这似乎是一种相当罕见的情况。也许不到 1/10？我认为，人们对这个问题的直觉回答，受以下问题的影响。它就像是在问：如果我这个周末去踢足球，球场上和我一起踢球的人，有多大概率和我生日相同？这种情况发生的概率约为 5%。

然而，你只想到了自己的生日跟球场上每一名球员配对。其他人有没有可能出生在同一天呢？问题并未要求一定是别人和你同一天生日。这样一来，事情就开始变得更加复杂起来，人们意识到，两个人出生在同一天的情况可以有很多种。

但是，利用反向看待问题的捷径，能得到一个更有效的办法来解决这一挑战。球场上所有人的生日都不一样的概率有多大？如果我能计算出这一概率，再用 1 减去它，就能得到两个人同一天生日的概率了。

比赛即将开始，球员们依次进入球场。我先跑进赛场，接着下一名球员出场。他和我生日不一样的概率：364/365。他只需要避开我的生日：8 月 26 日。

现在，第三名球员跑出来。他一定要跟我和场上第二名球员的生日不一样。还有 363 天可以选择，所以他跟我俩生日都不一样的概率是 363/365。这样，我们 3 个在球场上的人，生日两两不一的概率是 $364/365 \times 363/365$。

现在，我接着往下数，所有 22 名球员和裁判一一出场。每当一个人出现在球场上，我必须避开的生日数量就会增加。等裁判上场时，他必须避开已经在场上的球员的 22 个生日，所以，这一概率是 $(365-22)/365 = 343/365$。23 人都来到球场上之后，没有人同一天出生的概率需要我们计算得出：

$$364/365 \times 363/365 \times 362/365 \times \cdots \times 344/365 \times 343/365 = 0.4927$$

我已经计算出了与想要的情形相反的结果。现在我只需要把它翻转过来。有两个人同一天生日的概率是 $1-0.4927=0.5073$。这个概率高得令人难以置信。这意味着，平均而言，在每个周末英超联赛的 10 场比赛中，有 5 场比赛都存在两名生日相同的球员。

有趣的是，这个数字可能比一半还要高，因为有证据表明，足球运动员的生日在 9 月或 10 月的可能性更大。为什么呢？上学的时候，在每个学年靠前的月份出生，意味着你可能比像我这样出生在次年 8 月的人发育更快，因此身体更强壮、速度更快，有更大可能入选校足球队，获得踢足球的经验。我清楚地记得，我曾好奇自己在学校为什么从来没有赢过比赛。后来有一年夏天，在我们镇上的一次集市，我参加了一场按年龄分组的赛跑。因为是在夏天，我还没有过生日，而跟我同一年级的同学都已经过完了生日，这样一来，我就是跟低一年级的同学比赛。当我把对手甩在身后，我非常震惊地发现自己有生以来头一回第一个冲过了终点线。

只可惜，瘦弱的我仍然不得不接受自己的命运：坐在图书馆里，成为数学神童！

揭秘赌场的数学秘密

拉斯维加斯对数学家的需求量很大，因为赌场一直在寻找新的捷径，好让赌局对赌场有利。以双骰子桌为例，这种赌博游戏是从佩皮斯旁观的那种掷骰子游戏演变而来的。考虑到掷骰子的动态性，对投出的骰子押注是件相当复杂的事情，但在任何时候，玩家都可以押注下一轮会投出七点来。我在前文解释过，这种情况平均每 6 次出现 1 次。但是，如果玩家在这一轮赌局上押注 1 美元而且赢了，赌场只会在 1 美元赌注的基础上再付给玩家 4 美元。如果这是公平博弈的话，它应该支付 5 美元。在赌桌上这样押注，对于玩家来说最为不利，因为它给了庄家 16.67% 的优势。这也是玩家每次下注时，赌场赚到的（平均）利润。

如果玩家仍然坚持要押七点，有一种更好的方法来降低庄家的优势，那就是把赌注分成 3 份。玩家不要只押注在七点，而是下 3 份注：一注押骰子落在一点和六点；第二注押骰子落在二点和五点，第三注押骰子落在三点和四点。这叫作“跳注”（hop bet）。虽然这3份投注实际上与只投1注押七点相同，但每一种投注的赔率都比直接投七点的赔率高。现在，玩家每次下注，赌场的利润（平均）只有11.11%了。

拉斯维加斯的每一款赌博游戏，都经过了仔细的分析，以确保庄家把持长期优势。但也可以使用帕斯卡和费马开发的工具，找到在什么地方有最好的机会输钱输得慢些。

例如，有一种叫花旗骰的玩法，按照赢的概率，实际上是庄家买单的。这大概是赌场里唯一一种没有偏向庄家的赌博方式。花旗骰的玩法是，玩家投掷两个骰子，并设定一个目标点数，目标点数必须是4、5、6、8、9、10中的一个，如果骰子落在2、3、7、11或12，游戏就结束了。七点和十一点，对玩家来说意味着胜利，而两点、三点或十二点，则意味着失败，统称“出局”。如果已经设好了目标点数，那么玩家想要获胜，就需要在投出七点前，用骰子投出该点数。

玩家能够下的公平赌注是押注该目标点数会在七点之前出现。假设目标点数是四。如果玩家赌1美元，赌在投出七点之前投出四点，如果出现这种情况，赌场会在玩家1美元赌注的基础上再付给玩家2美元，也就是说，玩家一共拿回了3美元。这恰好与这种情况发生的概率相符。出现四点的方法有3种，出现七点的方法有6种，所以玩家的胜率是赌3次赢1次。采用这种赌法，赌场没有提前给自己增加胜率。它不是赚钱的捷径，但至少概率捷径表明玩家没有把钱拱手送人。对这种场景押注，意味着长远而言，玩家能做到不亏不赚。

不妨试试下面这个小小的挑战。让我们来看看轮盘赌。玩家有20美元，玩家的目标是让这笔钱翻倍。玩家把钱押到红色区，如果小球真的落在红色区，玩家可以拿回双倍的钱。以下哪种策略成功的可能性更大？策略A：把所有的钱一次性押到红色区。策略B：轮盘每次转动，押1美元到红色区。

轮盘赌的转盘上设计了一个乍看起来无关紧要的小机关。转盘上有36个数字，一半红，一半黑，但还有第37个数字：绿色的0。如果小球落在这里，不管玩家押的是红色还是黑色，都是玩家输钱。这就是赌场战胜所有人的地方。它看上去人畜无害，但赌场早已算出，这是它盈利的捷径。至少从长远来看是这样！

这意味着，如果玩家把钱押到红色上，玩家获胜的概率并不是一半。玩家的概率略小于一半：18/37。假设玩家在红色上押了37次1美元的赌注，在转了37次之后，轮盘赌的轮盘每个数字都出现了一次。其中18次，玩家赢了1美元，另外19次，玩家输了1美元，最后玩家只剩下36美元。也就是说，玩家每次下注都是在给赌场送钱：1/37 = 0.027美元。赌场的优势是2.7%。玩家玩得越多，花的钱就越多。

采用策略A，玩家投入20美元，一次性翻倍的概率是18/37或48%，略低于50%。但如果玩家选择策略B，因为玩家每次押注1美元都在花钱，那么，这一策略会让玩家离让钱翻倍的目标越来越远。事实上，从长远来看，这种策略为玩家带来翻倍收益的概率仅有25%。

虽然策略A是最划算的选择，但它的确意味着玩家停留在赌场里的时间很短。策略B或许会为玩家带来一个更有趣的夜晚，只不过玩家要为这份快乐买单。

你大概听说过，在赌局里，要想获得对庄家的优势，就要去21点牌桌。20世纪60年代，数学家爱德华·索普（Edward Thorp）发现，通过研究发牌人（庄家）和其他玩家的明牌（手中的牌），玩家自己可以获得优势。这种方法称为“算牌”。在21点中，玩家试图让牌上的点数加起来等于21或略少，但大于发牌人。如果玩家的点数超过21，那就输了。“算牌”能发挥作用的关键事实在于，如果发牌人的牌加起来是16或更低，那么发牌人总会再叫一张牌。

一副牌有16张点数为10的牌（10、J、Q、K）。如果玩家知道准备派发的牌叠里还有许多张这种大牌，那意味着，如果发牌人必须要拿一张牌，那么爆点的概率会更高，所以，玩家在自己的牌上押更多的钱是合理的。算牌是一种简单的方法，用以跟踪高分值的牌已经发出去多少张，派发牌叠里还剩下多少张。赌局中一般不会只使用一副牌，而是使用6～8副牌，以尽量减少算牌的影响，但它仍然可以带来优势。电影《决胜21点》改编自一个真实的故事，一支麻省理工学院的数学家团队前往拉斯维加斯，他们实现了索普的捷径。在这部电影里，书呆子数学家们看起来性感又时髦，以至于这部电影对大学数学系招生的贡献可能比全美国上下所有数学院系做出的努力加起来还要多。

乍一看，这似乎是一条致富的捷径。唯一的问题是，我分析了一下，现实中玩家需要多长时间才能用这种策略赚到很多钱，我发现，玩家必须投入大量的时间，赚到的钱比最低工资还要低。麻省理工学院的团队能获得成功，幸运女神大概也发挥了一定作用。

门槛费

你愿意花多少钱来玩下面的游戏？我掷一枚骰子，根据骰子上出现的数字付你钱。我投出六点（概率是1/6），你赢6美元；投出其他点数（概率同样为1/6），你也按照点数得到钱。投掷6次，你可能赚到1+2+3+4+5+6=21美元。那么，每一轮投掷平均付给你21/6=3.50美元。如果有人愿意以低于它的价格让你玩，那就值得一玩，因为从长远来看，你将是赢家。每次你要花钱玩博弈游戏的时候，明智的做法是评估平均回报可能是多少，以判断游戏是否值得一玩。

尽管费马和帕斯卡之间的通信让我们发现可以将数学应用于概率游戏，但概率数学的真正明确，是以瑞士数学家雅各布·伯努利（Jakob

Bernoulli)《猜度术》(*Ars Conjectandi*)的发表为标志的。雅各布是伯努利家族的一员，在微积分争议中他支持莱布尼茨。在这里，你可以找到公式，计算所有概率游戏应该支付的公平价格。

假设有 N 种可能出现的结果。如果结果 1 出现，你赢 W（1）元，它发生的概率是 P(1)。类似地，出现结果 2 的概率是 P(2)，此时你赢 W(2) 元。这款游戏的平均收益是 $W(1)\times P(1)+\cdots+W(N)\times P(N)$ 元。所以，如果庄家出的钱低于此数，从长远来看，玩家就是赢家。例如，在骰子游戏中有 6 个结果，概率 P(1) 到 P(6) 均为 1/6，而你赢到手的钱是 W(1) 到 W（6），即从 1 到 6 美元。

这个公式看似合理，直到雅各布·伯努利的表弟尼古拉斯构思出下面这款掷币游戏。我投掷硬币，如果出现正面，我给你 2 美元，游戏结束。如果出现反面，我再投掷一次，如果第 2 次是正面，我给你 4 美元。如果是反面，我再投掷一次，我每投掷一次，奖金就翻一番。如果我投掷出 6 次反面，才投掷出了正面，那么，我将付给你 $2\times2\times2\times2\times2\times2\times2=2^7=128$ 美元。你愿意出多少钱来玩尼古拉斯的游戏？4 美元、20 美元，还是 100 美元？

你有 50% 的概率只赢 2 美元。毕竟，第一次投掷出现正面的概率是 1/2。故此，P（1）=1/2，W（1）=2。但是你希望出现多次反面，再出现正面，这样才能得到尽可能大的奖金。投出一次反面后出现正面的概率是 $1/2\times1/2=1/4$。但这次你赢了 4 美元。故此，第二轮结果是 P（2）=1/4，W（2）=4。随着你继续往下玩，概率越来越小，回报却越来越高。例如，连续 6 次出现反面后，出现正面的概率是 $(1/2)^7=1/128$，但你能赢 $2^7=128$ 美元。

如果你在投掷 7 次后停止游戏，那么，只有当连续出现 7 次反面的时候，你才会输。套用雅各布公式，你平均将获得 $W(1)\times P(1)+\cdots+W(N)\times P(N)=(1/2\times2)+(1/4\times4)+\cdots+(1/128\times128)=1+1+\cdots+1=7$ 美元。因此，如果对方索要的门槛费低于 7 美元，这款游戏就值得一玩。

但痛点就在这里。尼古拉斯准备无限期地玩下去，直到出现正面。你每次都是赢家。这样一来，你愿意花多少钱玩这款游戏呢？现在有无限多选择。公式表明，平均回报将是 1＋1＋1＋…即无穷多！如果有人愿意和你一起玩这款游戏，那么从理论上说无论花多少钱，你都值得一玩。

如果门槛费超过 2 美元，那么你有 50% 的概率在第一次投掷中碰到正面，出局输掉。但从长远来看，如果你不断地玩这个游戏，从数学上说，你将成为赢家。

但为什么我们大多数人不愿意花 10 美元以上玩这款游戏呢？这叫作“圣彼得堡悖论”，得名自尼古拉斯的表弟丹尼尔·伯努利。丹尼尔在圣彼得堡学院工作时，针对为什么没有理性人会不惜任何代价去玩这款游戏，提出了第一个解释。任何亿万富翁都会告诉你这个答案。你赚到的第一个 100 万美元，价值远远高于第二个。你不应该在公式里写你具体赢得的是多少钱，而应该写它对你价值几何。通过这种方式，游戏的价格将根据你对结果的重视程度而变化。丹尼尔的解法，远远超出了一款数学游戏引发的好奇心：本质上它是现代经济学的基础。

再次说明，这条成为亿万富翁的捷径并不像表面上看起来那么简单：如果你玩一局游戏用 1 秒钟，玩 2^{60} 局需要多长时间？这是在圣彼得堡悖论中，如果游戏门槛费是 60 美元，你希望打成平局（收支平衡）需要玩的次数。答案是超过 360 亿年。宇宙最多也不过有 140 亿年的历史。这也解释了为什么大多数人都不愿意支付任意价格玩这款游戏。

山羊与汽车

20 世纪 90 年代，美国有一档游戏节目《让我们做笔交易吧》（*Let's Make a Deal*）中提出一个问题，让全世界的人，包括专业数学家，都热烈讨论起它的最佳策略来。这个游戏节目的最后一轮如下所述。

你面前有3扇门。有两扇门的后面是一只山羊，另一扇门的后面是一辆崭新的汽车。在接下来的分析中，我假设参赛者想要赢得汽车而非山羊。参赛者可以选择一扇门，比如门A——到目前为止，事情相当简单，汽车有1/3的概率在这扇门后面，对吧？但转折来了。主持人知道山羊在哪里，他打开另一扇门，你看到一只山羊。接着，他会让你选择是继续选择原来的门，还是换一扇门。你会怎么做？

大多数人的直觉是，现在有两扇门，那么自己选中的那扇门后是汽车的概率是50%。这个时候换一扇门，并不会改变获胜的概率，要是换了门，门后并没有汽车的话，你会后悔。所以大多数人选择坚守不变。

但换一扇门的话，你的中奖概率其实会翻倍。这听起来很奇怪，但原因如下。为计算出你赢的概率，我必须考虑你换门的所有不同情况，数一数你有多少次会赢。

场景A：汽车在你选择的门A后面。你换了一扇门，得到一只山羊。

场景B：汽车在门B后面，游戏节目主持人打开门C，露出山羊。你换到门B，赢得一辆汽车。

场景C：汽车在门C后面，游戏节目主持人打开门B，露出山羊。你换到门C，赢得一辆汽车。

以上每种场景出现的概率相同，但三局中有两局你赢了一辆汽车。如果你坚持不换门，则只有1/3的获胜机会。一旦换了门，你的获胜概率实际上就翻倍了！

如果你并不完全理解或不相信，也别担心。有一本杂志曾发表过同样的解释，包括数百名数学家在内的一万多人，写信投诉它有错。就连20世纪最伟大的数学家之一保罗·埃尔德什（Paul Erdös），没有认真思考之前也出了错。

但如果你还是不相信，下面这个解释怎么样？想象一下，不是3扇门，而是 100 万扇门。游戏节目主持人知道哪一扇门后面藏了汽车。你随便选了一扇门，你只有 100 万分之一的机会选对了门。现在，游戏节目主持人打开了其他的门，露出 999 998 只山羊，只剩下一扇门没有打开。这样，一共只有两扇门（包括你选的那扇门）没有打开了：你选择的那扇门，以及游戏节目主持人还没打开的那扇门。你现在仍然不换吗？

这里的关键点在于，打开其他的门，游戏节目主持人其实也在向你透露一些信息，他知道山羊在哪里。如果我改变设定，局面就不一样了。假设你和另一名选手比赛。你选了一扇门，他可以从剩下的门中选择一扇。他的门打开了，露出一只山羊。你现在要怎么做？奇怪的是，尽管看起来你得到的信息是一样的——两扇门，一扇门后是一辆汽车，另一扇门后是一只山羊。但这一次，如果你坚持不变的话，你得到汽车的概率真的是一半。不同之处在于，这次还需要考虑另一种情况：如果你的门后是一只山羊，那么第二名参赛者可能会选择有汽车的门。这在上文探讨的场景中不可能发生，因为游戏节目主持人总是会打开一扇有山羊的门（他知道山羊在哪里）。想象一下 100 万扇门的场景。你的对手打开了 999 998 扇门，都是山羊。他们很不走运，没有得到汽车，但这种坏运气无法向你透露任何有关剩下两扇门的信息。这两扇门后藏着汽车的概率是一半对一半。

牧师贝叶斯

在考虑未来事件的时候，概率似乎很有意义。如果我要投掷两枚骰子，那么在 6 种可能的情况中，有 1 种情况是骰子的点数之和为 7。不管是对你还是对我来说，概率都是一样的，因为这是我们给未来的事物赋值。

但如果你投掷了骰子，它们落了地，你却瞒着我结果。这次投掷已经发生，成了过去。它要么是 7 要么不是 7，这是件确定的事情，没有任何中间选项。问题是，我不知道答案。我们仍然可以为这一事件指定一个概率（不过，有些人认为这存在争议）。你的概率跟我不同，因为你掌握着信息。我的概率是将我对情况的信息匮乏程度进行量化得出的。突然之间，概率取决于我们每个人拥有的信息量。这是在量化认知不确定性，也就是人们原则上能够知道但实际上不知道的事情。

随着我得到更多关于事件的信息，概率会发生改变。但是，用什么样的数学方法跟踪我在掌握新数据的前提下为事件赋多大的概率值，带来了不同的思想流派。

例如，你随机地把一颗白色台球扔到桌子上，偷偷地记下它的位置，然后把球拿开。如果我要画一条线来猜测球可能落在哪里，我没有任何信息，所以我不妨把线画在正中间。但如果我扔出了 5 颗红球，你告诉我最初的白球落在哪些红球中间。假设有 3 颗红球在白球的一侧，两颗红球在白球的另一侧。自然，这些信息让我把线画在有两颗红球的一侧。但我该借助这些新得知的信息，把线推到多远的位置呢？

有些学派认为，我应该在桌子的 2/5 处画下这条线。但是概率理论中一位有争议的人物——托马斯·贝叶斯（Thomas Bayes）提出，实际上应该画在 3/7 的位置，因为我们的分析中遗漏了一些额外的情况。这一情况就是，在我知道任何信息之前，一颗随机的球落在左边或右边的概率均为 50%。贝叶斯在确定该在哪里画线时，将两颗额外的球扔到了桌面。

贝叶斯是一位不墨守成规的英国牧师，在坦布里奇韦尔斯传教，他同时也是一名业余数学家。他于 1761 年去世，留下了一份手稿，解释了这些在只提供部分信息的情况下为事实分配概率的设想。这篇手稿后来在英国皇家学会的刊物上发表，题为《概率问题的求解》（*An Essay towards Solving a Problem in the Doctrine of Chances*）。这篇论文提出的思想产生了巨大的影响，带来了掌握有限信息时为事实概率赋值的现代实践。

在法庭案件中，律师会试图为某人犯罪的可能性设定一个概率：他们要么有罪，要么无罪。从某种意义上来说，这种概率分配相当奇怪，它仅仅意在衡量我们认识论上的不确定性。但根据贝叶斯定理，如果我们输入收集到的新信息，概率会发生变化。陪审团和法官通常不理解贝叶斯概念的微妙之处，以至于法官试图将这种数学工具作为法庭不可采信的证据予以驳回。

人们常常错误地使用"给事件分配概率"这条理解不确定性的捷径。很遗憾，一般人对概率的直觉认识并不怎么样，这就是为什么我们必须求助于数学作为捷径，才不会迷路。让我们来看看下面的例子。

我们听说犯罪者来自伦敦。被告席上的那个人来自伦敦，但这是非常脆弱的证据。此刻，我们抓到真正罪犯的概率仅为 1 000 万分之一。

陪审团现在被告知，在犯罪现场发现的 DNA 与嫌疑人的 DNA 匹配，而在犯罪现场发现的 DNA 仅有 100 万分之一的机会与嫌犯 DNA 匹配。100 万分之一听起来很确定，大多数人只凭这个证据就会认定嫌犯有罪。贝叶斯定理帮我们做了解释，我们应该如何更新对嫌疑人有罪概率的认识。如果伦敦有 1 000 万人，这意味着伦敦有 10 个人的 DNA 与犯罪现场的 DNA 匹配。所以，被告席上的人有罪的概率仅为 1/10。看似确定的信念，似乎没那么笃定了。这个例子很容易理解，但贝叶斯定理在法庭案件中的很多应用比这要复杂得多，它涉及许多不同类型的数据，需要计算机软件才能分析有罪的概率。可悲的是，法官往往不懂数学，他们把专家证据扔出法庭，导致一些可怕的误判。

医学是概率适用的另一个领域，如果你不理解如何使用捷径，有可能会被带到远离期望的目的地的地方。如果你去做乳腺癌或前列腺癌的扫描，并被告知扫描检测癌症的准确率高达 90%，大多数人在得到阳性结果时都会吓个半死。但他们应该这样吗？掌握另一部分数据十分重要：只有 1/100 的患者有可能患癌症。故此，每 100 个人中，有 1 个人可能患癌症，而检测一般会给出阳性结果。问题出在假阳性上。以 90% 的准确率来看，在 99 名接受检测的患者中，检测会在这 99 名健康患者中误判 10 人。也就是说，如果你的检测结果呈阳性，只有 1/11 的概率你会有癌症！

理解这些数字很重要，因为媒体喜欢滥用它们来创作惊悚的故事。比如我在本章开篇提到的那则新闻报道，培根会让你患肠癌的概率增加 20%，听起来很可怕。我应该戒掉我爱吃的培根三明治吗？你可以这样看：患上肠癌的人在人口中所占比例是 5%。如果吃培根，其比例只是变成 6%。用这种方式表示概率，就没那么可怕了。

佩皮斯

那么，佩皮斯在本章开头时投掷骰子得到六点的挑战又该怎么样看呢？投掷 6 次至少出现 1 次六点的概率是多少？这里的捷径仍然是反向思考。投掷 6 次都没有一次六点的概率是 $(5/6)^6 = 33.49\%$，所以至少投出 1 次六点的概率相当高，为 66.51%。

投掷骰子 12 次，得到至少 2 次六点的概率是多少？这里有太多不同的情况需要考虑，所以我们还是从反向来求解：（a）没有六点的概率；（b）出现 1 次六点的概率。（a）与前面所用的原理相同：$(5/6)^{12} = 11.216\%$。只出现 1 次六点呢？根据六点出现在哪一轮，这里面存在 12 种不同的情况。第一轮投掷是六点，其余不是六点的概率是 $(1/6) \times (5/6)^{11}$。其他所有情况的算法也都一样，那么总概率是 $12 \times (1/6) \times (5/6)^{11} = 26.918\%$。因此，投掷 12 次出现 2 次或更多次六点的概率是

$$100\% - 11.216\% - 26.918\% = 61.866\%$$

再看本章开篇谜题，所以押注到（1）上是更好的选择。如果你对选项（3）（比选项（2）还要复杂一些）进行类似的案例分析，概率会更低，为 59.73%。

1693 年年底，佩皮斯给牛顿写了 3 封信，讲述这个问题。佩皮斯直觉

认为（3）是可能性最大的选项，但牛顿运用费马和帕斯卡的捷径，回答说，数学表明事实恰恰相反。考虑到佩皮斯准备押下10英镑（相当于今天的1 000英镑），牛顿的建议让佩皮斯免于大亏一笔，还是很幸运的。

捷径的捷径

在人生旅途中的每一步，我们都会遇到道路的交叉口，这些路，通往不同方向的远方。每一种选择都包含着不确定性，事关你能否到达目的地。做决定时相信自己的直觉，我们往往会选中次优选项。事实已经证明，将不确定性转化为数字是分析路径、找到抵达目标的捷径的有效方法。概率的数学理论并不会消除风险，但让我们能够更有效地管理风险。这种策略让我们能够分析未来所有可能发生的情况，再分别考察这些情况有多大概率导致成功或失败。这能为你提供一幅更好的未来地图，让你根据它选择某一条道路。

中途小憩：金融

人人都在追寻致富的捷径，购买彩票、创办下一个Facebook、撰写下一部《哈利·波特》、投资下一个微软。虽然数学不能保证让你通往财富，但它仍然提供了一些将机遇最大化的最佳方法。

你兴许以为，牛顿掌握了所有优化解决方案的数学技巧，一定是个成功的投资者。但事实是，因市场崩盘亏了一大笔钱之后，牛顿宣布："我能够计算出行星的运动，但却算不出人类的疯狂。"

然而，自从牛顿时代起，数学家们就懂得，在市场上赚钱有巧妙的捷径。有些基金，无论经济形势好坏都表现良好，它们的管理者，很多拥有数学博士学位，原因就在于此。要想为自己的储蓄找到最合适的基金，数一数基金名册上有多少个数学博士，是一条很好的捷径。但数学知识到底是用来干什么的呢？市场上的一切不都是由人类的心血来潮和情绪驱动的吗？心理学博士的用处不会更大一些吗？

20世纪初，法国数学家路易斯·巴舍利耶（Louis Bachelier）提出，投资股票实际上与投掷硬币打赌没有什么不同。他的模型是第一个反映价格随时间变化的模型。凭借对市场的全面了解，巴舍利耶认为，股票价格会随机上下波动。这种行为叫作"随机游走"（也叫"醉汉漫步"），因为在图上它看起来像是醉汉在街上东倒西歪地踉跄而行。当然，一场疫情暴发可能会影响总体价格。但考虑到这一点，从那一刻起，一只股票可能会随机上涨或下跌。知道这一点并不会给你带来优势。但如果你认识到这套模型实际上是错误的，那就会给你带来优势了。20世纪60年代的数学家们意识到，抛硬币的随机性并不完全正确，因为这意味着股价有可能变为负值。因此，经过修正，有人提出了一个新的模型，它仍然是随机的，但要受到条件限制：股票的最低价有限制，但高点没有限制，想攀升到多高就攀升到多高。

战胜市场的方法之一是，你能够从价格中收集到一些隐藏的信息，这可以给你带来优势。例如，博彩公司在为一场三匹马的比赛分配赔率，它会确保你无法通过简单地在三匹马上投注来赢钱。但如果你知道因为某种原因，有一匹马肯定赢不了呢？那么，你可以将赌注分散到另外两匹马上，以确保赢钱。

基本上，这就是爱德华·索普1967年在《击败庄家》[1]（*Beat the Markets*）一书中所提观点的源头。我在前文中提到，索普靠着算牌，破解了在21点游戏中获得优势的方法。他甚至使用一种设备来分析轮盘赌的旋转，实现巧妙地押注，只不过后来赌场以作弊为由将他赶了出去。但他

[1] 该书中文版已由机械工业出版社出版。——译者注

的新设想将导致对冲基金概念的产生。关键是找到一种投资两匹金融马的方法，无论哪匹马成功，你都能获利。

索普发现，有一些名为“权证”的金融产品定价过高，这就有点像赌场里的赌注定价过高，好让庄家获得优势。不过，在赌场里，没有押注“自己输”的这个选项，所以就算玩家知道自己会输，也无法把它利用起来。但索普意识到，有一种方法可以利用权证的过高定价，那就是做空市场。你可以借入别人拥有的昂贵权证，并承诺以后的某一天把权证还给他们，外加一些利息。你现在可以卖掉权证，等到该归还的时候再买回权证，然后再把它们还给出借方。关键是，定价过高通常意味着，权证当前的价格将低于你之前卖出时的价格，这样，你就能赚到钱。

唯一的问题是，有时情况并非如此。权证可能会随着时间的推移而上涨，就像在赌场下注，哪怕庄家有优势，玩家仍然赢了。如果权证表现极好，你恐怕就要承担很大的损失。但是这里有一道巧妙的对冲设置。权证是一种股票期权，如果权证表现良好，那是因为相关股票表现良好。在卖掉你借来的权证的同时，你不妨也购买一些股票。这样，就算你碰巧不走运，权证表现良好，那么，虽然押注权证失败了，你仍然可以从表现良好的股票中赚钱。这虽然无法保证稳赚，但索普明白，大多数情况下，无论价格是涨还是跌，你都能获利。

关键是要让这种平衡动作按对你有利的方向进行定价，就像下注者事先知道第三匹马不可能赢，故此将赌注分散到另外两匹马身上。这一切都跟利用知识为你创造优势有关。赌场就是这么做的，但聪明的是，对冲基金也发现了这条从市场赚钱的捷径。

但数学并不是投资者唯一的捷径。海伦·罗德里格斯（Helen Rodriguez）是我的一个朋友，她是一位非常成功的金融分析师，在进入职场前，她学习的不是数学而是历史。事实证明，历史学家的技能为海伦提供了一条她经常用到的捷径，使她在了解一家公司是估值过低还是过高时具有优势。

海伦专门从事高收益债券，它们也叫垃圾债券，通常用于收购公司和为公司融资。如果你购买债券，相当于把钱借给一家公司，对方承诺到期后以固定利率偿还借款。垃圾债券的违约风险更高，因此回报也更高。

“你的第一条捷径是：我们有一套根据公司偿还意愿和能力来定义的企业信用等级评定表。”海伦说，“风险不大的公司是AAA，一路往下直到C级，即几乎没有机会收回利息或本金的公司。如果评级低于BBB-，其债券就是高收益债券。如果一家公司的评级很低，利息就必须更高，才值得投资。高收益债券的名字就是这么来的。”

你大概经常从新闻里听说，穆迪下调了某国或某家银行的信用等级。穆迪是发布此类信用评估的公司之一。这些评级试图将多维度的企业世界投射到一条单一维度的直线上，直线的一端是C，另一端是AAA。

海伦用她的历史工具箱进行倒推，观察一家获得信用等级的公司的故事，了解该债券是被低估还是被高估了。“挤出”此类新信息的尝试，有可能会让她抢占优势。找出其他人忽视的公司故事的某一方面，可以为债券的价值带去新的洞见，这是一门很有讲究的艺术。从大处着眼、纵观全局的技巧，往往是历史学家最擅长的事情。

“我正在浏览2 500家德国美容店的情况，它们的债券价格高于面值，我心想，真是浪费时间。”她说，“紧接着，它们出现了一个业绩糟糕的季度，它们将其归咎于德国的恐怖主义。没过多久，又出现一个糟糕的季度，它们仍将其归咎于恐怖主义。我想，这可有点奇怪。但债券价格仍然高于面值。于是我开始阅读一些资料，发现亚洲公司进入欧洲，利用互联网销售同样的化妆品，虽说可能是6个月前的时尚品种，但价格仅为一半。这就是所谓的灰色市场。有几家颠覆性公司正在做这件事，绝对会搞垮德国的美容市场。于是我们在103英镑时卖掉了债券，一年之内，它们的价格都掉到了40英镑。人们没有意识到这个灰色市场。”

从本质上说，海伦运用了和爱德华·索普类似的手段。她借入债券，按 103 英镑的价格卖掉，但此后的某一天，她又用 40 英镑的价格买回债券，归还给当初的出借方，从而赚取了巨额利润。她成功地利用了对债券价格即将崩盘的预感。通常，这涉及看穿一家公司对自身价值的夸大吹嘘。

“企业通常不会公开自己有问题的地方，虽然说它们应该这么做。”海伦说，“经营公司的往往是 50 多岁的男人，根本不了解少女市场。通常，因为傲慢和虚荣或是不理解世道人情，他们会做些蠢事。我们已经在零售业看到了大量此种情况，互联网带来了整个去中介化和颠覆的局面。叫人震惊的是，有些公司的管理者认识到这一点的时候已经太晚了。”

在我看来，在某些方面，要找到捷径很难，因为在现实中你必须非常了解自己的公司，才能获得这种洞察力。这涉及大量的讲故事。海伦把它比作看肥皂剧。“我一直在关注一家西班牙博彩公司。它重组花了一年半的时间，几乎每一天，我都要翻开阿根廷的报纸，不得不读它们，因为阿根廷有的政府人员把博彩业当成了政治足球。这就是推动债券的幕后故事！”

海伦相信，通过学习历史所掌握到的技能为她提供了捷径，能够讲述她所评估每一家公司的故事。她在看每家公司的“肥皂剧”时，需要在下一集播出前猜测下一集会发生些什么。在海伦看来，这就需要她有能力将大量信息整合成有用的东西。这恰恰是历史学家所擅长的事情。“这就像你试图理解一道谜题，很像在研究历史。依靠 10 个不同的消息来源，我要构建起一套叙事，说明我认为发生了些什么。其他人可能会用同样的消息来源，得出不同的叙事，原因就在这里。要形成市场，你需要一个认为这是件好事的人，也需要另一个认为这是世界末日的人，之后才会有交易。”

她的另一条捷径，在我的数学捷径中也高居榜首：辨识模式的力量。“你还可以从公司发生的事情、所出的岔子中寻找规律，因为它们都存在相同的问题，但可能它们所销售产品的市场细分略有不同。我试图抢在其他人之前识别出将要发生的事情的模式，然后给出推荐。”

在德意志银行和美林证券等公司从事投资工作多年后，海伦现在效力的公司旨在为投资者提供独立的公司债券研究。

所以，如果你阅读本章的目的是希望我能给你的储蓄提供一些巧妙的投资捷径，我的建议是，把数学家的技能与深层知识的收集能力（海伦是在接受历史学训练的过程中掌握的）结合起来，猜测市场这出肥皂剧下一集的剧情。正如牛顿所说，有时候最好的捷径是站在巨人的肩膀上。

CHAPTER 9

第九章 网络捷径

请用一笔画出如图 9-1 所示的图形，笔中途不可以离开纸面，也不可以在一条线上画两次。

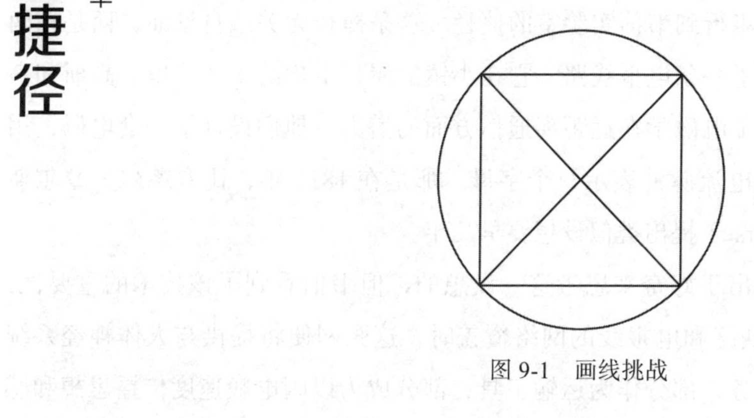

图 9-1 画线挑战

人类在现代世界中穿梭的旅程，越来越多地通过网络进行绘制。公路、铁路和飞行路线系统，让我们能够从地球的一端抵达另一端。各种各样的应用程序，让我们能够找到最高效的路线穿过这套复杂的网络。诸如 Facebook 和推特等公司，将我们的社交互动拓展到了远远超出本地村落居民的范围。人们每天用数小时浏览的终极网络是另一个世界：互联网。谷歌凭借一种名为网页排名（PageRank）的快捷算法声名鹊起，该算法帮助用户在拥有近 20 亿个网站的互联网上进行导航。尽管我们认为互联网是一种相对较新的现象，但实际上，早在 19 世纪初，我最喜欢的捷径专家就率先提出了有关这套网络的模糊概念。

高斯不仅热爱数学，也热爱物理学，他与哥廷根大学著名物理学家威廉·韦伯（Wilhelm Weber）合作过许多项目。高斯甚至想出了一条从哥廷根天文台步行到韦伯实验室的捷径。这条捷径无关亲自见面，而是在两人之间架设了一条电报线路。它在小镇的屋顶上横跨了 3 公里。高斯和韦伯已经理解了电磁学在远距离通信方面的潜力。他们设计了一套电码，用一系列正负电流脉冲表示每个字母。那是在 1833 年，比塞缪尔·摩尔斯（Samuel Morse）提出类似设想要早几年。

高斯是出于好奇来思考这一设想的，但韦伯看到了该技术的重要性："当地球被铁路和电报线的网络覆盖时，这张网便将提供与人体神经系统相媲美的服务，部分作为运输工具，部分成为以闪电般速度传播思想和感觉的手段。"后来电报迅速普及。哥廷根市立起两人的雕像，纪念其不朽的合作。

如今，恰如韦伯的预测，这张网已经远远超出了两位科学家在哥廷根屋顶上架设的几公里电缆。事实上，它太复杂了，在网络中寻找捷径甚至成为现代数学的中心课题之一。这些网络不仅可以由电线组成，也可以由桥梁组成。最近，我考察了俄罗斯探索此事。

去读读欧拉，他是我们所有人的大师

几年前，我乘飞机前往加里宁格勒，在从圣彼得堡飞往加里宁格勒的短途航班上，我给自己选了一张靠窗的座位。这是我的朝圣之旅，加里宁格勒流传着一个所有数学家都听说过的故事，事关数学史上最巧妙的一条捷径。

飞机降落在加里宁格勒，这是俄罗斯联邦的一小块飞地，立陶宛和波兰把它与俄罗斯本土隔开。我看到普列戈利亚河穿过这座城市。这条河的两条支流在加里宁格勒汇合，向西流入波罗的海。市中心有一座岛屿，两条支流绕着流淌。连接河岸与这座岛的桥，就是前文所说数学故事的核心，加里宁格勒也靠着这个故事出了名。

故事可以追溯到 18 世纪，当时这座小城有一个不同的名字——哥尼斯堡，它是伊曼努尔·康德（Immanuel Kant）和著名数学家戴维·希尔伯特（David Hilbert）的出生地。那时候它属于普鲁士的一部分，有 7 座桥横跨普列戈利亚河（见图 9-2）。城里的居民每星期天下午有一项例行的消遣活动，看看自己能不能找到一种方法，跨过所有的 7 座桥，而且每座桥只途经一次。但不管怎么努力，他们发现，总是会剩下一座桥到不了。这是真的做不到，还是另有某种居民们未曾尝试过的方法，让你可以穿过所有的 7 座桥？

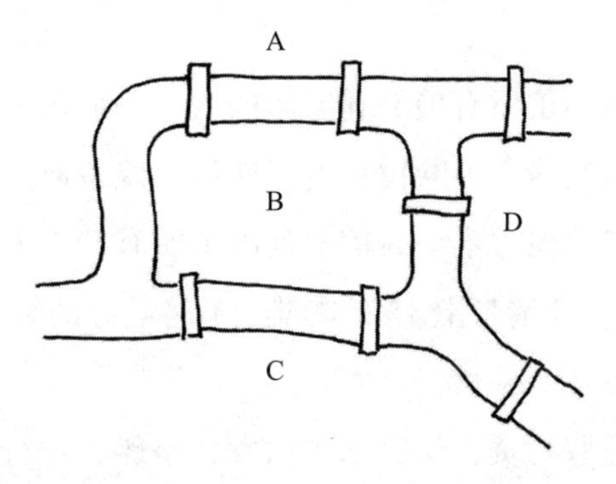

图 9-2 18 世纪的哥尼斯堡有 7 座桥横跨普列戈利亚河

对于哥尼斯堡的居民来说，似乎没有任何办法可以避免以下这项艰辛工作：尝试每一条过桥的路线，直至穷尽所有的可能。但人们也隐隐约约有一种感觉，自己说不定漏掉了一个巧妙证明挑战可行的迂回方法。

直到我的数学英雄之一欧拉的到来，才一劳永逸地解决了这个难题：不可能一次过所有的桥。为了解决这个问题，欧拉发现了一条捷径，可以避免必须尝试绕过桥梁的每一条路线。

我在第二章介绍过瑞士数学家欧拉，当时我说他提出了一个了不起的公式，把数学里 5 个最重要的数字连接了起来。“去读读欧拉，他是我们所有人的大师。”在谈及欧拉对数学的重要意义时，法国最著名的数学家之一皮埃尔 - 西蒙 · 拉普拉斯写道。大多数数学家都会同意这一观点，并将欧拉视为与高斯并驾齐驱的最伟大数学家。连高斯也是欧拉的崇拜者：“研究欧拉的工作，仍将是不同数学领域最好的学校，没有任何东西可以取代它。”

欧拉的贡献范围很广，包括解决哥尼斯堡 7 桥挑战的捷径。他在圣彼得堡的俄罗斯科学院担任教授时，第一次知道了这个挑战。他不是圣彼得堡本地人，但因为在家乡巴塞尔找不到一份数学家的工作，才来到了这里。在巴塞尔，所有数学方面的职位都没有空缺。这么小的一座城市居然有这么多数学家，真是件咄咄怪事。更奇怪的是，他们都来自同一个家族：伯努利家族。

巴塞尔甚至容纳不了所有伯努利家族的人。丹尼尔 · 伯努利便去了圣彼得堡，正是他发出邀请，为欧拉在俄罗斯科学院争取到了一个职位。欧拉出发之前，丹尼尔给他写了一封信，列出了所有瑞士人习以为常而圣彼得堡缺乏的物质享受：“请带上 15 磅咖啡、1 磅最好的绿茶、6 瓶白兰地、12 打上等烟袋和几十副扑克牌。”

欧拉带着所有这些物资，从巴塞尔出发，坐船、步行和搭乘马车，花了 7 个星期，于 1727 年 5 月抵达圣彼得堡，就职开始工作。

哥尼斯堡的桥

起初，对于欧拉来说，哥尼斯堡7桥问题，不过是个小小的消遣，从工作中各种复杂计算里稍微求取一些解脱。1736年，他给维也纳宫廷天文学家乔瓦尼·马里诺尼（Giovanni Marinoni）写了一封信，描述了他对这个问题的看法："这个问题甚为平淡，但在我看来似乎值得关注，因为无论是几何、代数，还是计数的艺术都不足以解决它。从这个视角来看，我想知道它是否属于莱布尼茨曾大为向往的位置几何。因此，我仔细思考了一番，得到了一条简单而又完全确定的规则，在它的帮助下，人们可以立即对这类例子能否'点点俱到'地单程往返做出判断。"

欧拉在概念上做出的重大飞跃是：城镇的实际尺寸无关紧要，重要的是这些桥如何连接到一起。同样的原理也适用于伦敦地铁图：它在物理上并不精确，但保留了站点如何连接的信息。如果有人分析一下哥尼斯堡的地图就会发现，一如伦敦的地点变成了地铁图上的站点，桥梁连接的4个陆地区域可以浓缩成一个点，桥梁则用连接这些点的线来表示（见图9-3）。那么，是否存在一种方法可经过所有这些桥的路程问题，就变成了另一个问题：你能不能一笔画出某一图形，笔无须离开纸面，也无须将任何一条线重复画两次。

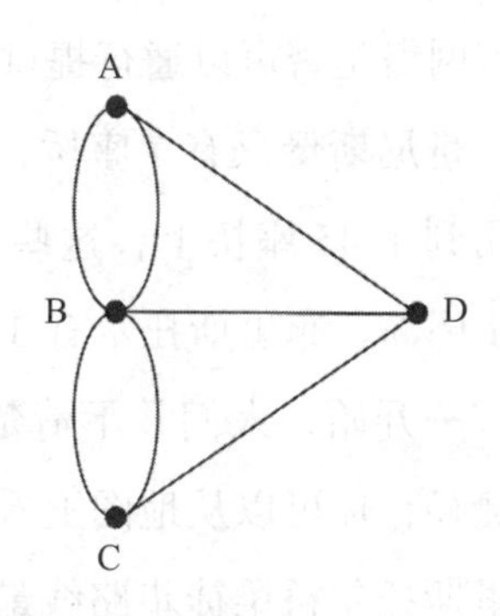

图9-3 哥尼斯堡7座桥的网络图

那么，为什么这是不可能的呢？尽管欧拉或许从来没有明确地画过哥尼斯堡的几何图，但他的分析表明，如果可以完成这样一段不重复的旅程，旅程中间的每个点都必须有一条线进入，又有一条线出来。如果你再次拜访这个点，那会是从一座新桥上进入它，再从另一座新桥离开它。故此，每个点都必然有偶数条线，只有旅程的开始点和结束点例外。你出发的地方只有一条线出去，旅程的终点也有一条线通过它。任何可以完成这样旅程的图形，有奇数条线穿过其上的点，不可超过两个（起点和终点）。

但如果你看一下哥尼斯堡 7 座桥的平面图，每个点都有奇数座桥与之相连。由于太多的点都连接着奇数座桥，这就意味着没有哪条路能一次性地穿过每一座桥。

这是我最喜欢的一个捷径例子。较之尝试多种不同方法去绘制地图上的路线，这种分析很简单（即有多少个点与奇数座桥相连），立即就可揭示出不可能存在这样的路线。

欧拉分析的美妙之处在于，它不仅适用于哥尼斯堡。在任何由直线连接的点组成的网络中，如果从一个点出现的边的数量总是偶数，那么欧拉证明了，总有一条路径能一次性（而且也仅此一次）地经过所有的直线。另外，如果恰好有两个点延伸出来的边的数量是奇数，那么这两个点就是你旅程的起点和终点。不管地图有多复杂，这种对奇数节点的简单分析为了解网络是否可以通行提供了捷径。

哥尼斯堡只有 7 座桥，但最近英国布里斯托尔的数学家们把欧拉捷径应用到了 45 座桥上，这些桥横跨贯穿城市的复杂水道系统。哥尼斯堡只有 1 座岛，布里斯托尔有 3 座：斯派克岛、圣菲利普岛和雷德克利夫岛。

一开始，人们并不清楚能不能一次性穿过所有的 45 座桥，但使用欧拉捷径，你可以从地图上看到，奇数节点（代表桥连接陆地）数量足够少。布里斯托尔桥梁徒步路线最早由蒂洛·格罗斯（Thilo Gross）博士在 2013 年设计，他曾是布里斯托尔大学工程数学专业的高级讲师。“找到解决方案后，我自然会走走试试看，”他说，“第一次走桥花了 11 个小时，整个路线大约有 53 公里长。”

其实，我年轻时曾因申请工作做了一系列心理测试，欧拉的捷径帮了我不少忙。测试包括若干幅图，任务是画出图中所示的网络，笔不能断开，也不能在一条线上重复画两次。测试隐含的意思是，这些图都能完成，看起来它检验的是你完成每项任务的能力。但这实际上是在检验申请人的诚信，因为3种网络中有1种是不可能按要求画出来的：一如哥尼斯堡的7座桥，它有2个以上延伸出奇数条线的节点。

我在挑战的旁边写了一篇卖弄聪明的小文章，说明为什么根据欧拉的捷径，该挑战不可能完成。很明显，文章反响不佳。我没有得到那份工作。

人类的启发法

欧拉的精彩见解在于他指出了哥尼斯堡地图的基本性质，这对解决问题十分重要。它跟你要走多远没有关系，跟桥是什么样子也没有关系。这里的奥妙在于摒弃所有无关的信息，保留图中对导航起到关键作用的特质。这种抛弃不重要信息的概念，是许多捷径的关键。这也是人类使用启发法的背后理念：我们有意无意地忽略信息或只取其大概，目的是简化手头的任务，减轻认知负担。人类经常需要从有限的时间或心智资源出发做出决定，所以我们必须找到有效的方法，找出有助于解决问题的方面，以免不必要地浪费宝贵的心智空间。

心理学家阿莫斯·特沃斯基（Amos Tversky）和丹尼尔·卡尼曼（Daniel Kahneman）在其开创性研究中，识别出了我们在做决定时使用的三种关键策略，它们是我们的心理捷径。我们在不同事件之间使用模式概念，他们称之为代表性启发法。我在数学中当然也会用到这一点，把它当成重新思考问题的捷径。第二种策略叫作锚定和调整启发法。我们从自己理解或知道的一个初始信息片段（即锚点）出发，对其他情况进行判断。第三种策略是可得性启发法，它利用我们的局部知识来判断一种更普遍的情况。

显然，后两者很容易产生偏差，因为一般而言，我们并没有很好的锚点或极具代表性的局部知识。卡尼曼写过一本论述人类启发式思维局限性的书《思考，快与慢》(*Fast and Slow*)，产生了巨大的影响力。他举例说明，在提问前提到一个数字，就能轻松误导人们的估计。例如，请人们估计阿尔伯特·爱因斯坦是在哪一年初次到访美国的（1921 年），如果先提到过 1214 年或 1992 年，将使参与者的估计变得更早或更晚（与没有锚点的参与者相比），尽管锚定的日期显然与所问问题无关。

几个世纪以来，我们都在努力提出有望取代心理捷径（通过进化获得）的数学捷径，因为随着我们的问题越来越复杂，心理捷径很可能失效。上述启发法或许能帮助我们在非洲大草原上导航，但那里的东西变数并不太大，对我们理解普遍真理没有太多帮助。

一如欧拉在哥尼斯堡的做法，良好启发法的关键在于理解，桥梁的性质、涉及的距离、城市的地理位置与问题无关，只有陆地的连接方式与解决挑战相关。

我一抵达加里宁格勒，就好奇地想看看故事里的 7 座桥在今天这座现代化城市里还留下了几座。加里宁格勒是波罗的海的重要港口之一，二战期间曾是德国舰队的战略要地，遭受了盟军的毁灭性轰炸。这座历史名城的大部分都被夷为平地，城市中央岛屿上的著名大学（哲学家康德、数学家戴维·希尔伯特均曾在此深造）也沦为废墟。那么，这些桥的情况如何呢？

二战前存在的 7 座桥里，有 3 座屹立未倒，有 2 座完全消失，剩下的 2 座桥在战争期间被炸毁，但后来获得重建，改造出了穿过城市的宽敞双车道。此外，还出现了 2 座新桥：一座铁路桥，行人可以通过它，它把普列戈利亚河两岸与城市西部连接起来；一座人行桥，叫凯瑟桥（Kaiserbridge）。城里仍然有 7 座桥（见图 9-4），只是现在的布局与欧拉分析的 18 世纪的桥略有不同。当然，这条捷径的美妙之处在于，无论桥的数量是多少，布局怎样，它都适用。所以，我的第一个想法就是看看有没有可能一次性地走过今天的这几座桥。

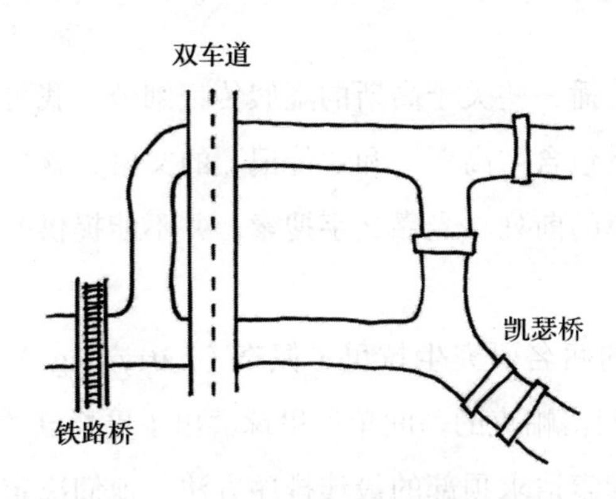

图 9-4　21 世纪加里宁格勒的 7 座桥

读者大概还记得，欧拉的数学分析表明，如果恰好有两个点连接奇数座桥，那么总会存在一条路：你从连接奇数座桥的一个点出发，到另一个点结束。查阅今天加里宁格勒的桥梁规划，我发现的确有可能走这样一趟“过桥”之旅。我从市中心的小岛出发，兴奋地绕着加里宁格勒的 7 座现代桥，开始了这趟朝圣之旅。

哥尼斯堡桥梁的故事也是数学一个非常重要的分支的起点，该分支与我们这个数字连接的世界高度相关，它就是“网络理论”。为互联网等复杂网络开发捷径，让一些数学家赚得盆满钵满。

互联网捷径

互联网上有超过 17 亿个网站。尽管这是个惊人的庞大数字，但谷歌搜索引擎仍然能够迅速找到你想检索的信息。你兴许会认为这是巨大计算能力带来的结果，毫无疑问，它是方程的一部分，但谷歌搜索的方式，让它成了一种不可或缺的工具。

过去，搜索引擎会搜索那些提及你搜索关键词次数最多的网站。如果你在寻找有关高斯生平的传记细节，搜索“高斯传记”会弹出包含这两个词最多的网站。

但如果我想传播一些关于高斯的虚假传记细节，我可以在自己网站的元数据中加载大量包含“高斯”和“传记”的文案，就能够确保我的虚假新闻网站排在名单的前列。光靠文字搜索，并不能提供一种强大的方式找到你想要的网站。

斯坦福大学的两名研究生拉里·佩奇（Larry Page）和谢尔盖·布林（Sergey Brin）在门洛帕克的一间车库里琢磨出了更稳健的解决方案，寻找将高斯传记放在搜索请求顶部的最佳排序方法。他们决定采用一种巧妙的策略：利用互联网本身来告诉它哪些页面最为重要。这个设想是，网站的相关性可以通过链接到它的其他网站的数量来判断。一个详细介绍高斯传记的合法页面很可能会收入其他对此话题感兴趣的网站链接。

但如果仅仅通过其他网站的链接数量来判断网站的重要性，那么我可以用一个很简单的方法来作弊，让虚假网站排到搜索列表的最上方。我制作数千个虚假网站并将它们链接到我的“高斯传记”网站，似乎就可以让我的页面看起来最重要。

佩奇和布林设计了一招策略，阻止此类的作弊。只有当链接到一个网站的网站也受到高度评价的时候，前一网站的排名才会上升。但且慢，这岂不是在兜圈子吗？我需要知道这些链接到我的“高斯传记”网站的网站中，哪些是高价值的，但它们的价值又来自与之链接的高价值网站。我似乎陷入了无限回归。

解决这个问题的方法是，在一开始把所有的网站视为具有平等地位。我先给每个网站打 10 颗星。现在，我动手重新分配星星。如果一个网站链接到其他 5 个网站，我给这些网站各加 2 颗星。如果它只链接到 2 个网站，则每个链接的网站获得 5 颗星。虽然原来的网站送出了所有的星星，但希望也有其他网站能够链接到它，给它一些星星。

继续将星星从一个网站重新分配到另一个网站，我开始看到，主流网站收集的星星越来越多。而我的假冒网站链接的是我做的其他数千个假冒网站，仅凭这一点，它就被揭穿了。一轮过后，我的数千个网站都没有了星星，不能再出力维持我的假冒网站的星级。很快，我的网站就失去了星星，排名在算法评估的网站清单里直线下降。为实现佩奇和布林的设想，还有更多工作要做，但谷歌网站排名方式的本质就是这样了。

然而，分析星星如何在网络中流动，需要时间和计算能力。紧接着，布林和佩奇意识到，还有一条可计算排名的捷径。大学期间，他们学习了一种乍看上去似乎相当深奥的数学，叫作“矩阵特征值”。

这种数学工具的作用是在不同的动态环境中，识别系统中保持稳定的具体部分。欧拉第一次把它用到了一颗旋转的球上。如果你拿着一台表面绘有世界各国的地球仪，那么无论你如何旋转地球仪，都有可能通过它的最终位置，固定两个方向正相反的点，绕着穿过这两点的轴旋转，让地球仪回到起始位置。从本质上说也就意味着，地球仪每一种可能的重新排列，都可以通过绕着某条轴旋转来实现。

矩阵特征值既提供了始终存在这种旋转轴的证明，也提供了找到旋转轴所经过两个稳定点的方法。值得一提的是，这项技术让我们能够在大量动态环境中确定稳定点。例如，矩阵特征值对识别量子系统中的稳定能级至关重要，它们也是辨别乐器共振频率的关键。

布林和佩奇意识到，矩阵特征值也是确定星星在网络中分布后将如何达成稳定的秘密。一如特征值找到原子的稳定能级或旋转球体上的稳定点，它们也能帮助确定如何分配星星，好让数字在之后不会因网络的再分配而发生改变。故此，矩阵特征值是计算互联网上任意网站页面排名的巧妙捷径，而不必运行迭代过程，等待一切缓慢达到平衡。

虽然我的作弊尝试（提升假冒“高斯传记”网站的排名）遭到了挫败，但企业仍然很有必要了解布林和佩奇的捷径如何运作。公司可以采取一些措施，确保谷歌的捷径绘制出一条路径通往自己的网站。对谷歌算法稍做干扰，便可以看到捷径轻微地改变了路线，使得你的网站排名下降。你必须知道要做哪些更改，才能让网站回到正轨。

社交捷径

有时，挑战在于如何通过尽可能短的路径从网络的一点到达另一点。巧妙的捷径存在吗？以全球人口的社交联系网络为例。如果我随机选择两个人，我能找到多短的友谊关系链来从一个人联系到另一个人？答案是：短得惊人。

这个问题最早是1929年匈牙利作家弗里杰斯·卡林西（Frigyes Karinthy）在短篇小说《链条》（*Chain-Links*）中提出的。故事的主人公推测这个网络在连接链上有神奇的捷径：

> 这次讨论带来了一个有趣的游戏。有个人提议进行下面的实验，以证明地球上的人与人之间的联系如今比以往任何时候都更紧密。我们从地球上15亿居民中选择任何一个人——在任何地方的任何人都行。他跟我们打赌，只需要不超过5个人（其中之一是他自己的熟人），他就可以从自己的熟人关系网联系到选中的那人。

这个虚构的游戏，只用了30多年的时间就得到了检验。20世纪60年代，美国心理学家斯坦利·米尔格拉姆（Stanley Milgram）进行了一项著名的实验，米尔格拉姆的一位住在波士顿的股票经纪人朋友被选为目标。米尔格拉姆指定了两个他认为在地理上和社会上距离波士顿最远的美国城市：内布拉斯加州的奥马哈和堪萨斯州的威奇托。研究人员将信件随机发送给住在这两座城镇的人，请他们将信件转寄给指定的股票经纪人。这里的机关是：信中并未提供地址。如果收信人不认识指定的股票经纪人，他们可以把信转发给自己熟人圈中某个可能更适合转发此信的朋友。

研究人员寄出的296封信中，有232封没有到达指定的股票经纪人。但在那些寄了信的人当中，从最初的收信人到目标收件人，平均转发了6次。从链条的开始到结束的确只隔了5个人。

这项实验带来了著名的“六度分隔”现象。该短语因约翰·格尔（John Guare）的同名戏剧广为流传。剧中一个角色在剧终时说：“我在一个地方读到过，这个星球上的每个人之间只隔着6个人。我们和这星球上其他任何一个人之间，仅有六度分隔。美国的总统、威尼斯的一名贡多拉船夫，填上名字，用不着是什么如雷贯耳的名字，任何人都行热带雨林里的原住民、一个火地岛人、一个因纽特人，一条6个人串成的线索，把我和这个星球上的每一个人联系在一起。”

在当今数字时代，人们之间的联系比以往任何时候都要紧密，而这个网络比通过美国邮政系统转发信件更容易探索。2007年，一组由2.4亿人300亿次对话组成的信息数据集显示，用户之间的平均路径长度确实是6。2011年发表的一篇论文发现，在推特上，平均只需要3.43个用户，就可以连接任意两个推特用户。

为什么社交网络会有这些捷径呢？诚然，不是所有的网络都这样。比如，在一个圆上排列100个节点，只有彼此相邻的节点存在连接，从网络的一端到另一端需要50次握手。一个只凭借少量连接就可在任意两点之间移动的网络，叫作“小世界”。

事实证明，有大量小世界网络的例子。不光包括我们的社交网络和互联网。从拥有302个节点的秀丽隐杆线虫到拥有860亿神经元的人类大脑，所有生物的神经连接都是小世界网络的例子。这使得系统中的一个神经元可以通过少量的突触就能与其他神经元快速通信。电力网是一个小世界，机场网络和食物网也是如此。是什么让这些网络成为小世界的呢？

邓肯·瓦茨（Duncan Watts）和斯蒂芬·斯托加茨（Steve Strogatz）两

位数学家发现了这个秘密，并于1998年在《自然》杂志上发表了一篇论文。如果你取一组节点并在彼此靠近的节点之间创建局部链接，那么，通常你会得到一幅像图9-1一样的图，需要很长的路径才能连接网络中随机选择的节点。但瓦茨和斯托加茨发现，只要在网络上建立几条全局链接，就能出现捷径（见图9-5）。这就类似于波士顿的每个人都彼此认识，但波士顿的某个人碰巧有个阿姨住在堪萨斯，这便提供了一条通路，把局部社区全局性地连接起来。秀丽隐杆线虫的神经元里存在同样的结构。神经元排列成一个圆形，但穿过圆，你可以看到连接远处神经元的链接。人类大脑里似乎也有类似的结构。大量的局部连接和一些长突触把大脑的不同部分联系了起来。

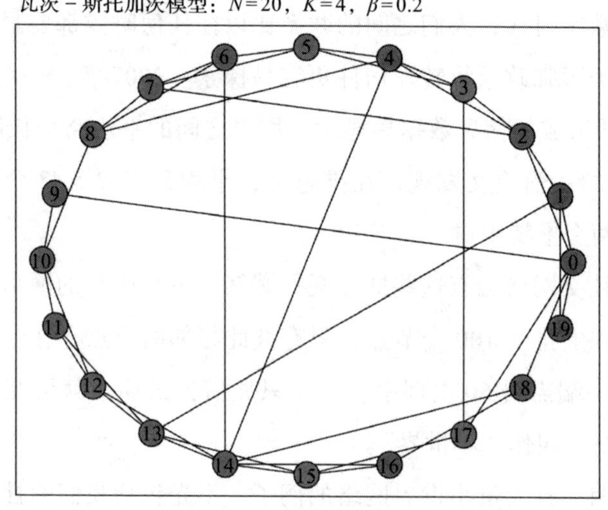

图9-5 小世界网络的例子

机场网络的运作方式与此类似，少数机场充当连接全球远程航班的枢纽。接着，同一个地区内有很多短途航班，把你从中心带到局部目的地。

瓦茨和斯托加茨通过数学模型证明，在一个有N个节点的网络中，每个节点都有K个熟人以局域－全局方式连接，那么网络中两个随机选择点之间的平均路径，可由下列公式给出：

$$\log N/\log K$$

其中的 log 是约翰·纳皮尔为简化计算而设计的对数函数。设 N 等于 60 亿，每个人与 30 个熟人连接，那么分隔的度数是……6.6。

如果你正在搭建网络，无论是社交的、物理的还是虚拟的，通常你一定希望网络连接中存在捷径。现在我们知道如何构建这样的系统了。为创建具有此种小世界特征（一点到另一点之间有着神奇捷径）的网络，只需要增加一批随机选择的全局连接，似乎就可完成此重任。

高斯的大脑

1855 年，高斯去世时，把自己的大脑献给了科学研究。他的朋友兼同事、哥廷根大学生理学家鲁道夫·瓦格纳（Rudolf Wagner）承担了解剖大脑的任务，想看看是否有什么特别之处，让高斯这么擅长寻找数学捷径。此次尝试属于该大学进行的一个更宏大的项目，旨在了解精英的大脑和普通人的大脑之间是否存在什么特别的结构差异。瓦格纳并未使用体积、重量等粗糙的测量指标，而是提出，高斯的大脑皮层比正常人的大脑更密集、更复杂。

瓦格纳的一个团队制作了一套铜板画和石版画以做补充。高斯的大脑见图 9-6。近年来，在现代高分辨率功能磁共振成像技术的帮助下，哥廷根大学的一个研究小组证实，高斯大脑左半球的两个区域之间，的确有着相当罕见的连通性。然而，该团队无奈要应对采集过程中发生的奇怪的掉包事件。原来，多年来一直被认为是高斯大脑的东西，实际上来自哥廷根大学的另一位精英——康拉德·海因里希·富克斯（Conrad Heinrich Fuchs），他与高斯同年去世。瓦格纳进行分析并绘图后，这些标本似乎就被混到了一起。直到后来的团队将功能磁共振成像扫描结果与原始绘图进行比较时，才发现了这一“阴差阳错”。

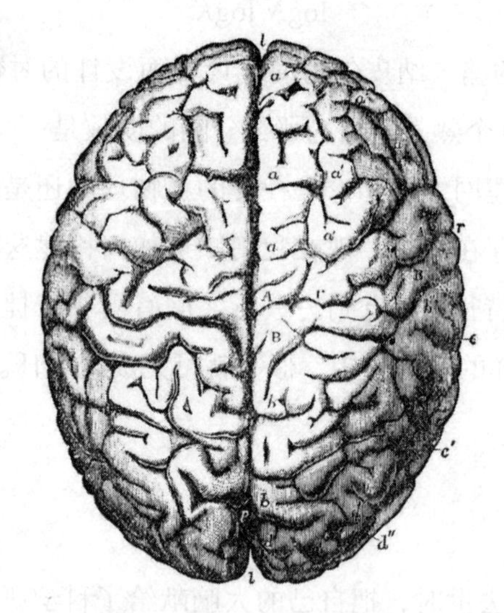

图 9-6 高斯的大脑

德国哥廷根大学 19 世纪旨在了解精英思想家大脑不同结构的研究项目一直持续至今。最近，美国肯塔基州路易斯维尔大学解剖系在研究已故科学家（实验室将之称为“超常者”）的大脑。领导这项研究的曼纽尔·卡萨诺瓦（Manuel Casanova）教授发现了科学专家大脑的结构差异性。

大量的短程局部连接，似乎有助于大脑的专注思维模式，专注的人利用的是大脑中单个区域的力量。相比之下，连接大脑不同部位的长程连接，有助于带来新想法和突破性思维。

有趣的是，这似乎呼应了思维方式的二分法。古希腊诗人阿尔基罗库斯（Archilochus）写道：“狐狸多知，而刺猬有一大知。”哲学家以赛亚·伯林（Isaiah Berlin）试图将思想者分为两类，其文章灵感就来源于此。狐狸有着广泛的兴趣，这是一个横向的思维过程；刺猬擅长深入思考，这是一个纵向的思维过程，垂直于狐狸的思维过程。狐狸对什么都感兴趣，刺猬专一地执迷。

如果说，刺猬的特点是拥有丰富的短程连接，狐狸的特点是拥有长程连接，那么，要是大脑能够将大量的短程连接与长程连接结合起来，是不是就会造就出一个能够将狐狸和刺猬的技能结合起来的人？这当然合乎理想，但事实上，大脑内部的接线既需要空间，也需要进行代谢活动。受限于头骨的几何形状，两者的融合是不可能做到的。

但还有另一种选择：协作。高斯与韦伯合作研制了第一条电报线路，孕育了现代互联网的诞生。通过分享我们的专长，并在各有专长的大脑之间建立长程连接，我们拥有了创造令人兴奋的新事物的潜力。在各学科的腹地，可以找到唾手可得的果实。学习学科之外的人的专业知识，将其应用到自己领域的问题上，你能很容易地有所收获。这就是为什么，无论你的工作领域是什么，汲取另一门学科的思想，有可能让双方共同找到通往彼此的捷径。

狐狸式思维和刺猬式思维的完美融合，或许来自人与机器的合作。虽然我的书旨在赞美人类嗅探捷径的独有特性，但也许我不应该对机器能提供的东西太过轻视。虽然机器可以使用蛮力进行更快更多的计算，但最终它还是要与人类发现巧妙捷径的“狡猾”相结合，才能实现单靠人类或机器无法实现的目标。

谜题的解法

本章开头的谜题是我申请工作进行心理测试时遇到的挑战。多亏了欧拉的捷径，我知道画不出来，因为图中延伸出奇数条线的节点在两个以上。不过，如果你用一个花招儿，倒是有办法能把图中的形状画出来。如图 9-7 所示，拿一张纸，把底部的 1/4 折起。从左上角开始画正方形，确保正方形的底边画在你反折过来的纸上，画完正方形后，让笔停留在纸上。打开折起来的部分，留下正方形的三条边，与此同时，你的笔仍然在左上角。如果你现在分析剩下的图，它能通过欧拉测试。

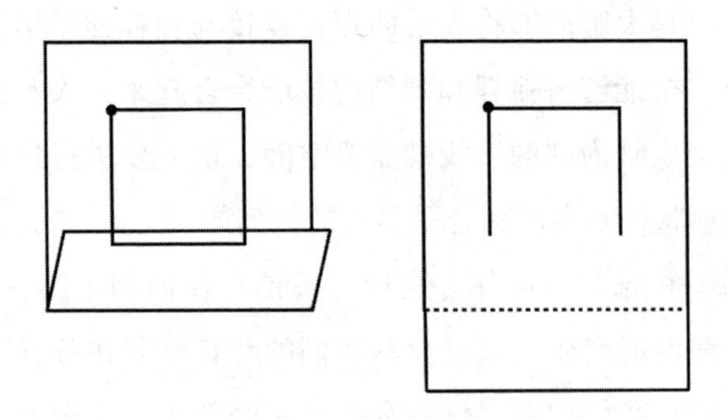

图 9-7 画图的花招儿：把纸折起来

捷径的捷径

网络无处不在。公司的结构呈网络状，计算机的接线呈网络状，不同股票期权的相互依赖呈网络状，交通呈网络状，我们体内的细胞相互作用呈网络状，小说中的人物关系呈网络状，我们的社交呈网络状。每当你碰到一组对象及其之间的关系，你就碰到了一个网络。无论你试图理解的是什么结构，都值得分析一下，看看它背后是否隐藏着网络。因为一旦识别出了网络，数学就能提供捷径，帮助你在它的系统结构下导航：识别网络中最重要节点的工具；将网络转化为小世界的策略，借助快速路径从一端前往另一端。拓扑图可以抛开无关信息，帮助你看到真正发生了什么。

中途小憩：神经科学

很多时候，最好的设想似乎是凭空冒出来的，就好像不思考有助于大脑发现捷径、找到答案。哲学家迈克尔·波兰尼（Michael Polanyi）相信，大脑接入潜意识中未表达观点的隐性思考过程，是人类思维力量的关键。他用一句话总结了自己的论点：“我们知道的比我们能说的多得多。”

我推导数学定理的经验显然符合这种情况。那是一种“看到”答案的感觉，虽说我不太确定为什么我觉得它是对的。我提出数学领域横亘着什么样的景象，其猜想过程也是这样。我察觉到远处有一座高峰存在，却不知道如何找到通往那里的路。

许多数学家都谈到过灵光乍现，即大脑大概是怎样将一个想法引入我们意识的。大脑在潜意识下运转，一旦找到解决方案，就会把它引入意识领域。我有过这样灵光乍现的经历，但紧随其后的往往是让人很痛苦的任务：把潜意识如何得出这一结论的逻辑拼凑并整理出来。

数学家亨利·庞加莱描述过一个著名的场景：当时他一直在研究一个问题，但毫无进展。他离开办公桌，以让思绪放松下来。当他踏上一辆公共汽车时，他突然意识到如何解决这个难题：“就在我把脚放在汽车台阶上那一刻，灵感来袭，而且完全没有借助我此前思考所做的铺垫——我用来定义富克斯函数的变换，与非欧几何里的变换是相同的。”

艾伦·图灵在研究图灵机时也有过类似的经历。图灵在房间里辛苦工作之后，喜欢沿着剑桥大学的剑河跑步，用来放松。当他躺在格兰切斯特村附近的草地上时，他突然明白了怎样用无理数的数学原理说明为什么他的图灵机在计算方面存在局限性。

为了更多地了解如何通过“不想”问题来解决问题，我决定联系神经学教授奥格涅金·阿米季奇（Ognjen Amidzic），他一直在研究不同专业领域从业者的大脑功能。

阿米季奇原本没想过要成为神经科学家，他的梦想是成为一名国际象棋特级大师。他花了数千小时练习，甚至举家从前南斯拉夫搬到了俄罗斯，求教于世界上最优秀的老师。但他最终陷入了停滞，他始终无法超越专业级。

阿米季奇决定考察自己的大脑在连接方式上有什么地方阻碍了棋艺的发展。于是，他转而接受训练，成了一名神经科学家，他开始研究能不能识别出业余爱好者和特级大师之间不同的大脑活动。

为了证明他的研究结果，他让我和英国特级大师之一的斯图尔特·康科斯特（Stuart Conquest）下棋，同时把我们两人的大脑连接到脑磁图扫描仪上，以展示大脑活动的差异。毫无疑问，我的排名远远够不上特级大师，甚至连专业棋手都算不上，但我能够进行逻辑思考，分析棋局，看看下一步该怎么走。

我很快就输掉了比赛。但这并不是我感兴趣的地方，让我大吃一惊的是脑磁图展现的结果。原来，我们下棋时使用的竟然是完全不同的大脑区域。我似乎耗费了更多的大脑活动，但取得的成功却更少。

阿米季奇的研究表明，像我这样的业余棋手使用的是位于大脑中心的内侧颞叶。这与如下的阐释相吻合：业余棋手的精神敏锐度集中在分析棋局中少见的新招式上。这可以等同于业余选手在有意识地分析每一步可以走的棋的结果，甚至大声地表达出来，对自己的思考过程进行评论。

相比之下，特级大师使用的是额叶和顶叶皮层，完全绕开了内侧颞叶。额叶和顶叶皮层区通常与直觉有关，是我们访问长期记忆的地方，它们与更多潜意识思考过程有关。特级大师可能会察觉到一步棋走得很好，但不见得能说出原因。他们的大脑不像业余棋手那样努力为感觉生成逻辑依据，所以不会在内侧颞叶浪费能量。特级大师通过捷径绕过了意识思考，得出解决办法。

这么说吧：我的大脑就像发疯的瞪羚一样来回狂跑，而特级大师的大脑则像躲在草丛里的狮子，一击必杀，绝不浪费精力。

颇具争议性的是，阿米季奇提出，人们的大脑活动并不会随着练习而发生太大变化。他认为，通过对业余棋手的大脑进行扫描，你就可以判断出他们是否具备成为特级大师的潜力，因为哪怕职业生涯才刚起步，他们下棋时便已经接入了额叶和顶叶皮层："人人都想要相信自己可以成功，可以成为自己想成为的人，如果他们在生活中无法实现梦想，那就可以找别人来为此负责，比如父母的支持……缺钱或其他原因，总可以有些解释。”

但阿米季奇相信，这无关练习时间，也无关优质教学，而是在根本上与遗传基因有关。“你要么生来就是大师，要么生来就是个普通棋手，要么生来就是个了不起的数学家、音乐家或足球运动员等。”他说，“人是天生的，不是塑造出来的。我不相信也看不到有任何证据证明你能创造出天才来。”阿米季奇回忆自己曾扫描了一个孩子的大脑，他的父亲迫切希望他日后成为象棋特级大师。阿米季奇从扫描结果看出，这个孩子的大脑局限在内侧颞叶分析事物。他认为这个孩子永远不会超越专业棋手的水平，并建议这位父亲考虑其他发展方向。显然，这位父亲没有理会他的建议，但日后的事实证明阿米季奇的判断是正确的。

在阿米季奇看来，关键是要找到大脑似乎具有良好直觉的活动。以他自己为例，他天生擅长的是神经科学，而不是国际象棋：“生活很有趣，我在这方面的名气比去当一名国际象棋棋手要大得多。”

分析了我下棋时的大脑活动后，我发现我可能永远也不会成为象棋大师。我的大脑没有发现洞察好棋妙招的捷径，而是陷入了困境，在内侧颞叶走了一条漫长的路。对比来说，阿米季奇提出，要是在我做数学研究时扫描我的大脑，我应该就会接入大脑中的直觉部分了。

从他的研究中看不出这是真的完全取决于基因，还是说可以训练大脑。但他的研究似乎确实发现，如果大脑处于巅峰状态，它会利用捷径来避免过多的思考干扰找到解决方案的过程。

10

CHAPTER 10

第十章 不可能的捷径

在格拉斯顿伯里当代表演艺术节上，我经常到艾特罗拉伯（Astrolabe）剧院看演出。之后，我会尝试拜访所有其他舞台。你能帮我找到以艾特罗拉伯出发并结束，一次性到访地图上其他所有舞台（而且仅一次）的最短路径吗（见图 10-1）？

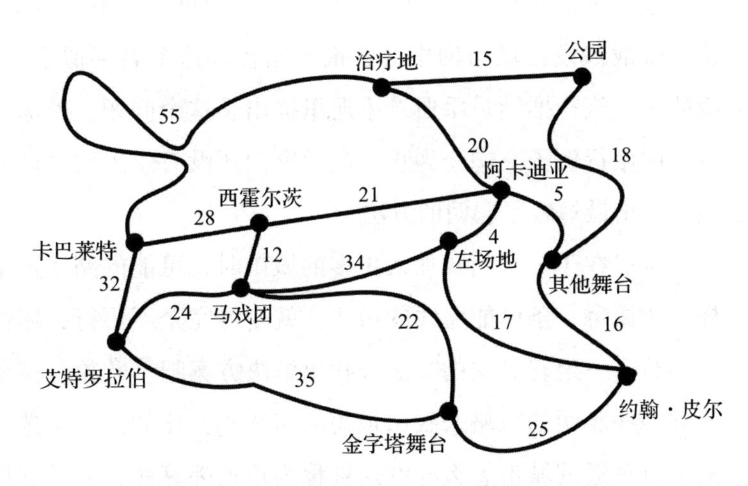

图 10-1　格拉斯顿伯里当代表演艺术节地图

不是每一个问题都有捷径。我们已经看到，任何需要身体变化来应对的挑战，比如学习乐器、通过治疗重塑大脑、训练成为一名运动员，都需要付出时间和努力才能实现。但事实证明，或许还有很多其他挑战不存在捷径。数学家们现在相信，还有一大堆的问题，不经艰苦工作检验所有可能的解就无法解决。

一位正在安排明年课程表的老师，一家正在为卡车车队规划最佳运输路线的货运公司，一名试图找到高效方法堆叠货架上盒子的超市码货员，一个渴望知道自己心爱球队是否还能在联赛中名列前茅的足球迷，一个正在寻找精彩策略解开难解谜题的数独游戏爱好者，人人都在寻找捷径。遗憾的是，在这些挑战中，更好的思考可能无助于找到解决方案。哪怕是高斯也必须努力地坚持干下去，核查所有可能的情况，以找到解决方案。或许，最叫人啧啧称奇的是，数学这门捷径的艺术，恰恰能证明某些问题不存在捷径。

数学家们把没有捷径可以解决的经典问题叫作“旅行推销员问题”。这一挑战涉及在城市网中寻找最短路径。这个名字似乎起源于1832年出版的一本旅行推销员手册，手册里提出了这个问题，外加一些穿越德国和瑞士的旅行例子。迄今为止，数学家们还没有想出比尝试所有可能路线来确保找出最短者更聪明的方法。

难点在于，每当我加入更多的城市时，可能的路线数量就会变多，这样，测试每一条可能路线的做法，就变得完全不可行，哪怕用计算机执行也不行。一定有更快的方法来找出解决方案吧？欧拉、高斯或牛顿就不能找到一些聪明的策略来找出最短的路线吗？比如，总是选择离你现在所在的地方最近的城市怎么样？这被称为最近邻算法，通常它可以生成一条相当不错的路线，只比最优路线长25%。但要构建起用算法生成途经城市最长而非最短路线的网络反倒很容易。

人们已经开发出了一些算法，能保证不管给出什么样的网络，算法总能生成一条最多比最优路线长 50% 的路线。但我想要寻找的是一种巧妙的捷径，它能在不进行穷举的情况下找出最佳路线。这个问题让数学家们大感头痛，许多人甚至开始怀疑并不存在这样的捷径。事实上，21 世纪初，人们就曾将证明不存在这样的捷径列入了“千禧年大奖难题”[一]之一。如能证明解决“旅行推销员问题”没有捷径，将获得 100 万美元的奖金。

什么是捷径

为了赢得 100 万美元的奖金，对在这种背景下从数学上定义什么是捷径很重要。在数学上，绕远路和捷径之间的差异可转化为两种算法上的差异，一种算法需要指数级的时间来得出解，而另一种算法只需要多项式时间[二]。我这么说到底是什么意思呢？

这项挑战的核心任务不在于想出一种仅适用于求解一道谜题的方法，而是要想出一种算法，无论谜题是什么版本、规模有多大，都能适用。问题是，算法需要多长时间，取决于我给它的谜题的规模大小。例如，假设我有一组瓷砖，共 9 块，每块瓷砖上有不同的图案（见图 10-2）。我想把 9 块瓷砖安排到 3×3 的网格里，使得瓷砖邻边相接的地方图案相同。

瓷砖有多少种不同的排列方式呢？从网格左上角开始说：瓷砖的花色有 9 种选择。与此同时，瓷砖可以按 4 个不同的朝向摆放。那么，总共有 $9 \times 4 = 36$ 种不同的选择。接下来的位置，有 8 块剩余的瓷砖可供选择，每块均可以按 4 个不同的朝向摆放。逐一排列完整个网格，这些瓷砖的排列方式总数为：

$$9! \times 4^9$$

㊀ 一般指世界七大数学难题。——译者注

㊁ 多项式时间是指一个问题的计算时间不大于问题规模的多项式倍数，多项式时间代表的是一类时间复杂度的统称。——译者注

图 10-2　9 块瓷砖经排列，两两相接的地方图案相同

9! 是 $9 \times 8 \times 7 \times 6 \times 5 \times 4 \times 3 \times 2 \times 1$ 的缩写，叫作 9 的阶乘。如果一台计算机可以在 1 秒钟内执行 1 亿次检查，那么只需 15 分钟多一点即可完成所有检查。还不错。但要是我增加瓷砖的数量，看看时间会增加得多快吧。如果我要考虑在 4×4 网格中放 16 块瓷砖呢？使用同样的分析方法，要检查的组合数量为：

$$16! \times 4^{16}$$

这就把检查它们所需的时间增加到了 2 850 万年。再换成 5×5 网格，检查时间将远远超出宇宙区区 138 亿年的寿命。

给定一个有 n 个格子的网格，可能的排列数是 $n! \times 4^n$。4^n 是一个随 n 呈指数增长的函数。我在第一章中印度国王的故事（他必须支付象棋棋盘里逐格呈指数增长的米粒）里解释过这种函数增长起来快得有多可怕。阶乘 $n!$（也就是从 1 到 n 所有数字的乘积）实际上是一个比指数增长更快的函数。

这是数学上“绕远路”的定义：一种解决问题的算法，随着问题规模的增加，计算解决方案所需的时间以指数方式增加。这就是我想找到捷径的那类问题。但什么才是好的捷径呢？它指的是发现一种算法，哪怕增大问题的规模，仍然能相对快速地找到解决方案，即所谓的多项式时间算法。

假设我随机选择一些单词，想把它们按字母顺序排列。随着单词列表越来越长，排序需要多长时间？一种简单的算法就可以做到：先查看 N 个单词的原始列表，并将字典中排在所有其他单词前的那个单词找出来。这样做完之后，就只需对剩下的 $N-1$ 个单词采取相同的操作。所以，我需要扫描 $N+(N-1)+(N-2)+\cdots+1$ 个单词来进行排序。多亏了高斯在课堂上找到的捷径，我知道这总共需要 $N\times(N+1)/2=(N^2+N)/2$ 次扫描。

这就是一个多项式时间算法的例子，因为随着 N（单词数量）的增加，所需扫描的次数以 N^2 来增加。在“旅行推销员问题”中，我需要一种算法，在给定的 N 个城市中，通过检查，比如只检查 N^2 条路线来找到最短路径。

遗憾的是，我们最初设计出来的算法并非多项式。基本上是先选择一个城市去参观，然后再选择下一个城市……给定一幅包含 N 座城市的地图，这将意味着检查 $N!$ 条路线。正如我在上文提到的，这比指数增长还糟糕。挑战在于找到一种策略，无须测试所有的路线。

巧妙的捷径

为了证明这种算法并非不可能存在，我们来考虑一个乍看上去似乎同样棘手的问题。在旅行推销员的城市地图上选择两座要参观的城市。这两座城市之间的最短路径是什么？猛地看上去，似乎仍然有很多不同的选择可以考虑。毕竟，我可以从任何一座与初始城市相连的城市出发，再经过一座与后一座城市相连的城市。如此一来，仿佛又要以指数方式来计算城市的数量了。

但 1956 年，荷兰计算机科学家艾兹格 · W. 迪科斯彻（Edsger W. Dijkstra）想出了一种更巧妙的策略，可以用跟单词排序差不多的时间，找到两座城市之间的最短路径。他一直在思考一个切实的问题，那就是在鹿特丹和格罗宁根这两座荷兰城市之间找到最快的路线。

一天早上，我和未婚妻在阿姆斯特丹购物，因为很累，我们坐在咖啡馆的露台上喝了杯咖啡。我琢磨着能不能做到这件事，接着便设计了最短路径的算法。这个发明只用了 20 分钟……它这么简洁的原因之一是，设计它的时候我没用纸笔。我后来听说，不用纸笔进行设计的一个好处就是，你不得不避开所有能避开的复杂因素。最终，叫我惊喜的是，这个算法为我打下了成名的基础。

请看以下示意图 10-3。

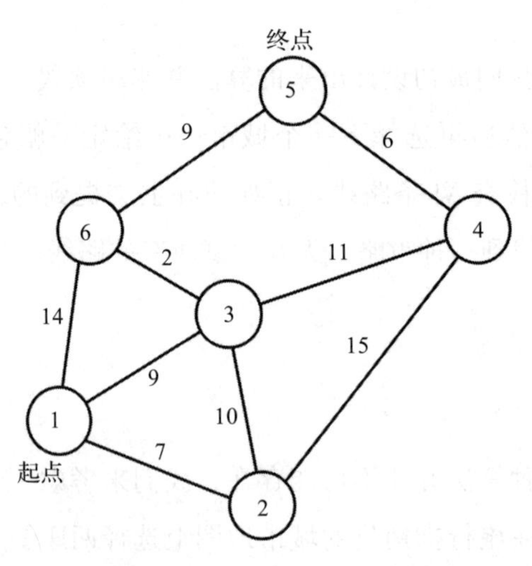

图 10-3 城市 1 和城市 5 之间最短的路径是怎样的

在迪科斯彻的算法中，我将从起点城市，即城市 1 出发。在旅行的每一阶段，我都会附上一份途经城市的累计数量和里程，以帮助我找到最短路线。首先，我把所有与起点城市相连的城市做上标记，说明它们与起点城市之间的距离。此时，城市 2、城市 3 和城市 6 分别做上了 7、9 和 14 的标记。我的第一步就是前往这些城市中最近的一座。但要注意，一旦算法施展魔力来解决这个问题，可能就会揭示它并不是最适合率先前往的城市。

在图 10-3 中，我最先到了城市 2，因为它距离我的起点城市 1 的距离最短。

我将刚离开的城市 1 标记为“已访问”。在新的城市 2，我将考虑更新与之相连的所有城市的标记。在本例中，我可能会更新城市 3 和城市 4 的标记。我首先计算从起始城市 1 经当前城市 2 后再到后两者的距离。如果这一新距离比该城市当前标记的短，我就把标记更新为新的距离；如果距离更长，则保持先前的标记。对城市 3 而言，新距离（7+10）更长，所以我保留了原来的标记：9。有时城市还没有做标记，比如城市 4，因为它与城市 1 并不直接相连。我用计算出来的距离给到达的新城市做上标记。本例中，城市 4 的标记是 7 + 15 = 22。

然后我再次给已访问的城市做上标记，并前往当前距离我起始位置最短的未访问城市。在图 10-3 中，我现在到了城市 3。这个例子说明，虽然启程后出发去城市 2 看似聪明，但从这一步开始算，它的距离就远了起来。算法已经在引导我，或许应该以城市 3 为中转了。

我再次更新所有与城市 3 相连的未访问城市的标记。继续这个过程，我最终会到达目的地城市 5，它将有标记，标签代表我从出发城市的最短距离。随后，我就可以回顾自己的行程，看看经过了哪些城市才到达此地。请注意，在我举的这个例子中，最佳路径最终并未途经城市 2。

我需要执行多少步骤才能找到最短的路径呢？如果有 N 座城市，这与按字母顺序排列单词非常相似。每一步都可删掉一座不再需要考虑的城市。所以算法完成所需的时间是 n^2。用数学语言来看，这就是一条捷径！

但这种数学语言里的捷径，放到现实中可能仍需要很长时间才能找出答案。数学家通常认为，多项式时间算法是我们追求的捷径。二次方算法非常快。不过，尽管数学上认为三次方、四次方和五次方也都很快，但在物理上它们仍然需要很长时间。

如果一台计算机每秒可以执行 1 亿次操作，那么对于一个小小的 N，我不会有太多的问题。但用 N^2 步找到答案的算法和用 N^5 步找到答案的算法，在时间上有很大的区别。

在一秒钟内，N^2 算法可以检查包含 10 000 座城市的网络。N^5 算法则需要 31 710 年才能检查相同数量的城市！但在数学上，这仍然算是捷径。与我们前面讨论的指数算法相比，它无疑是捷径，毕竟指数算法需要超出宇宙寿命的时间来检查包含 10 000 座城市的网络。事实上，对 2^N 指数算法来说，就算是只检查 100 座城市，也超出了宇宙的寿命。

出于实际目的，需要最小 N 次幂才能运行的算法仍然值得寻找。总有些捷径比其他路径要短。

大海捞针

你兴许以为，如果你不是旅行推销员，那么无法找到捷径、发现沿途拜访客户的最短路径，对你就没有太大影响。问题是，存在同等复杂性的问题有很多。例如，在工程中，你可能想给一块有 100 个不同点位的电路板布线，你需要找到最高效的方法让机器人铺下线材，形成电路。由于机器人每天要生产成千上万块这样的东西，只要机器人绕行网络的路径减少几秒钟，就可以为公司节省一大笔钱。但我们想要找到的捷径不仅仅针对绕行网络。下面精选了一些跟旅行推销员问题具有相同性质的挑战，我们认为这些问题可能没有能够找出解决方案的捷径。就连伟大的高斯也无法避免长途跋涉！

汽车后备厢挑战。你有一些大小各异的盒子，想放到汽车后备厢里运走。挑战是：应该怎么选出浪费空间最少的盒子组合。事实证明，没有一种巧妙的算法可以通过观察盒子的大小来挑选出最佳组合。假设所有的盒子都有着同样的高度和宽度，和你后备厢的内部尺寸完全一样，但它们的长度不同。你的后备厢 150 厘米长，盒子的长度分别为 16、27、37、42、52、59、65 和 95 厘米。有没有一种巧妙的方法来选择盒子的组合，以尽可能有效地填满后备厢？

学校课程表挑战。每所学校学年开始时都面临着为学生制定课程表的挑战。但是学生们所做的选择，对课程表的安排形成了限制。艾达选了化学和音乐，所以这两门课不能同时安排。与此同时，艾伦选择了化学和电影研究，但是一天只有 8 节课，学校得想个办法把它们都安排进去，而且不能重叠。考虑到这些限制因素，制定课程表有时就像是铺一块不太适合房间的地毯。就在你似乎把房间的一个角落铺平了的时候，你会发现另一个角落的地毯突然翘了起来。也有点像是做数独游戏，你以为你找到了解法，同一行里却出现了两个 2。啊啊啊！

数独游戏。如果你曾试着玩过这款日本数字游戏的超级复杂版，往往会碰到这样的情况：你似乎只需要猜测下一个数字，接着再琢磨这一猜测的逻辑含义。如果你猜错了，那就会出现矛盾，你被迫退回到做出猜测的那一时刻，再尝试另一条不同的途径。

晚餐聚会挑战。如果你想邀请一些朋友共进晚餐，但他们中的某些人关系不好，所以没法让他们一起来，这就和学校制定课程表面临的挑战类似。试着找出最少的晚餐次数，保证每个人都来参加，但又不让彼此不喜欢的人碰面，这就需要核对所有可能的客人组合。

地图着色。给任意一幅地图里的国家上色，让有共同边界的两个国家的颜色不一样，用 4 种颜色就可以达到目的。但用 3 种颜色可以做到吗？判断 3 种颜色是否足够的唯一算法是尝试用所有不同的方法来为地图着色。就像数独游戏一样，你可以先开始着色，提前就安排好，哪两个国家使用相同的颜色。对于 N 个国家，有 3^N 种不同的方法用 3 种颜色给国家着色，也就是说，要核查指数量级的不同的可能性。

最多只需要 4 种颜色这一点，是 20 世纪证明的最伟大的定理之一。1890 年的研究表明，5 种颜色可以达到目的。依靠数学家经常使用的捷径，证明并不太复杂。假设有些地图不能用 5 种颜色着色。举一个有着国家数量最少的地图的例子。通过一些巧妙的分析，你可以说明如果去掉一个国家，最终得到的地图仍然无法用 5 种颜色完成。但这就与你最开始是从国家数量最少的地图着手这一事实产生了矛盾。

这里有一个使用捷径的搞笑例子，选最小的例子来证明它不可能存在：请证明不存在无聊数。假设存在无聊数。设 N 为最小的无聊数。突然之间，N 变得有趣起来，因为它是最小的无聊数。

令人沮丧的是，如果要试图证明 4 种颜色就足够了，这个巧妙的捷径似乎就行不通了。数学家们无法解释为什么去掉一个国家，地图仍无法着色。然而，又没有人能提出一个反例。

最终，1976 年发现了一个证明：4 种颜色就足够。但这显然不是一条捷径。事实上，这种证明方法需要计算机的强大算力来检查成千上万个案例，人类不可能逐一检查这些案例。这次证明是数学上的一个转折点：这是人类第一次用计算机来强行证明求解。这就像我们遇到了一座山脉，却找不到通往另一边山谷的捷径。于是我们用机器在山上钻了一个洞。

数学界有许多人对用计算机来证明这一定理的方法感到不安。证明是为了让人们理解为什么 4 种颜色足够，而不仅仅是要证明它的正确性。人类大脑所能建立的连接是有限的，这就是为什么一定要有捷径，才能让大脑感到它理解了。如果证明被迫绕了远路，就如同证明无法上载至大脑，我们会感觉遭到了背弃，无法真正理解。

与地图着色挑战相关的一个问题是，以一个由点和选定的线连接在一起组成的网络为例。这些线就像国家之间的边界。挑战是要知道，给点上色所需的最少颜色数是多少，能使一条线连接的两个点颜色不同。

足球。有个我们找不到捷径来解决的问题与足球有关，这是我最喜欢的一个例子。它和踢足球无关，而是每个赛季结束时会出现的奇妙挑战：着眼于我的球队目前在积分榜上的位置，从数学上来说，它还有可能赢得英超联赛冠军吗？你兴许认为这是个简单的任务。只要保证我的球队赢得所有的比赛，每赢一场就得到 3 分，然后看看这够不够拿到第一名，这不就行了吗？然而，我还必须关注其他所有球队之间的比赛。显然，我想让目前排名第一的球队输掉更多的比赛。但这样一来，它们所对阵的球队就会获得更多的胜利，拿到更多分数。如果我给这些球队分配了太多分数，它们反倒成了冠军怎么办？

这是另一个我必须考虑多场比赛与结果组合的问题。在分配胜负和平局时，我一次又一次地发现，我所分配的结果搞砸了我想要谨慎维持的平衡，就跟在数独游戏中一样。

如果还剩下 N 场比赛，那么每一场比赛对主队来说结果可以是赢、输或平，总共有 3^N 种结果。你要考虑的可能性多达指数级。挑战在于找到一条捷径，快速判断出我的球队在数学上是否还有机会赢得联赛冠军。

但我非常喜欢这个问题，因为我在学校的时候就存在这样一种算法。后来发生了什么？不是算法没了，而是分配点数的方式改变了。过去，一支球队赢一场只能得 2 分，如果打平，则各得 1 分。人们认为这会导致球队力争打成平局，场面无聊。所以，英超联赛在 1981 年做出了一项决定，激励球队争取胜利。球队赢一场比赛不再得 2 分，而是得 3 分。这看似是个无伤大雅的变化，但对于判断球队是否仍能在英超积分榜上位居榜首这个挑战来说，这产生了巨大的影响。

最重要的是，1981 年之前，各支球队的总积分并不取决于赢、输或平。20 支球队在主场和客场各打两场比赛，这意味着有 20×19 场比赛。按照原有制度，每一场比赛都有 2 分可根据结果分配，这样一来，到赛季结束时的总积分是 $2 \times 20 \times 19 = 760$ 分，由 20 支球队共享。

但现在情况大不一样。每一场比赛的胜者可获得 3 分，如果比赛是平局，则每一场比赛两支球队各只获得 1 分。如果整个赛季的所有比赛都打平，这将意味着总共有 760 分。但如果没有平局，总分就变成了 $3 \times 20 \times 19 = 1\ 140$ 分。总分的新变化意味着，之前可以判断我的球队在数学上是否仍有机会赢得联赛冠军的算法不管用了。

所有这些问题的迷人之处在于，如果你碰巧找到了一种解决方案，检查它是否真的解决了挑战是很快的。我喜欢把这些问题称为“大海捞针式问题”：最初的挑战是找到针，这需要进行长时间的详尽搜索，几乎没有任何东西能帮你确定针在哪里。可一旦你的手落到了针上，你立刻就能知道针在哪里！这就类似破解保险箱可能需要很长时间，要尝试一组又一组的密码，但一旦你输入正确的密码，门马上就打开了。

这种“大海捞针式问题”(术语为“NP 完全问题”）有一个异乎寻常的特点。你兴许会认为，它们每一种都需要专门的定制策略，尝试找到一种能在尽可能短的时间内获得解决方案的算法。但事实证明，如果你真的发现了一种快速多项式时间算法，能在旅行推销员可能遇到的任何地图中找到最短路径，这就意味着每一个此类问题都一定有类似的算法。对于寻找捷径的挑战来说，这至少也可以算是捷径了。如果一个问题有捷径，就可以转化为我们清单上任何其他挑战的捷径。引用托尔金㊀（Tolkien）的话来说：这是一条能解决所有问题的捷径。

看看我所描述的一些问题怎样互相转换，有助于说明为什么情况会是这样。以学校课程表问题为例。我有课程、时间段和需要避免的课程间冲突，借助这些信息，我可以构建一个网络，让每一种课程变成网络中的一个点，课程间冲突将对应于我在两点间绘制的线。那么，分配时间段就变成了另一种挑战：给图中各点上色，使得一条线连接的两点颜色不同。

㊀ 英国作家、诗人、语言学家及大学教授，以创作经典严肃奇幻作品《霍比特人》《魔戒》与《精灵宝钻》而闻名于世。——译者注

捷径缺失的妙用

在某些情况下，捷径的缺失极为重要。比如要制作不可破解的代码就属此类情况。制作密码的人想要利用的一点是，除了穷尽搜索各种可能性之外，似乎没有任何方法可以破解编码信息。以密码锁为例。一道有 4 重刻度盘的锁，每重刻度盘上有 10 个数字，这需要你检查 10 000 个不同的数字，从 0 000 到 9 999。有时劣质锁可能会泄露开锁位置，这是因为在第一重刻度盘设置到位时，锁会发生物理位移。但一般来说，除了尝试所有数字组合，小偷是找不到捷径的。

但还有一些密码系统暴露出可以被利用来创建捷径的弱点。以经典的恺撒加密（或称替换加密法）为例。这种加密方法会统一地把某个字母替换成另一个字母。例如，所有的 A 都换成另一个字母 G，B 又再换用一个字母替代。这样，字母表中的每个字母都重新分配了一个新字母。可供选择的密码很多！重新排列字母表中字母的不同方法，足足有 26！（1 × 2 × 3⋯ × 26）种。（有些重新排列的方法可能会留下某个字母不变，如 X 仍用 X 编码。这里有个有趣的挑战：有多少种编码方式是所有的字母发生变化了？）26！这个数字有多大呢？我们稍微来感觉一下：比宇宙大爆炸诞生以来的时间的数值（以秒为单位）还要大。

如果黑客截获了一条编码信息，他们需要尝试大量不同的组合破译信息。但 9 世纪的博学家叶尔孤白 · 金迪（Ya'qub al-Kindi）发现了这种密码的一个弱点：总有些字母出现得比其他字母更频繁。例如，在英语中，“e”是所有文本中最常出现的字母，出现频率为 13%；其次是字母“t”，出现频率为 9%。字母还有各自的个性，比如喜欢与另一些字母一起出现。例如，“Q”后面总是会跟着“u”。

金迪意识到，黑客可以利用这一点作为破解替换法加密信息的捷径。对编码文本进行频率分析，将出现频率最高的字母与纯文本中出现频率更高的字母匹配起来，黑客即可找到解码消息的钥匙。事实证明，使用频率分析是破解这些密码的一条神奇捷径，这些加密方法远没有当初看起来那么安全。

二战期间，德国人认为自己找到了一种巧妙的方法使用替换加密法，可以规避这条破解信息的捷径。他们的主意是用不同的替换密码，对信息中的每个新字母进行编码。也就是说，如果他们对 EEEE 进行编码，那么每个 E 会对应一个不同的字母，这就能挫败任何采用金迪式频率分析法的攻击。他们制造了一台机器来进行这种多重替换的密码编码：这就是所谓的“恩尼格玛密码机”(Enigma machine)。

你如今仍可以在英国的布莱切利公园看到一台这样的机器。布莱切利公园是二战期间英国密码破译人员的大本营。乍一看，这台机器就像带键盘的传统打字机，但键盘上方还有一组字母。我按下其中一个键，键盘上方就有个灯亮了起来。这就是我给这个字母加密编码的方式。从本质上讲，机器里的接线是用经典的替换加密法打乱字母。但就在我按下键的同时，我还听到咔哒一声，位于机器中心的三个转子中的一个挂上了挡位。等我再次按下同样的字母，便亮起了另一个不同的灯，这是因为从键盘到灯的线路进行了重新排列。电线通过转子连接，转子改变排列方式时，机器中的线路也就变了。用这种方式，点击转子可以确保机器为每个字母使用不同的替换密码。

整个系统看起来无懈可击。我可以用 6 个不同的转子来设置机器，每个转子又可以在 26 种不同的设置下启动。另外，机器后面还有一整套电线，可以增加另一重固定的干扰级别。这意味着这台机器有 1.58 亿种不同的设置方式。想找出操作员对信息的编码方式，看起来就像大海捞针。德国人完全相信，这台机器无法破解。

但他们没有想到 20 世纪的数学家艾伦·图灵的聪明才智。他坐在布莱切利公园洞穿了该系统的一个弱点，可以利用它来从漫无边际地搜索中找到捷径。这把钥匙是这样的：机器编码字母时，从来不会使用同一个字母，线路总是会把字母发送给另一个字母。这看起来像是个很简单无害的特点，但图灵看到了如何利用它来绕过机器，将特定信息的编码方式围堵到有限得多的可能性当中。

他仍然需要使用一台机器来完成最后的搜索。布莱切利公园的小屋中整晚都回荡着“炸弹”（Bombs）的轰鸣，“炸弹”是该团队给实现图灵捷径的机器起的名字。但每天晚上，“炸弹”都会把德国人自以为加密得万无一失的信息破解出来，送达盟军。

质数

如今，随着信用卡在互联网上广泛使用，保护它们的密码便利用了一些我们认为本质上不存在捷径的数学问题。其中有一种名为 RSA 的加密方法，依赖于质数这种神秘数字。每个网站都秘密地选择两个长度约为 100 位的质数相乘，结果得到一个大约 200 位的数字，然后在网站上公开。这就是网站的代码。当我访问一个网站时，我的计算机接收到这个 200 位数的数字，然后用其进行一轮涉及我的信用卡的数学计算。这个加密后的数字通过互联网发送。它之所以安全，是因为如果黑客想要破解计算，必须解决以下挑战：他们能不能找到两个相乘得出网站的 200 位数代码的质数？人们之所以认为这种加密方法安全，是因为它似乎是个大海捞针式的问题。以数学家的认识，找到这些质数的唯一方法就是一个接一个地尝试，指望突然找到那根恰好能尽除网站代码的“针”。

高斯本人在其数论论著《算术研究》（*Disquisitiones Arithmeticae*）中针对将数分解为质数所面临的挑战写道：“众所周知，区分质数与合数，并将合数分解为质因数的问题，是算术中最重要也最有用的一个问题。它汇集了古代和现代几何学家的精力和智慧，以至于详细讨论这个问题显得有些多余……此外，数学这门科学本身的尊严，似乎要求我们穷尽所有可能的手段来解决这个如此简洁而著名的问题。”

他当时还无法意识到，等进入互联网和电子商务时代，这个问题会变得多么重要。到目前为止，还没有人找到捷径，发现尽除大数的质数，就连伟大的高斯本人也没有找到。要解开一个200位的数字，需要检查的质数实在是太多了，以至于这样的攻击根本就无效。我们认为，因式分解的挑战（将一个数表示为较小数的乘积）可能本质上就是困难的。这是数学家们目前正在研究的开放问题之一。我们能证明找出质数没有捷径吗？

且慢。网站又是如何解码这些信息的呢？关键在于，它最初选择两个大约为100位的质数，将其相乘，生成的200位公共代码。只有网站掌握着可以还原计算的质数。

然而，寻找质数是数学家们尚未解决的问题之一。破解质数如何在数字宇宙中排列的秘密，即黎曼假设，是“千禧年大奖难题”中的另一个。尽管数学家们并不真正理解质数如何分布，但我们的确有一条有趣的捷径，为上述互联网编码找到大质数。它有赖于17世纪伟大法国数学家费马关于质数的一个发现。他证明，如果p是质数，取小于p的任意数n，那么n的p次方除以p后余数为n。例如，5是质数，以小于5的2作为底数，$2^5=32$，我用5去除它，得到余数2。

这也就是说，如果我想检验一个候选数字q是不是质数，那么，如果我能找到一个小于q且未能通过这一检验的数，我就知道q不是质数。例如，$2^6=64$，64除以6，余数是4而不是2。这意味着6不可能是质数，因为它没有通过费马检验。要是只有一个比q小的数无法通过检验，那么这就不是一种非常有用的测试。它意味着要检验所有小于q的数，这样的话，我直接检查不可分割性也是一样的。这一检验的最大优点是，如果一个潜在质数通不过检验，它会很明显地表现出来。利用费马的策略，一半以上小于q的数，都能证明q不是质数。

美中不足的是，有一些数表现得像质数，没有任何费马式的证明可分辨它们，但它们仍然不是质数，人们把它们叫作“伪质数”。到20世纪80年代末，两位数学家加里·米勒（Gary Miller）和迈克尔·拉宾（Michael Rabin）改进了费马的方法，得出了一种可在多项式时间内运行的确凿质数检验法。唯一需要注意的是，这两位数学家首先必须假设他们能够爬上一座极高山峰的山顶：黎曼猜想（或该猜想的一般化）。

米勒和拉宾可以证明，只要数学家们找到方法登上山顶，他们就可以保证山的另一边有找出质数的捷径。这座山顶之所以如此重要，部分原因在于，许多数学家已经证明，它将带来大量捷径。我自己也有好几个定理，只要我能首先证明黎曼猜想是真的，它们就可证明为什么某件事情是成立的。

但人绝不应该放弃这样的机会：说不定有一条更隐蔽的方法可以绕过这座山。2002年，印度坎普尔理工学院的三位印度数学家玛宁德拉·阿格拉瓦尔（Manindra Agrawal）、尼拉吉·卡亚尔（Neeraj Kayal）和尼丁·萨克塞纳（Nitin Saxena）提出了一种方法，无须翻越黎曼山，便可在多项式时间内检验一个数是不是质数。这个消息令人兴奋，震惊了整个数学界。值得注意的是，该发现的后两名作者是与阿格拉瓦尔一起工作的本科生。哪怕是该团队的资深成员阿格拉瓦尔，也不为数学界的大多数数论学家所知。这让很多人想起了伟大的拉马努金的故事。20世纪初，拉马努金给剑桥大学数学家哈代写信讲述了自己的数学发现，在数学界引发轰动。

该团队所实现的突破，确立了一种可在多项式时间内发挥作用的检验方法，无须假设翻越黎曼山，但在真实条件下，它并不是一种非常实用的算法。我之前提到过，务必要知道多项式的次数。如果它是二次方程，运算起来就很快。可阿格拉瓦尔、卡亚尔和萨克塞纳提出的原始算法涉及一个12次多项式。美国数学家卡尔·波梅兰斯（Carl Pomerance）和荷兰数学家亨德里克·伦斯特拉（Hendrik Lenstra）将次数缩减为6次，但一如我所解释，尽管从数学上看这是一条捷径，但实际上，这一过程很快就慢下来了。随着检验的数字越来越大，这种涉及 6 次多项式的算法需要花费更加可观的时间才能得出答案。

鉴于互联网安全依赖于大质数的持续供应，网站如何才能足够快地找到它们，有效地运行金融服务呢？答案是使用一种算法，至少能让网站对这个数是质数有高度信心，哪怕实际上并不能真正保证它是质数。

请记住，如果一个数不是质数或伪质数，那么，比它小的数，一半以上都无法通过费马检验。但如果我真的不太走运，检验的是能通过测试的那一半数呢？要保证找到一个数字是非质数的证据，似乎需要测试一半的数字。但错过佐证数字的概率是多少呢？假设我做了 100 次检验，仍没有找到佐证数字。这意味着这个数要么是质数，要么是伪质数，要么有 1/2 100 的概率我错过了所有佐证数字。这样的赌注我愿意接受！这是一个非常小的概率。

尽管我们有很好的算法（包括确定性和概率性的）来寻找生成这些密码的质数，但似乎并不存在用来破解密码的传统算法。要不要来试试非常规算法？

量子捷径

为一个大的加密数字寻找可除尽的质数，传统计算机在尝试解决时面临的问题之一是，它们需要先完成一轮检验后再进行下一轮检验（为清楚起见，下文中，我始终指的是试图找到没有余数的精确除法）。我真正想做的是把计算机分成若干比特，让每一比特去执行不同的检验。并行处理是一种非常有效的加速操作的方法。以建造房屋为例，洛杉矶曾举行过一场比赛，看哪支建筑队盖房最快，结果是 200 名建筑工同时开工的那支队伍在 4 小时内盖好了房子，赢得了比赛。毫无疑问，有些任务需要按顺序完成。例如建造一座高楼，需要在每一层都建好之后再建造下一层。但是检验较小的数，看看它们是否尽除一个更大的数，是完全适合并行运算的。每个任务与其他任何一次检验的结果都不存在依赖关系。

并行处理存在的问题是，我是否还有体能。将问题一分为二，我将实现校验时间减少为原来的 1/2，但却将所需的硬件数量增加了一倍。这种方法并没有真正解决寻找能整除大数的质数的问题。

如果我可以在无须双倍硬件的情况下进行并行处理呢？这是 20 世纪 90 年代在贝尔实验室工作的数学家彼得·肖尔（Peter Shor）想出的主意，他意识到可以利用一些与传统方法很不一样的计算方法来同时进行检验。这个主意是利用量子世界的奇异物理学。在量子物理学中，可以设置一个类似电子的粒子，在观察该粒子之前，它基本上同时位于两个位置，我们称这两个位置为 0 和 1。这叫作量子叠加。这样做的好处是，硬件没有翻倍——只有一个电子。但是这个电子实际上储存了两条信息，而不是一条。这叫作量子比特（qubit，也可译作“量子位”）。传统计算机必须将一个比特设置在开或关的位置，即 0 或 1；与传统计算机不同的地方在于，量子比特分裂为并行的量子世界，一个量子世界的开关设置为 0，另一个量子世界的开关设置为 1。

因此，这个设想是，把这些量子比特串到一起。例如，如果我能把 64 个量子比特以量子叠加的方式放在一起，这个库即可同时表示从 0 到 $2^{64}-1$ 的所有数字。传统计算机必须按顺序遍历所有这些数字，把每个比特放到 0 或 1 的位置上，但量子计算机可以在同一时间做到这一点。这就好像我的传统计算机，就像电子一样突然之间同时生活在两个平行宇宙当中。在每一个宇宙中，64 个量子比特均设定为一个不同的数字。

现在，聪明的地方来了。在每个平行世界中，我让计算机检查它所代表的数字是否能整除我们的加密数字。但我如何才能确保量子计算机能够选出一个测试数字成功整除加密数字的世界呢？这就是肖尔在他的量子算法中加入的高明技巧。当我观察一个量子叠加态时，它必须下定决心，坍缩成一种状态或另一种状态。本质上也就是说，它要么选择 0 的位置，要么选择 1 的位置，概率决定了它会走哪条路。

肖尔设计出一种算法，在每个平行宇宙中测试除法之后，一旦哪个空间里被测试的数字成功整除了加密数字，该空间算法就会面临压倒性的坍缩概率。其他所有未能整除的世界都非常相似，相互抵消。故此，只有成功整除的世界得以引人注目。

想象一下，12 根方向不同的指针指向时钟盘面上的数字。如果所有这些指针长度相等，那么把所有这些指针加在一起就会抵消掉，我就聚焦到了钟面的中心。但如果其中一根指针是其他指针的两倍长呢？那么我就只能指向该方向。这本质上就是在检验除法的量子观察中所发生的情况。

尽管肖尔早在 1994 年就编写了软件，但建造一台能够实现该算法的量子计算机似乎是个遥远的梦想。量子态存在的一个问题叫作“退相干”。64 个量子比特互相观察起来有可能还没进行计算就坍缩了。这就是为什么我们认为“薛定谔的猫”（这是一个量子思想实验，一只没被观察的猫可以同时是死的又是活的）不太可能存在。诚然，可以把一个电子置于叠加态，但构成一只猫的所有原子如何能同时处于既死又活的状态呢？大量原子开始相互作用，退相干[⊖]意味着叠加态坍缩。

但近年来，研究人员在分离同步量子态方面取得了惊人的进展。2019 年 10 月，《自然》杂志发表了谷歌研究人员的一篇论文，题为《基于可编程超导处理器实现的量子霸权》（*Quantum Supremacy Using a Programmable Superconducting Processor*）。该论文中，团队报告说，他们能够将 53 个量子比特叠加起来，使它们能够同时表示大约 10^{16} 个数字。

⊖ “退相干”一词最早出现在 1985 年迪特尔·泽和埃里希·朱斯提出的通过量子退相干过程可以解决“薛定谔的猫”问题（即测量问题），即日常宏观物体为什么不会展示量子相干性，而是发生退相干。——译者注这台计算机能够执行传统计算机需要 10 000 年才能执行的一项定制任务。

尽管这个消息令人振奋，但实验中要求量子计算机执行的任务与寻找能整除大数的质数的任务很不一样，而且在很大程度上有赖于对所用的硬件进行调整。许多人认为谷歌炒作“量子霸权”的标题，有点哗众取宠。IBM 量子计算团队非常严厉地批评了这一声明，并演示了传统计算机如何用几天的时间（而不是 10 000 年）完成谷歌团队正在执行的任务。但这仍然是一个令人着迷的结果。只不过，要想制造出一台能够破解你信用卡信息的量子计算机，似乎还有一段路要走。

生物计算

那么旅行推销员问题又该怎么解决呢？我可以用非常规方法找到一条捷径吗？研究人员用一种极不寻常的计算机解决了一个与“旅行推销员问题”相关的挑战。该挑战叫作“哈密顿路径问题”，目标是从地图上连接各个城市的单行道网络中找到自己的路（见图 10-4）。

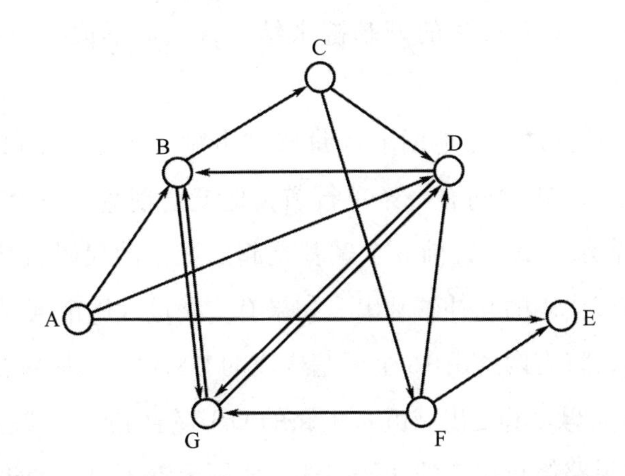

图 10-4 哈密顿路径问题：从 A 城市前往 E 城市，途经其他每座城市，而且只能访问一次

你必须找到一条路径，从一座城市（如城市 A）开始，到另一座城市 E 结束，但这条路径必须拜访沿途所有其他城市，而且只能拜访一次。存在这样一条路吗？事实证明，它和“旅行推销员问题”一样复杂。但这又是一个适合并行处理的问题。数学家伦纳德·阿德曼（Leonard Adleman）并没有利用量子世界，而是想出了一个有趣的生物学方法来解决这个问题。利用质数来保证在线交易安全的加密方法叫作 RSA，阿德曼就是 RSA 中的“A”。

1994 年，在麻省理工学院举办的一次研讨会上，阿德曼宣布制造出了一台超级计算机，可以解决哈密顿路径问题。他称其为“TT-100”，当他从夹克口袋里掏出一支试管时，听众们大惑不解。TT（test-tube）代表试管，100 代表这支小塑料瓶的容量——100 微升。这支试管里正在运转的微处理器是 DNA 链。

DNA 链由 4 种碱基组成，分别标记为 A、T、C 和 G，这些碱基喜欢成对地互相结合。如果你编辑出一条碱基短单链核苷酸（称为寡核苷酸），它们会试图寻找另一条碱基链与之结合。例如，一条含有 ACA 的碱基链会试图找到一条含有 TGT 的碱基链来结合，从而形成一条稳定的 DNA 双链。

阿德曼的想法是，在地图上给每座城市贴一个由 8 个碱基串组成的标签。如果两座城市之间有一条单行道，他就会创造一条含有 16 个碱基的 DNA 链来表示，其中，前 8 个碱基是起始城市的代码碱基串，后 8 个碱基是终点城市代码的互补碱基串。如果有一条进入城市 A 的路和一条从该城出来的路，将有两条由 16 个碱基构成的 DNA 链，进入城市 A 的路的 DNA 链的后 8 个碱基和走出城市 A 的路的 DNA 链的前 8 个碱基连接起来。

沿着这些道路绕行城市的任何路线，实际上都可以在 DNA 链中复制，这些 DNA 链在道路每次进出城市时相互结合。

例如，城市 A 的标签是 ATGTACCA，城市 B 的标签是 GGTCCACG，城市C的标签是TCGACCGG。那么，从城市A到城市B的路可以表示为：

ATGTACCACCAGGTGC

从城市B到城市C的路可表示为：

GGTCCACGAGCTGGCC

这两条路中，第一条路的后8个碱基和第二条路的前8个碱基结合，表明你可以通过一条路，从城市A前往城市C。

最棒的地方在于，我们可以从商业实验室获得大量这样的DNA链。阿德曼订购了足够的DNA链来探索一张包含7座城市的网络，并把所有DNA装进试管。这些链开始结合在一起，在网络中创建许多不同的路径（这就是并行处理行为）。毫无疑问，有许多路径违背了一座城市只途经一次的要求。但阿德曼意识到，他所追寻的路线将是一条有如下长度的DNA链：

8（初始城市）+ 6 × 8（每一条路）+ 8（目的地城市）

他可以将符合这一条件的DNA链从溶液中过滤出来，然后借助类似于基因指纹鉴定的过程，检查序列中每座城市都出现过的DNA链。

尽管整个过程要花掉一个多星期的时间，但它还是展现出一种有趣的可能性，即利用生物学世界来创造能够有效并行处理过程的机器。化学家使用一种叫作“摩尔”的计量单位来量化试管中的分子。1摩尔物质包含略多于6×10^{23}个分子。阿德曼认为，可以把生物世界中微小的事物视为捷径，解决传统计算挑战中的庞然大物。

大自然说不定已经发现了这条捷径。一种叫作“黏菌”（slime mould）的奇怪生物非常擅长发现最高效的路线，在地图中导航。黏菌也叫“多头绒泡菌”，是一种寄生的单细胞生物，从一个单点向外生长，寻找食物来源。它最喜欢的食物是燕麦片。

英国牛津大学和日本札幌的一支研究小组决定让黏菌迎接如下挑战：

在与东京地区铁路网车站布局相同的燕麦片之间，找到最短的路线。人类工程师花了数年时间才设计出连接城市的最高效方式。相比之下，黏菌的表现会如何呢？

一开始，黏菌对燕麦片的位置一无所知，因此开始向四面八方生长。但当它开始遇到食物来源时，很多派出去的没有找到食物的分支就枯死了，只留下那些通往食物来源的最高效路径的部分。几个小时内，黏菌就完善了结构，在新的食物来源之间建立起通道，从而高效地在不同的位置之间穿梭导航。

设计这一实验的团队惊讶地发现，黏菌产生的模式，非常类似人类铺设的东京地区铁路系统。人类花了很多年，而黏菌只用了一个下午。这种单细胞黏菌能否找到一条捷径，帮我们解决一个数学上尚未解决的重大问题呢？

解决方案：这是环行格拉斯顿伯里艺术节地图的最短环行路线（见图 10-5），我用了很长时间来核实不存在更短的路径了。

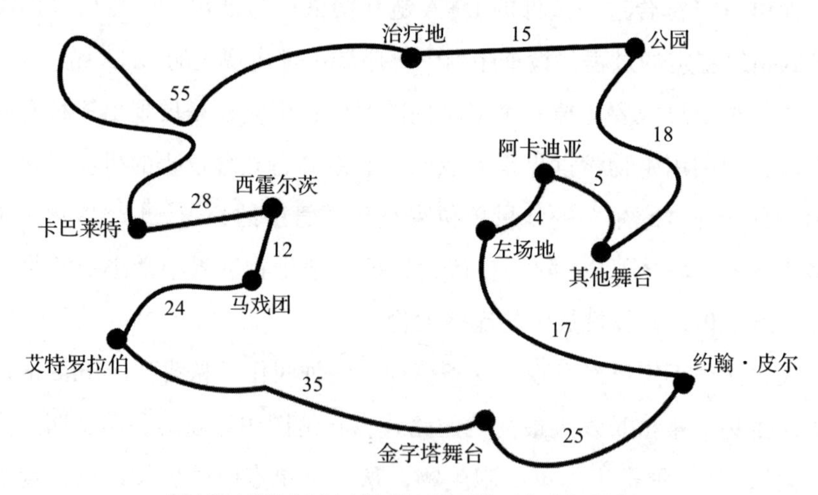

图 10-5 格拉斯顿伯里艺术节地图的最短环行路线

捷径的捷径

有时候，知道你试图解决的问题不存在捷径，也同样重要。意识到到达目的地只有走远路这一条途径，你就不会把时间浪费在找出捷径的幻想上。如果你要去做所有的工作，知道自己是不是在浪费时间一定是有价值的。你可以借助捷径，把一个问题变成另一个完全不同的问题，查验你正尝试解决的挑战是不是换了装的“旅行推销员问题”。如果没有捷径，那么有可能它也是你可以利用的优势——就像密码学家所做的那样。

抵　达

人类依靠智慧创造了形形色色的捷径，加速了人类这一物种世世代代的发展。如果没有这些不断改进的思维方式，我们永远不可能抵达当下所处的技术先进位置。如果没有数字符号这条捷径，超过 3 的东西看起来就像很多。通过了解地球的几何形状，我们在地球上的旅行变得更加高效。虽然只有 500 多人进入过太空，也还没有人登上过比月球更远的星球，但我们已经利用三角函数这条捷径，深入探究了宇宙。

利用模式识别和微积分的力量，我们已经能够走捷径进入未来之旅，在未来发生之前一瞥它的样貌。概率捷径让我们不必重复实验数百次才知道哪个结果有更大可能出现。我们不必漫无目的地在互联网上徘徊寻找想要的东西，而是借助分析连接的巧妙方法，通过捷径到达目的地。我们甚至想出了一些新的数字，比如 −1 的平方根，创造一个镜中世界，并借由它走捷径，找到解决方案。多亏了穿越这个想象世界的旅程，飞机才得以安全着陆。

避开乏味的艰苦工作，诚然是我最初踏上数学之旅的原因。避免无谓的劳动，吸引了我青少年时代懒惰的一面。我很感激我的数学老师，他没有把同学们推到乏味的重复和计算当中，而是让我知道，数学的要旨就是进行聪明的思考。但回过头去看，我也逐渐看到捷径的核心存在某种悖论。

数学家的工作是发现巧妙思考的新方法，但想出这些捷径并不容易。从事数学工作，仍然需要对一个问题进行数小时看似毫无进展的冥想和沉思。然后，突然之间就萌发出一股理解的冲动，在问题的荒野中发现了捷径。但如果不花上数小时冥想，在黄色的便笺簿上乱写乱画，我就无法产生那种找到路径的快感。我渴望恍然大悟时出现的兴奋瞬间，就是解药。这股冲击，来自发现了一条通往彼岸的隐秘通道，也就是捷径。

最后我意识到，我投身寻找捷径的艺术，其实并不是因为我懒。几乎正好与此相反，为寻找捷径付出艰辛工作，这件事让我感到非常满足。

面对一座山，你可以搭乘直升机到达山顶。你会喜欢那里的风景，但一如前文罗伯特·麦克法伦向我做的解释，如果你是一名登山爱好者，这么做就失去了意义。抵达巅峰的满足感，是驱使你埋头苦干、一路求索的原因。在行走中抵达澄明之境。

我记得曾和哈佛大学的一位物理学家谈论过解决重大未解问题带来的智力挑战。有一次她递给我一枚假想的按钮，让我想象按下它，就能得到正在研究的所有问题的答案。我正想伸手去按，她却一把抓住我的手说："你真的想这么做吗？这岂不是破坏了乐趣？"

娜塔莉·克莱因表达了同样的保留意见。如果拉大提琴有捷径的话，也许演奏就没那么迷人了。在心流中抵达欣喜若狂的瞬间，就是要把技巧与艰巨的挑战结合起来。

《心灵捕手》是我最喜欢的一部好莱坞电影，部分原因是它是流行文化中最早一批提到菲尔兹奖（相当于数学界的诺贝尔奖）的作品之一。但这部电影同样说明了花大量时间解决问题的重要性，哪怕它令你感到沮丧，却是你找到解决问题的捷径那一刻的前戏。《心灵捕手》的主角是麻省理工学院数学系的清洁工威尔，由马特·达蒙饰演，他看到黑板上写着一个问题，立刻想出了解法。第二天早上，数学教授来到教室，看到黑板上潦草地写着答案，大感惊讶。但最终，威尔并没有成为数学家。

在我看来，这是因为他觉得这太简单了。他想要吸引的姑娘才是一个复杂的问题，没有任何明显的解决方案，这也是他在电影结尾迈入旅程的动力所在。数学捷径有一个重要的特点，在进行了所有意在正面解决问题的艰苦尝试之后，它应该提供一个狂喜的释放时刻。

我所追求的捷径不是翻到书的后面查找答案，这不是一条令人满意的捷径。最好的捷径是那些在埋头苦干解决问题之后出现的捷径，它几乎有一种音乐般的质感，乐曲的紧张感最终得到了释放。

这里出现的一个悖论是，尽管走捷径的动机或许是起初不愿花时间埋头苦干，但我最终可能会投入同样多的努力来寻找捷径。不过，描述努力的曲线性质，兴许反映出为什么我还是更喜欢为寻找捷径而付出的艰辛工作。如果我把为计算从 1 加到 100 所付出的努力画成一幅图，它看上去大概会像一次恒定的磨炼，不会随着时间出现太大变化，总的努力以线性方式递增。而描绘为寻找捷径所付出努力的图看上去更难以预测，有起有落。它有可能在接近尾声时出现峰值，之后随着诉诸捷径而猛然下降。但从这一点开始，努力的图线再也不会超过最低的基准值，因为捷径发挥了作用。与此同时，走远路的那幅图表现为仍在恒定地磨炼着人。

还有另一个奇怪的悖论，正如艺术策展人奥布里斯特所强调的，绕路是必要的。你往往会从绕路开始，抵达最佳捷径。数学家们为证明费马大定理绕了很长的弯路，一路上我们碰到的那么多稀奇古怪的公路与小径都是值得的，这些弯路让我们在旅程中发现了许多了不起的捷径。

捷径的力量往往在于它能让那些抓住机会的人更快地到达目的地。2016 年，世界上最长最深的隧道——圣哥达隧道开通，它全长 57 公里，穿过阿尔卑斯山，连接欧洲北部和南部。修建该隧道用了 17 年的时间，但列车从隧道一端到另一端只需要 17 分钟。

高斯的最后一次旅行是去参加汉诺威到哥廷根之间新铁路的开通仪

式。他的健康状况逐渐恶化，1855 年 2 月 23 日清晨，他在睡梦中去世。

高斯曾要求将激励他成为数学家的一项发现刻在自己的坟墓上：17 边形的几何结构。然而，负责雕刻的石匠看到这个设计时，拒绝把它刻上去。这种结构在理论上能带来 17 条边的多边形，但石匠认为它看起来跟一个大圆圈没什么区别。

我在学生时代学习的那些捷径，是其创造者经过多年的深思熟虑才开辟出来的。可一旦打通了，抓住机会的人就能尽快抵达知识的边疆。小学生高斯做完了从 1 加到 100 的作业，有了思考新东西的时间。对于我来说，这就是捷径的意义所在。如果我把时间花在不需要动脑筋的工作上，就剥夺了自己进行自我探索、寻找新发现和拓宽视野的机会。捷径可以让我把精力投入到令人兴奋、有价值的新冒险中去。

所以，我希望我们走过的这段旅程能带给你更聪明思考的捷径，并为你的新思想腾出时间。捷径的尽头是开启一段新旅程的机会。1808 年 9 月 2 日，高斯给朋友法尔卡什·波尔约（Farkas Bolyai）写信，总结了自己对追求知识的看法：

> 能带给人最大享受的不是知识，而是学习的过程；不是拥有，而是获得的过程。每当我把一个问题弄清楚、彻底理解了，我就会转身离开，以求再次投身黑暗。永不满足的人是如此奇怪；他修建好一幢建筑，并不是为了平静地生活其中，而是为了开始修建另一幢建筑。我想，世界的征服者一定会有这样的感受，在一个王国几近被征服之后，他就会向其他国家张开双臂。

捷径不是为了迅速完成旅程，而是为开启新旅程铺下垫脚石。它是一条清理出来的道路、一条畅通的隧道、一座建好的桥梁，让其他人能够快速到达知识的边界，好让他们各自踏进黑暗去摸索。带好高斯和其他数学家多年来打磨出来的工具，伸出你的双臂，投入下一场伟大的征服。

# 致　谢

撰写一本书是一项繁重的任务，没有太多捷径可走，但有一支优秀的团队作为幕后支持，一定要算捷径之一。比如最优秀的心理学家路易斯·海恩斯，她是我在 4th Estate 出版社的编辑，她用一种奇妙的方法来提出探究性问题，进而创造了一种适宜的环境，让作者发现所面临问题的解决方案。我在 Greene and Heaton 的经纪人安东尼·托平，始终是另一双重要的眼睛，确保我不会走上无法通往目的地的岔路。我的编辑伊恩·亨特非常耐心地处理我那混乱的英语语法，把它打磨成形。

在大洋的另一边，我在 Basic Books 的美国编辑团队托马斯·凯莱赫和埃里克·亨尼出色地完成了工作，确保我的捷径将美国的读者带到正确的方向。

本书中每一次“中途小憩”的合作者，都为本书贡献了大量的时间和想法。非常感谢娜塔莉·克莱因、布伦特·霍伯曼、埃德·库克、罗伯特·麦克法伦、凯特·拉沃斯、汉斯·乌尔里希·奥布里斯特、康拉德·肖克罗斯、菲奥娜·肯尼迪、苏茜·奥巴赫、海伦·罗德里格斯和奥格涅金·阿米季奇，他们就捷径的概念展开精彩的讨论。

感谢艺术家索菲娅·阿尔－玛丽亚、特蕾西·艾敏、艾莉森·诺尔斯和小野洋子的授权，包括他们的艺术创作指令。

如果没有教授职位为我提供的时间，我是不可能写这样一本书的。感谢查尔斯·西蒙尼捐资设立这一教职，感谢牛津大学对我就任的“公众理解科学教授”所给予的支持。

牛顿和莎士比亚都曾得益于瘟疫时期的高产。本书写作期间，恰逢2020年初新冠疫情暴发。事实证明，这是一条奇怪的捷径，因为它清空了我日常的杂念，让我有时间静下心来写作。结果是，我比截止日期提前两个月完成了手稿。送稿子时，我的编辑路易斯大吃一惊。她已经接受了我要晚交稿两年！但我后来才得知，我并不是唯一一个提前交稿的作者。路易斯告诉我，她甚至收到了一些她根本没发出约稿委托的作者写的小说。她提醒我，她要晚些时候再给我反馈。等待期间，我还写了一个新剧本。虽说当时所有的剧院都关门了，这兴许是个疯狂的项目，但我希望它总有一天能见到曙光。

写作的一天总是这样结束的：家里每个人逐一走出房间，分享自己这一天的网上冒险。我们在一起每晚分享的笑声和爱，让我完成这本书的艰难历程变得轻松了不少。感谢莎妮、托马尔、艾娜和玛佳丽，他们是我走完写书这趟艰巨旅程的最佳捷径。

马库斯·杜·索托伊

推荐阅读

读懂未来前沿趋势

一本书读懂碳中和
安永碳中和课题组 著
ISBN：978-7-111-68834-1

双重冲击：大国博弈的未来与未来的世界经济
李晓 著
ISBN：978-7-111-70154-5

一本书读懂 ESG
安永 ESG 课题组 著
ISBN：978-7-111-75390-2

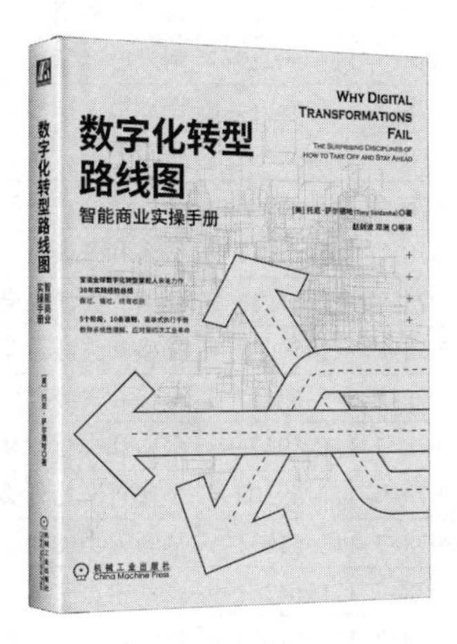

数字化转型路线图：智能商业实操手册
[美]托尼·萨尔德哈（Tony Saldanha）
ISBN：978-7-111-67907-3

最新版

“日本经营之圣”稻盛和夫经营学系列

任正非、张瑞敏、孙正义、俞敏洪、陈春花、杨国安　联袂推荐

序号	书号	书名	作者
1	978-7-111-63557-4	干法	[日]稻盛和夫
2	978-7-111-59009-5	干法（口袋版）	[日]稻盛和夫
3	978-7-111-59953-1	干法（图解版）	[日]稻盛和夫
4	978-7-111-49824-7	干法（精装）	[日]稻盛和夫
5	978-7-111-47025-0	领导者的资质	[日]稻盛和夫
6	978-7-111-63438-6	领导者的资质（口袋版）	[日]稻盛和夫
7	978-7-111-50219-7	阿米巴经营（实战篇）	[日]森田直行
8	978-7-111-48914-6	调动员工积极性的七个关键	[日]稻盛和夫
9	978-7-111-54638-2	敬天爱人：从零开始的挑战	[日]稻盛和夫
10	978-7-111-54296-4	匠人匠心：愚直的坚持	[日]稻盛和夫 山中伸弥
11	978-7-111-57212-1	稻盛和夫谈经营：创造高收益与商业拓展	[日]稻盛和夫
12	978-7-111-57213-8	稻盛和夫谈经营：人才培养与企业传承	[日]稻盛和夫
13	978-7-111-59093-4	稻盛和夫经营学	[日]稻盛和夫
14	978-7-111-63157-6	稻盛和夫经营学（口袋版）	[日]稻盛和夫
15	978-7-111-59636-3	稻盛和夫哲学精要	[日]稻盛和夫
16	978-7-111-59303-4	稻盛哲学为什么激励人：擅用脑科学，带出好团队	[日]岩崎一郎
17	978-7-111-51021-5	拯救人类的哲学	[日]稻盛和夫 梅原猛
18	978-7-111-64261-9	六项精进实践	[日]村田忠嗣
19	978-7-111-61685-6	经营十二条实践	[日]村田忠嗣
20	978-7-111-67962-2	会计七原则实践	[日]村田忠嗣
21	978-7-111-66654-7	信任员工：用爱经营，构筑信赖的伙伴关系	[日]宫田博文
22	978-7-111-63999-2	与万物共生：低碳社会的发展观	[日]稻盛和夫
23	978-7-111-66076-7	与自然和谐：低碳社会的环境观	[日]稻盛和夫
24	978-7-111-70571-0	稻盛和夫如是说	[日]稻盛和夫
25	978-7-111-71820-8	哲学之刀：稻盛和夫笔下的“新日本 新经营”	[日]稻盛和夫